碎屑岩薄片鉴定指南
(第二版)

贺静 编著

石油工业出版社

内 容 提 要

本书详细介绍了偏光显微镜的基本操作与调试方法,单偏光镜下、正交偏光镜下以及在锥光系统下矿物薄片的观察内容及矿物光性参数的获取方法。系统地介绍了碎屑岩岩石薄片的鉴定技术,用图文并茂的方式详细介绍了碎屑岩各类组分的识别、结构参数的获取、主要储集空间的识别,以及碎屑岩常用的统计方法、分类命名原则。

本书是高等院校资源勘查专业及相关专业学习碎屑岩薄片鉴定的教学参考用书,亦可供广大石油地质、地质勘查等岩矿人员、生产技术人员参考。

图书在版编目(CIP)数据

碎屑岩薄片鉴定指南 / 贺静编著 . -- 2 版 . -- 北京:石油工业出版社, 2025.3. -- ISBN 978-7-5183-7428-1

Ⅰ. TB334-62

中国国家版本馆 CIP 数据核字第 20251H4P64 号

出版发行:石油工业出版社
　　　　　(北京安定门外安华里 2 区 1 号　100011)
　　　　网　　址:www.petropub.com
　　　　编辑部:(010)64251539
　　　　图书营销中心:(010)64523633
经　　销:全国新华书店
印　　刷:北京中石油彩色印刷有限责任公司

2025 年 3 月第 2 版　2025 年 3 月第 1 次印刷
889×1194 毫米　开本:1/32　印张:13.25
字数:400 千字

定价:108.00 元
(如出现印装质量问题,我社图书营销中心负责调换)
版权所有,翻印必究

前言 | Preface

随着科学技术的不断发展，尽管国内外先进的实验室测试技术不断涌现，但碎屑岩岩石薄片鉴定依然是无法被其他测试技术取代的最基本的室内研究方法之一。岩石薄片鉴定是最经济、快捷和有效的岩石微观特征研究方法之一。碎屑岩储层是油气聚集的重要场所，是油气勘探和开发的直接目的层。在我国，已发现的油气田储量主要来自碎屑岩储层。因此了解或掌握碎屑岩岩石薄片鉴定技术，对于从事碎屑岩储层研究以及油气勘探开发的工作者来讲都是十分必要的。

本书是应石油工业出版社之邀编写的地质研究方法系列图书之一。本书共分上下两篇九章，文字约11万，图表及照片650余张。上篇为偏光显微镜应用基础，下篇碎屑岩薄片鉴定技术为本书重点。为了能使初学者较为系统地学会操作和调试偏光显微镜，第一章至第四章从认识偏光显微镜入手，应用大量图片介绍了偏光显微镜的主要构造及功能、正确操作、基本调试及保养维护方法。在介绍碎屑岩岩石薄片鉴定技术时，对碎屑岩中常见的陆源碎屑、填隙物及储集空间类型的识别配有大量典型照片可供对比、学习。为了弥补室内重矿物分析技术力量不断减少给大家带来的困惑，本书对碎屑岩岩石薄片中的常见重矿物，也进行了光性特征介绍，并附有部分典型显微镜下照片。书中对碎屑岩结构参数的获取、储集空间类型的介绍以及碎屑岩的分类与命名方法，均按照中华人民共和国石油天然气行业标准 SY/T 5358—2016 进行。在碎屑岩统计方法的介绍中，收集整理了我国石油行业分析实验中心常用的几种方法，并附有详细图片解释。

碎屑岩的岩石薄片鉴定工作与其他岩石类型有所不同，要想准确识别碎屑岩中从蚀源区搬运来的岩石碎屑，就必须熟练掌握三大岩类岩石学的主要组构特征及部分成岩后生变化特征。希望本书能为致力于碎屑岩岩石薄片鉴定的广大技术人员及初学者提供一点帮助。

笔者自1984年以来，一直从事碎屑岩岩石薄片鉴定及储层研究工作，自2000年开始，在参加岩石薄片鉴定工作的同时，还参加鄂尔多斯盆地地质剖面研究图集的野外观察及室内研究工作。在40多年的室内及野外工作过程中，收集整理了数万张岩石薄片的显微镜下照片，书中所展示的500多张显微镜下照片是在数万张照片中精心挑选出来的较为典型的照片。

早在2010年，在长庆油田勘探开发研究院分析试验中心工作期间，时任长庆油田副总地质师的付金华就曾提议，让笔者编写一本《低渗透储集砂岩薄片鉴定指南》。随着油田勘探开发的不断深入，很多从事低渗透油气田勘探开发的专业技术人员很想能够了解一些低渗透、特低渗透以及致密砂岩储层的微观特征。至2013年退休之前，《低渗透储集砂岩薄片鉴定指南》的初稿就基本完成，但由于各种原因一直被搁置。退休之后，笔者曾先后应中国石油勘探开发研究院西北分院、中国石油勘探开发研究院、中国地质大学（北京）、中国科学院地质与地球物理研究所、中国石油长庆油田采油六厂实验室、中国石油冀东油田、中海石油（中国）有限公司湛江分公司、中海油能源发展股份有限公司工程技术深圳分公司、中国石化无锡石油地质研究所、中国石化华北石油局、中国石油渤海钻探工程公司、上海同济大学海洋地质系、山东大学考古学院、西安阿伯塔资环分析测试技术有限公司等多家单位之邀，向从事碎屑岩储层研究的技术人员及学生介绍碎屑岩岩石薄片鉴定方法，并在"地质静"微信公众号中发表大量有关岩石薄片鉴定方面的科普文章，为岩石薄片鉴定的初学者提供帮助。2017年，应中国石油大学（北京）地球科学学院之邀，参加了学校的"碎屑岩岩矿鉴定技术与实践"教学工作，将多年来积累的碎屑岩薄片鉴定经验手把手传授给石油院校的青年学子们。

《碎屑岩薄片鉴定指南》是在最初的《低渗透储集砂岩薄片鉴定指南》和中国石油大学（北京）"碎屑岩岩矿鉴定技术与实践"教学课件的基础之上整理出来，于2019年6月由石油工业出版社正式出版的。将这本自己几十年来积累下来的碎屑岩岩石薄片鉴定技术编辑成书，是笔者多年来的梦想。第一版《碎屑岩薄片鉴定指南》出版后，深受广大岩矿鉴定人员及从事石油勘探、储层研究工作者的喜爱。近年来，在与广大研究院所、石油地质院校的技术人员及学子的接触过程中，深深地感受到他们对掌握碎屑岩岩石薄片鉴定技术的渴望。此次，非常感谢石油工业出版社能再版此书。在第一版中，有些图片质量较差，甚至还出现个别错误，在再版前都进行了认真审核、校对，并将部分质量较差的照片进行更换，希望能对岩矿鉴定工作者及石油工作者提供一点帮助。

　　在此，首先感谢石油工业出版社马新福编辑对笔者的鼓励和支持，还要感谢在整理书稿及工作过程中曾为笔者提供过帮助和支持的长安大学王崇礼教授，中国石油大学（北京）鲜本忠教授、中国石油大学（北京）克拉玛依校区牛君副教授，中国地质大学（北京）白志达教授，中国科学院地质与地球物理研究所李丽慧研究员、黄北秀博士，长庆油田勘探开发研究院冯胜斌、尤源、南君祥、柳娜、石小虎、解古巍、黄静，长庆油田采油六厂杨艳宁、惠芳，中国石油杭州地质研究院王少依、单祥，中国石油勘探开发研究院西北分院李相博、廖建波，成都理工大学文华国教授、李云副教授、郭佩副教授，中国石油新疆油田勘探开发研究院宴奇，中国石油辽河油田勘探开发研究院韩洪斗，西安阿伯塔资环分析测试技术有限公司陈喜东、闫训臣、李佳蓉，中国石化无锡石油地质研究所余晓露、张玲珑，以及杨庆芳老师、刘少坤老师、庞长旭老师和在培训交流或工作期间为笔者提供过帮助的同事和朋友们。因受工作期间研究区地域的限制，大部分照片拍自鄂尔多斯盆地上三叠统延长组、侏罗系延安组及上古生界下石盒子组碎屑岩，仅有少数选自其他地区的岩石薄片照片。尽管对书中所选照片已经过反复筛选和斟酌，但由于水平有限，难免会出现失误或错误，还请广大读者指正。

目录 Contents

上篇　偏光显微镜应用基础

第一章　偏光显微镜的基本操作方法 ……………………………… 3
第一节　偏光显微镜的主要构造及功能 ……………………… 3
一、偏光显微镜主要组件及功用 ……………………………… 3
二、偏光显微镜的主要附件及其用途 ………………………… 9
第二节　偏光显微镜的操作与调试 …………………………… 13
第三节　偏光显微镜的保养与使用守则 ……………………… 19
思考题 …………………………………………………………… 20

第二章　单偏光镜下矿物薄片的观察内容 ……………………… 21
第一节　矿物形态和解理的观察 ……………………………… 21
一、矿物的晶形 ………………………………………………… 21
二、矿物的解理和裂理 ………………………………………… 21
第二节　矿物颜色、多色性和吸收性的观察 ………………… 24
一、薄片中矿物的颜色 ………………………………………… 24
二、矿物的多色性和吸收性 …………………………………… 25
第三节　矿物折射率特征的观察 ……………………………… 28
一、矿物的边缘与贝克线 ……………………………………… 28

二、矿物的突起和闪突起 ………………………………… 29
　　三、矿物的糙面 …………………………………………… 31
　思考题 ………………………………………………………… 31

第三章　正交偏光镜下矿物光学参数的获取 …………… 32
　第一节　正交偏光镜观察前的准备工作 ……………………… 32
　第二节　矿物消光类型的确定及消光角的测定 ……………… 32
　　一、矿物消光类型的确定 ………………………………… 32
　　二、消光角的测定 ………………………………………… 33
　第三节　非均质体矿片上光率体椭圆半径方向及
　　　　　轴名的确定 ……………………………………………34
　第四节　矿物干涉色的确定 …………………………………… 35
　　一、光程差的影响因素 …………………………………… 36
　　二、干涉色及双折射率 …………………………………… 36
　　三、干涉色色谱图 ………………………………………… 40
　　四、干涉色级序的观察及测定方法 ……………………… 41
　　五、矿片厚度的测定方法 ………………………………… 43
　　六、矿物双折射率的测定方法 …………………………… 44
　　七、异常干涉色 …………………………………………… 45
　第五节　矿物晶体的延性及延性符号的测定 ………………… 46
　第六节　双晶的观察 …………………………………………… 48
　思考题 ………………………………………………………… 49

第四章　锥光镜下矿物光学性质的测定方法 …………… 50
　第一节　测试前的准备工作 …………………………………… 50
　　一、锥光系统的建立 ……………………………………… 50
　　二、矿物的干涉图 ………………………………………… 50
　　三、锥光镜观察时的注意事项 …………………………… 50

四、锥光镜下可获取的矿物光学性质 ·················· 51
　第二节　一轴晶矿物干涉图及光性正负的测定 ·················· 51
　　一、一轴晶垂直光轴切面的干涉图 ·················· 51
　　二、光性正负的测定 ·················· 53
　　三、一轴晶斜交光轴切面的干涉图及应用 ·················· 56
　　四、一轴晶平行光轴切面的干涉图及应用 ·················· 57
　第三节　二轴晶矿物干涉图及光性正负的测定 ·················· 58
　　一、垂直锐角等分线切面的干涉图特征 ·················· 58
　　二、二轴晶垂直一个光轴切面的干涉图特征 ·················· 63
　　三、二轴晶斜交锐角平分线和斜交光轴切面的干涉图特征 ··· 65
　思考题 ·················· 67

下篇　碎屑岩薄片鉴定技术

第五章　碎屑岩组分 ·················· 71
　第一节　岩石标本的肉眼观察方法 ·················· 72
　第二节　碎屑组分的识别 ·················· 73
　　一、石英类 ·················· 73
　　二、长石类 ·················· 88
　　三、其他矿物碎屑 ·················· 111
　　四、常见重矿物碎屑 ·················· 130
　　五、岩石碎屑 ·················· 163
　　六、其他碎屑 ·················· 217
　第三节　填隙物组分的识别 ·················· 227
　　一、杂基 ·················· 227
　　二、胶结物 ·················· 236
　　三、其他填隙物 ·················· 315

第四节　碎屑岩组分的统计方法 ·················· 326
　一、砂岩组分的统计方法 ·················· 326
　二、粉砂岩组分的统计方法及微观特征描述 ·················· 335
　三、砾岩岩石薄片中组分的统计方法 ·················· 337
　思考题 ·················· 340

第六章　碎屑岩结构参数的获取 ·················· 341
第一节　粒度 ·················· 341
第二节　分选性 ·················· 343
第三节　磨圆度 ·················· 345
第四节　支撑类型 ·················· 348
第五节　接触关系 ·················· 348
第六节　胶结类型 ·················· 354
思考题 ·················· 361

第七章　碎屑岩岩石薄片镜下描述的主要内容 ·················· 362
思考题 ·················· 380

第八章　碎屑岩主要储集空间的识别 ·················· 381
第一节　孔隙 ·················· 381
　一、原生孔隙 ·················· 381
　二、次生孔隙 ·················· 382
　三、晶间孔 ·················· 383
第二节　洞 ·················· 394
第三节　裂缝 ·················· 395
思考题 ·················· 402

第九章　碎屑岩的分类与命名方法 ·················· 403
第一节　砂岩的分类命名原则 ·················· 403
　一、陆源碎屑组合的成分分类与命名 ·················· 403

二、非陆源碎屑组分的命名 ……………………………………… 404
　三、填隙物命名 …………………………………………………… 404
　四、粒度命名 ……………………………………………………… 405
　五、综合命名 ……………………………………………………… 405
 第二节　粉砂岩的分类命名原则 ………………………………………… 406
 第三节　砾岩的分类命名原则 …………………………………………… 406
 思考题 ……………………………………………………………………… 407
参考文献 ………………………………………………………………… 408
附录　干涉色色谱图 …………………………………………………… 409

上 篇

偏光显微镜应用基础

第一章
偏光显微镜的基本操作方法

偏光显微镜是研究晶体光学性质和鉴定矿物及岩石的重要仪器，同时又是储集岩微观特征研究最直观、便捷的仪器之一。与生物显微镜相比，偏光显微镜要复杂一些，其不同之处是装有两个偏光镜、一个勃氏镜和一个聚光镜。

第一节　偏光显微镜的主要构造及功能

偏光显微镜的功能之一是可将物像放大，使我们看得更加清楚，其放大倍数可由十几倍至 1000 倍；功能之二是偏光，利用上下偏光镜将自然光变为偏振光，可测定矿物不同方向的光学性质。目前，偏光显微镜的型号较多，但各种型号的主要构造大体相同，主要由镜座、光源、载物台、下偏光镜、上偏光镜、聚光镜、目镜、物镜、勃氏镜等组件及检测板、测微尺、校正螺钉、滤色片等配件所构成。新购置的偏光显微镜一般由专业技术人员进行统一安装、调试，而操作人员在使用之前必须要对偏光显微镜的主要组件位置有所了解，图 1-1 为德国奥博通偏光显微镜，图 1-2 为德国徕卡研究型偏光显微镜，图 1-3 为莱兹 Orthoplan—POL 大型偏光显微镜。

一、偏光显微镜主要组件及功用

偏光显微镜按特性分三大组件。
（1）支撑组件，含镜座和镜臂。
① 镜座：位于最底部，功能是支撑显微镜的全部重量，保证显微镜安放时平稳（图 1-4）。

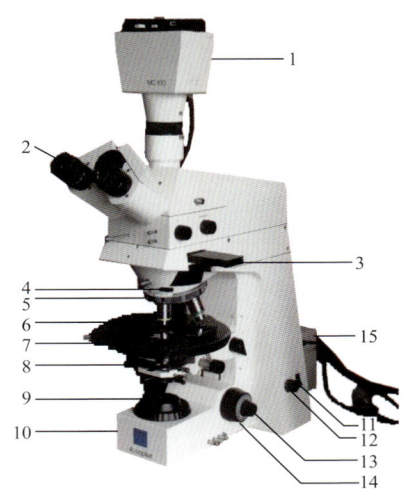

图 1-1 德国奥博通偏光显微镜

1—照相装置;2—目镜;3—上偏光镜;4—补色器插孔;5—物镜转盘;6—物镜;7—机械台;8—锁光圈手柄;9—滤光片托盘;10—镜座;11—电源开关;12—亮度调节旋钮;13—微动调焦螺旋;14—粗动调焦螺旋;15—灯室

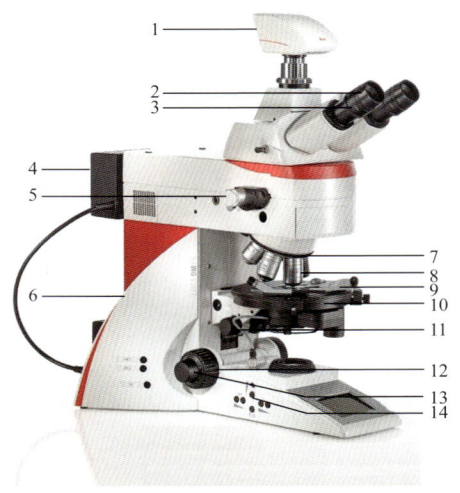

图 1-2 德国徕卡研究型偏光显微镜

1—数码照相装置;2—镜筒;3—目镜;4—反射光装置;5—上偏光镜;6—镜臂;7—物镜旋转盘;8—物镜;9—机械台;10—载物台;11—聚光镜高度调节螺旋;12—粗动调焦螺旋;13—微动调焦螺旋;14—光源亮度调节旋钮

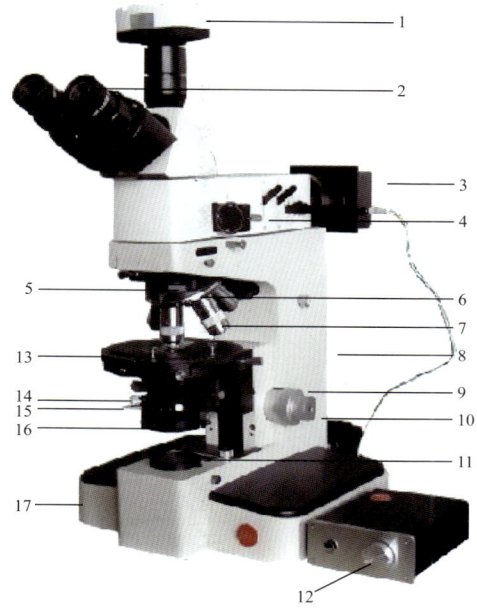

图 1-3 莱兹 Orthoplan—POL 偏光显微镜

1—照相装置;2—目镜;3—反光灯室;4—上偏光镜手柄;5—补色器;6—物镜旋转盘;
7—物镜;8—镜臂;9—粗动调焦螺旋;10—微动调焦螺旋;11—滤光片托架;
12—光源亮度调节装置;13—载物台;14—聚光镜调中螺丝;
15—锁光圈调节手柄;16—下偏光镜;17—底盘(底座)

② 镜臂:其下端与镜座相连,呈弓形或直角形,直筒型显微镜的镜臂一般为弓形且可适当倾斜便于观察,但应注意不可倾斜过度以免失去稳定而翻倒;直角形镜臂显微镜的镜筒为弯折形,观察时无须扳动镜臂,故镜臂大多固定在显微镜镜座上。镜臂上安装有粗动和微动调焦螺旋,用以改变镜筒与载物台的相对距离进行准焦。

(2)下部光学组件,含光源系统(或反光镜)、下偏光镜、光阑、聚光镜、载物台。

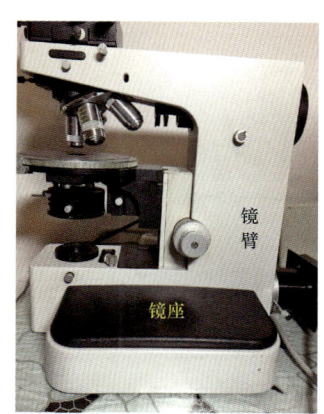

图 1-4 显微镜镜座与镜臂

① 光源（或反光镜）：由光源及调节部件组成（图1-5、图1-6），有些偏光显微镜的光源来自反光镜。反光镜是一个双面反光镜，一面为平面，一面为凹面，可以任意转动，以便将灯光或阳光纳入显微镜，当光源较强或需平行光时用平面镜，当光源较弱或需聚敛光观察时则用凹面镜。

图1-5　电源开关及亮度调节旋钮　　　图1-6　显微镜电源插孔及电源线

② 下偏光镜，又称起偏振器，在光源（或反光镜）之上，多由偏光片制成。其功能是将光源发出的自然光过滤为偏振光。不同的偏光显微镜下偏光振动方向（以PP表示）有所不同，或位于视域的南北方向，或位于视域的东西方向，通常可以转动，以调节振动方向的精确位置。

③ 光阑，又称锁光圈，位于下偏光镜之上（图1-7），可以任意开合，用以调节光强度，某些观察需要挡去视域边缘倾斜角度较大的光线，也要用光阑。

④ 聚光镜，位于载物台下（图1-8），由一组透镜组成，可把来自下偏光镜的一束平行偏光聚敛成锥形偏光，故又称锥光镜。聚光镜上有手柄，不用时可推向旁侧。聚光镜是构建锥光系统的必要部件，主要用于干涉图的观测，在其他需强光的时候也可以使用。

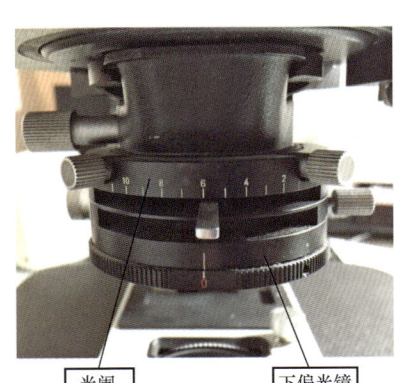

图1-7　偏光显微镜下偏光镜和光阑

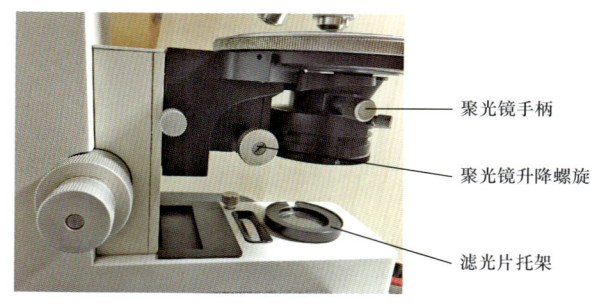

图 1-8　偏光显微镜聚光镜

⑤ 载物台（图 1-9），是一个可以水平转动的圆盘形平面，边缘带有 360° 刻度和游标尺。载物台上有固定螺钉，必要时可将载物台固定。载物台中心为一圆孔，是光波的通路，盘上有薄片夹持器，用以固定薄片，还用于安装机械台等其他附件。

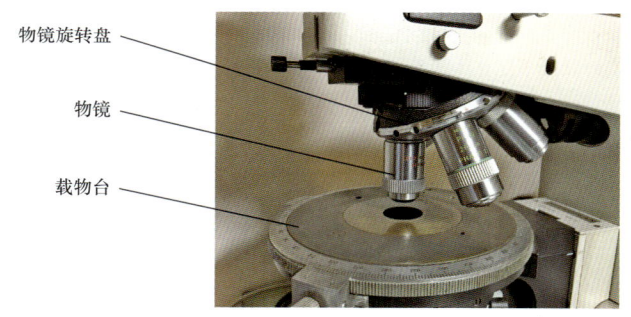

图 1-9　偏光显微镜载物台及物镜

（3）上部光学部件，包括镜筒、物镜、目镜、上偏光镜、勃氏镜。

① 镜筒（图 1-2），为一长形金属圆筒，普通显微镜为单镜筒，研究用显微镜多为双镜筒，安装在镜臂上，转动镜臂上的粗动螺旋和微动螺旋，可使镜筒（或载物台）上升或下降，用以调节焦距。镜筒上端可安装目镜，下端可安装物镜。在物镜旋转盘上方有长方形试板孔，可以插入各种补色器（或检测板）；试板孔上方有上偏光镜，镜筒最上部安装有勃氏镜。

② 物镜或称接物透镜（图 1-9），是偏光显微镜最重要的光学部件之一，由若干片不同材料的透镜组成，放大倍数不同和质量各异

的物镜，透镜的组合也不同，以校正色差、球面差等成像误差。每台显微镜常配有四五个不同放大倍率的物镜，高性能的研究用偏光显微镜的物镜可多达七八个。物镜靠螺纹或弹簧夹固定在镜筒的下端。物镜的放大倍数、光学筒长和在空气中的数值孔径是其重要性能参数，通常都刻注在镜头之上。物镜的放大倍率愈高，其数值孔径愈大。放大倍率相同的物镜，其数值孔径愈大，性能愈好。欲使物镜性能充分发挥其数值孔径的相应效力，必须配合使用数值孔径相当的聚光镜，否则物镜的性能将受聚光镜的限制。

③目镜，又称接目镜，由一组安装在金属圆筒中的透镜构成（图1–10），放大倍数有5×、10×等数种，一般以10×物镜较为常用。目镜中通常装有十字丝，有的镜头安装有目镜微尺，有的安装有方格微尺，用以测量矿物颗粒的大小，也可用以统计矿物的百分含量。显微镜的放大倍率等于目镜放大倍率与物镜放大倍率的乘积。

目镜镜筒上均有可以随意转动的调焦螺旋（图1–10A），可用来调节目镜中微尺的焦距。通常的调节步骤是：先转动装有目镜微尺一侧的旋钮使镜筒内的微尺准焦，然后用该目镜观察矿片并旋转粗动和微动调焦螺旋使其准焦，再用双目镜同时观察矿片。此时，若两个目镜镜筒已同时准焦就可开始进行样品观察；若发现没有目镜微尺一侧的镜筒没有准焦，则需要旋转该目镜的调焦螺旋使矿片准焦。

A. 有固定卡槽的目镜　　　　　　B. 没有固定卡槽的目镜

图1–10　偏光显微镜目镜

④上偏光镜（图1–11），又称检偏振器或分析镜，其性能及构造均与下偏光镜相同，镶嵌在一个金属框中，偏光振动方向通常以 AA 表示。通常上偏光振动面方向 AA 与下偏光振动面方向 PP 相垂

直。上偏光镜可以自由推进推出，有的上偏光镜可以水平移动。为了某些特殊研究的需要，可将上偏光振动面方向转动0°～90°的角度（图1-11B、C）。

⑤ 勃氏镜或称勃创镜，位于目镜与上偏光镜之间，为一小的凸透镜，作用是调节光线成像的位置，是偏光显微镜特有的锥光系统的组成部分，与其他部件配合用以观察干涉图。有的勃氏镜可以沿镜筒升降，以适应不同放大倍数的目镜；有的勃氏镜具有锁光圈，可以挡掉周围其他矿物透过的光的干扰，使所观察的矿物干涉图更加清晰。

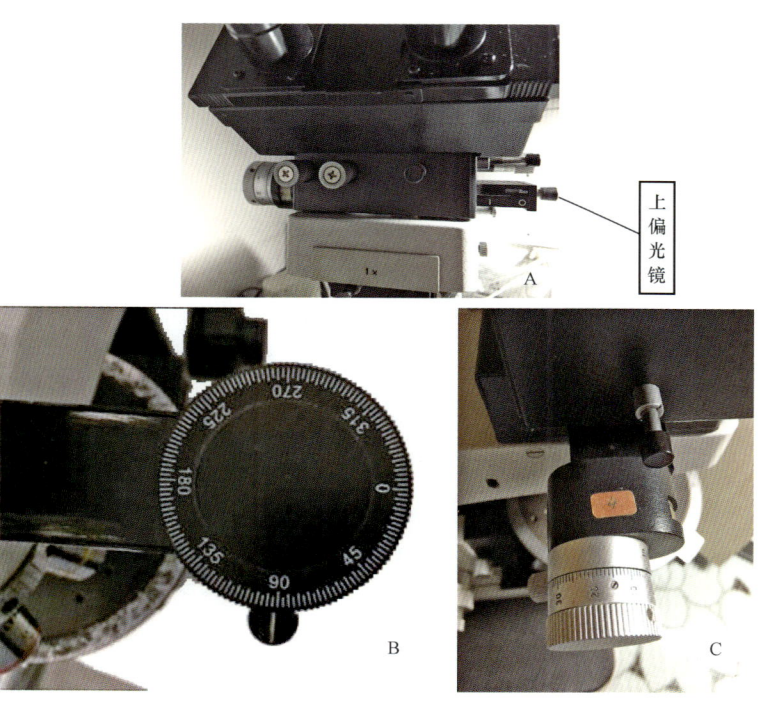

图1-11　上偏光镜及不同类型显微镜上偏光镜手柄

二、偏光显微镜的主要附件及其用途

（1）物台微尺、机械台、计积台及电子颗粒计数器等，用来测定颗粒大小及岩石组分百分含量。

（2）试板（也叫补色器、消色器、补偿器、检测板），是按光程差原理制成的一种偏光显微镜专用光学附件，是已知偏光振动方向和光程差的矿物薄片。主要用途：① 用来测定矿物薄片光程差和干涉色级序；② 测定非均质矿物光率体切面的半径名称；③ 在锥光镜下测定矿物光性正负；④ 测定非均质矿物薄片的双折射率；⑤ 精确测定消光位。此外，还可用来测定光弹性物质张应力、压应力的方向及旋光物质的旋光性等。

大多数资料及附件都习惯用快光和慢光来表示试板偏光振动面的方向。快光的方向即是 N_p 的方向，慢光的方向即是 N_g 的方向。也有一些试板用 α 和 γ 来分别表示偏光的折射率 N_p 和 N_g。如无特别的说明或无明显标注时，一般试板的长边代表快光（N_p）的方向，短边代表慢光（N_g）的方向。常用的试板有以下几种。

① 石膏试板：是用石膏的定向切片制成的，光程差约为560nm，与黄光的波长相当，因此又称为 1λ 试板（图1-12）。在正交偏光间为一级紫红干涉色。

图1-12　石膏试板

将石膏试板与矿物薄片重叠时，其干涉色将升高或降低一级序。石膏试板最适于测定干涉色低的矿物，因为紫色最敏感，干涉色稍有变化较易察觉。

使用石膏试板需注意：

当矿物的光程差很小、干涉色很低时，干涉色的升降应以石膏试板的紫红色为标准。因为对这类矿物来说，总光程差不管是增是减，干涉色都是增高的；例如矿物原来的干涉色是一级灰白色（图1-13），加上石膏试板后，变为绿色（图1-14）或者亮黄色（图1-15）。对于石膏试板的紫红色来说，绿色是增高，亮黄色是降低；但对矿物来说，绿色和亮黄色都比一级灰色高。

当矿物的光程差大于600nm时，颜色的变化应以矿物原来的干涉色为标准，这时升降都为一级。例如原来是二级黄绿色（图1-16），升降后变为三级黄绿色（图1-17）或一级黄色（图1-18）。不同级别的黄色，其色调不同。三级黄绿色中带有绿色的色调，一级黄色则比较纯，是亮黄色。对于初学者判断比较困难，所以，对于干涉色较高的矿物，最好使用石英楔子或云母试板。

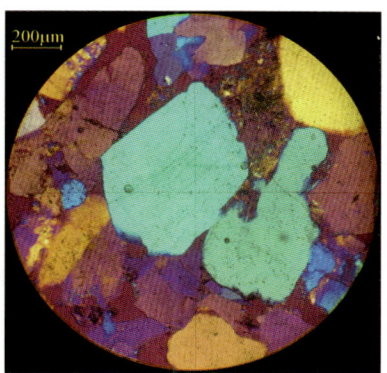

图1-13　正交偏光下的石英
将其延伸方向置于Ⅱ、Ⅳ象限对角线方向时干涉色为一级灰白色

图1-14　石英晶体旋转90°后加入石膏试板
石英的干涉色变为二级绿色，与石膏的一级紫红色相比，干涉色升高了

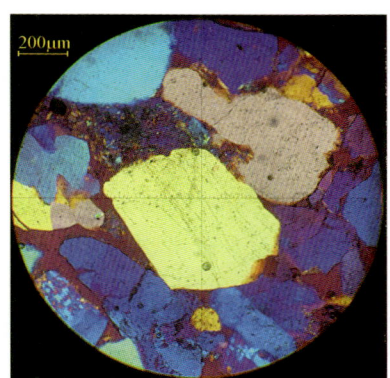

图1-15　石英晶体未旋转时加入石膏试板
干涉色变为一级黄色，与石膏的一级紫红色相比，干涉色降低了（石英具正延性）

图1-16　正交偏光下的白云母
将白云母解理方向置于与视域Ⅰ、Ⅲ象限对角线平行方向时，其干涉色为二级黄绿色

②云母试板（图1-19）：是用云母的定向切片制作而成的，其光程差为147nm，相当于黄光波长的1/4，因此又常称云母试板为λ/4试板。云母试板在正交偏光下的干涉色为一级蓝灰色。将云母试板与矿物薄片叠加时，矿物的干涉色可升高或降低一个色序。如矿物原来的干涉色为三级橙色（图1-20），插入云母试板后，干涉色升高时为三级紫红色，降低时为三级绿色（图1-21）。云母试板多用于干涉色在二级以上的矿物薄片测试与观察。

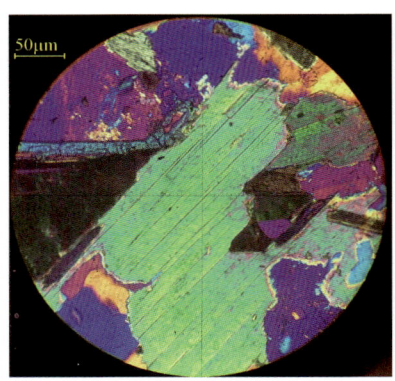 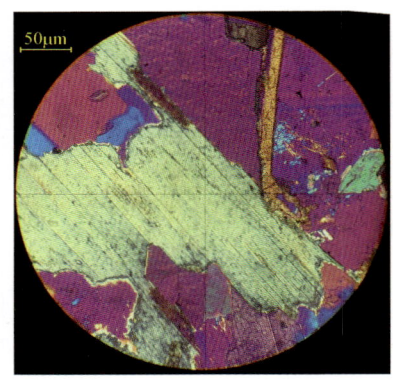

图 1-17 插入石膏试板后的白云母 干涉色变为三级黄绿色，升高了一个级序

图 1-18 将云母旋转 90° 之后 干涉色变为一级稻草黄色，与图 1-16 相比，干涉色降低了一个级序

图 1-19 云母试板

图 1-20 正交偏光下的黑云母 ①号黑云母和②号黑云母的干涉色均为三级橙色

图 1-21 加入云母试板后的黑云母 ①号黑云母的干涉色降至三级绿色，②号黑云母的干涉色升高至三级紫红色

③ 石英楔子（图 1-22）：是用矿物石英定向切片制成的一种补色器，特点是切片方向平行 c 轴，一端薄另一端渐厚而呈楔形，长边为快光（N_p）的方向。其光程差一般为 0~1680nm 或更大，在正交偏光镜间由薄至厚可依次产生一级至四级的连续干涉色，因此石英楔子属于可变光程差补色器。

当正交偏光镜间有矿物薄片时,插入石英楔子,矿物的干涉色可逐渐升高(与矿片同名轴平行时)或不断降低(与矿片异名轴平行时),至石英楔子与矿片的光程差相等处,薄片中的矿物因消色而呈现黑灰色。利用该特性,可用石英楔子来测定矿物(尤其是干涉色较高的矿物)的干涉色级序与色序,进而确定光率体椭圆切面的轴名及矿物的双折射率。

④ 贝瑞克补色器:是由垂直解石光轴切制而成的薄片,镶嵌在一个金属圆框中,再安装在长形试板上制成(图1-23)。也是一种可变光程差补色器。其金属框通过小轴与鼓轮相连,可随鼓轮的转动而左右倾斜,鼓轮上有刻度和游标。其使用方法是:选定矿物颗粒,使颗粒转到消光位再转动45°,插入贝瑞克补色器,转动鼓轮可使矿物消色。利用该现象可测定矿物的干涉色和轴名,同时据鼓轮的读数经查表或公式计算可得矿物的光程差。

图 1-22 石英楔子

图 1-23 贝瑞克补色器

第二节 偏光显微镜的操作与调试

为了保证工作正常、高效地进行,在使用偏光显微镜前,应将显微镜各系统调节至能准确观察测定的状态,对初学者尤为重要,基本操作方法如下。

(1)目镜和物镜的装卸。目镜和物镜是偏光显微镜最娇贵的部件。目镜的装卸比较简单,偏光显微镜的常用目镜一般为5×或10×,将不使用的目镜及物镜装入防尘盒后放置在附件盒内,将需使用的目镜插入镜筒上端。当目镜上有定位销时,应将定位销安放在镜筒相应的定位槽里,使十字丝正好处于视域的正东西和南北方向;当显微镜没有目镜定位销时,在岩石薄片中选一解理极细密的片状黑云母置于视域中心,旋转载物台使解理方向平行目镜十字丝之一,推入上偏光镜,观察黑云母是否消光,如消光则说明目镜十字丝方向与上下偏光振动方向一致,如不消光(图1-24A),则说明目镜十字丝与上下偏光振动方向间有一夹角,此时需要转动载物台,使云母消光,再转动目镜适当角度,使十字丝与黑云母解理纹平行(图1-24B),此时目镜十字丝方向与上下偏光振动方向重合。

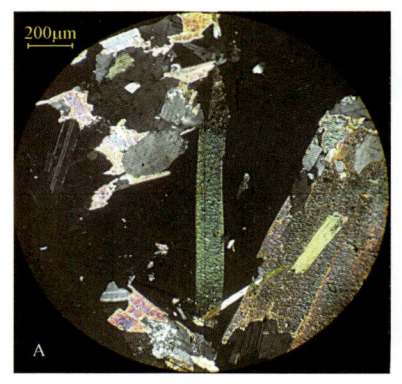 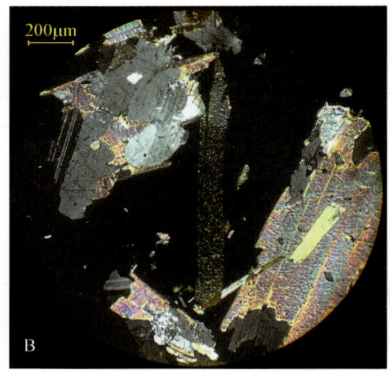

图1-24 正交偏光下的黑云母

当黑云母解理方向与十字丝纵丝相平行,但不消光时,旋转载物台,使黑云母处于消光位,再转动目镜适当角度,使十字丝与黑云母解理纹平行

物镜的装卸依显微镜型号的不同而有差异:对于弹簧卡型物镜,应先提升镜筒至一定高度,再用右手持物镜,左手按起镜筒上的弹簧,将物镜上的定位销安放在弹簧卡的定位槽中,注意安放正确,否则将偏离中心很远,不能观察。对于转换器型物镜,应先提升镜筒,再将不同倍率的物镜依次旋入相应的螺孔中即可。要使用不同倍率的物镜时,旋转转换器使所需物镜恰至弹簧卡住为止,否则将严重偏离中心,无法使用观察。在转换较高倍率物镜或较长镜筒物镜时,要尽量缓慢进行,以免物镜镜头触碰到矿片,造成镜头或矿片的损坏。

(2)调节照明(或称对光)。装好中倍物镜(一般是10×物镜)后,推出上偏光镜与勃氏镜,打开孔径光阑(锁光圈),调节光源亮度至视域亮度适度为止(即眼睛感觉亮度舒适),注意亮度勿太亮而损伤眼睛。

(3)焦距的调节。先将欲观察的薄片置于载物台中心,用薄片夹持器固定好,注意薄片的盖玻璃必须朝上,否则难以准焦且移动不顺畅，使用高倍物镜时，甚至会损坏薄片或镜头；再从侧面看着物镜头，同时转动粗动螺旋，使镜头与薄片尽量靠近（图1-25），并从目镜中可以看到薄片中物像，随后改用微动螺旋调节，直至物像完全清晰为止。在使用工作距离较短的物镜时，可先用中等放大倍数物镜进行对焦，然后再缓慢更换镜头，用微动螺旋进行准焦。

（4）校正中心。显微镜的物镜中轴和载物台旋转中轴间应严格重合，其标志是旋转载物台时，视域中心十字丝交点上的物像不发生偏离，其余物像绕视域中心做圆周运动。当物镜中轴与载物台旋转轴不在一条直线上时，十字丝交点上的物像在旋转载物台时会发生偏离，需要进行中心校正。

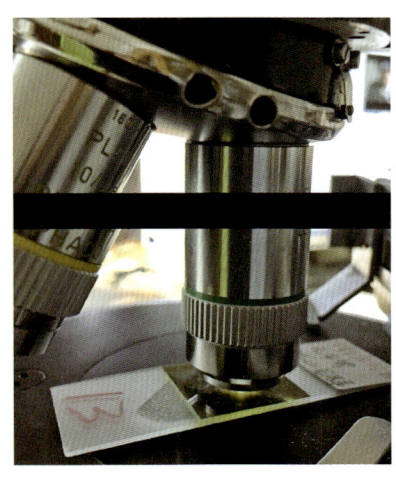

图1-25　使用较高倍物镜时避免物镜镜头触碰到矿片

多数显微镜的中轴是固定的，载物台旋转轴也是固定的，因此，校正时只能校正物镜中轴的位置。物镜中心的校正借助两个相互垂直的螺钉进行。具物镜转换器的偏光显微镜，中心校正螺钉是安装在转换器上的，而卡口式物镜的两个中心校正螺钉安装在物镜上。校正中心的步骤如下：

① 将物镜安装在正确位置上。准焦后，在薄片中选一物象 a 置于十字丝交点处（图1-26A），转动载物台360°，观察视域内细小物象 a 的运动情况。若物象 a 不离开十字丝交点，则中心准确不用校正；若物象 a 离开十字丝交点在视域内做圆周运动（图1-26B），则有偏心，应进行调节校正。

② 将薄片固定，旋转载物台180°，在视域内寻找物象 a 偏离后的位置 a'，将 a' 与十字丝交点连线，其连线的中点定为 o 点。o 点即为偏心条件下物象的旋转中心（图1-26C）。

③ 将物镜校正螺钉插入螺丝孔后轻微扭动，使物象由 a' 处沿 $a'o$ 的方向移动至偏心条件下的旋转中心 o 处（图1-26D）。

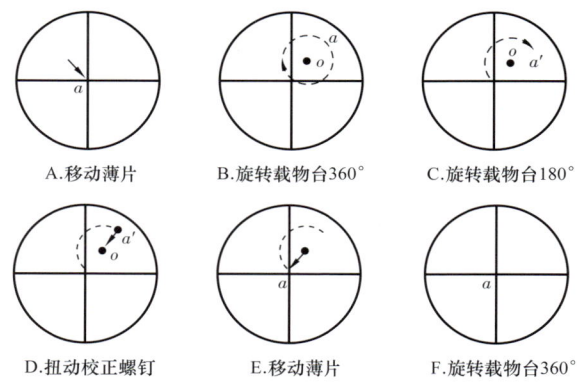

图1-26 显微镜校正中心的步骤示意图（据李德惠）

④ 移动薄片，使物象由 o 处移至十字丝交点 a 处（图1-26E）。旋转载物台，如果该物象不再发生偏移，则中心已经校正好，如果仍发生偏移，则按上述方法继续校正，直至完全校正好为止。

若中心偏离严重，旋转载物台360°后，物像 a 会移出视域之外，物像的旋转中心可能也在视域之外，此时需先估计旋转中心 o 的位置，然后转动校正螺钉，使旋转中心向十字丝交点移动，需进行反复校检，最终使中心完全校正。

（5）下偏光振动方向的确定。有些光学现象只需用一个下偏光镜来观测，因此，在使用偏光显微镜之前，必须先确定下偏光振动方向。其步骤如下：

① 找一含有黑云母的薄片放在载物台上准焦；

② 选一解理纹细密而清晰的黑云母颗粒置于视域中心（图1-27A）；

③ 推出上偏光镜，使偏光显微镜处于单偏光镜下；

④ 旋转载物台至该黑云母处于颜色最深暗的位置（图1-27B），此时黑云母解理纹的方向即为下偏光镜偏光振动面的方向。图1-27B中黑云母的吸收性特征显示，该偏光显微镜的下偏光振动面的方向为东西方向。

（6）检查上、下偏光振动方向是否正交。其方法为：使用中倍物镜，调节照明使视域最亮；推入上偏光镜观察视域情况。如果视域黑暗，证明上、下偏光振动方向处于正交；如果视域不黑暗，说明上、下偏光振动方向不正交。如果下偏光振动方向已经过校正，

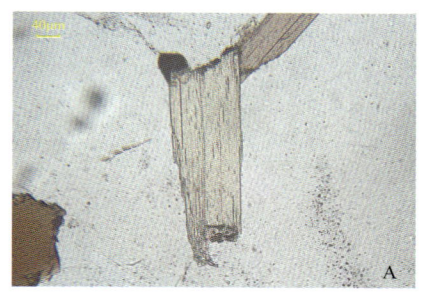 

图1-27 用黑云母校验偏光显微镜下偏光振动面方向

则需要校正上偏光振动方向,转动上偏光镜刻度旋钮至视域达到最黑暗时为止。

(7)检查目镜十字丝是否与上、下偏光振动方向一致。方法如下:

① 在岩石薄片中选一个具极完全解理缝的黑云母置于视域中心。

② 转动载物台,使黑云母解理缝与目镜十字丝之一平行。

③ 推入上偏光镜,如果黑云母变黑暗(消光),证明目镜十字丝分别与上/下偏光振动方向一致;如果黑云母不全黑(未达到消光位),则转动载物台,使黑云母变黑暗(达消光位)。

④ 推出上偏光镜,旋转目镜,使十字丝之一与黑云母解理缝平行。此时目镜十字丝与上、下偏光振动方向一致。

(8)视域直径的测量。测量中倍或低倍物镜的视域直径,可以直接使用有刻度的透明尺测定。测定时,将透明尺置于载物台中心部位,对准焦后,观察视域直径长度值,记录该数值以便日常工作中查用。

测量高倍物镜的视域直径,可使用物台微尺测定。物台微尺是嵌在玻璃片中心的一个小微尺,微尺的总长度一般为1~2mm,其中刻有100~200个小格,每个小格等于0.01mm。测量时将物台微尺置于载物台中心,对准焦点,观察视域直径相当于物台微尺的多少小格。若为200格,则视域直径等于$200 \times 0.01mm=2mm$。还可以通过物台微尺测定出各放大倍率下目镜微尺中每一小格所代表的长度,并记录下来以便观察过程中测量矿物粒径时使用。例如,图1-28A为4×物镜下拍到的物台微尺照片,从照片中可以看出在4×

物镜下视域中 4 大格（40 小格）的长度为 1mm，即一大格的长度为 0.25mm；图 1-28B 为 10× 物镜下拍到的物台微尺照片，从照片中可以看出，在 10× 物镜下，10 大格（100 小格）的长度为 1mm，即每一大格的长度为 0.1mm。在岩石薄片鉴定过程中可据此来测定矿物或碎屑的粒径。

（9）视场光阑的调整。调整的目的是限制进入显微镜的光线，以提高分辨能力，使观察到的物像更加清晰。

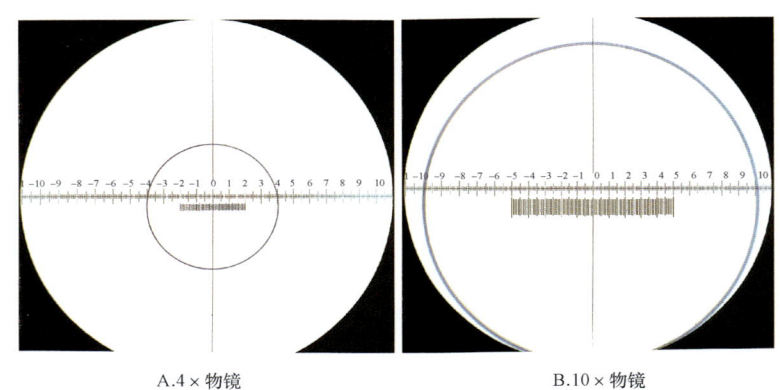

A.4× 物镜　　　　　　　　B.10× 物镜

图 1-28　不同放大倍率物镜下拍到的物台微尺

视场光阑的调整方法及步骤大致如下：

① 在载物台、物镜已完成调中后的基础上，选用 10× 的物镜及目镜；

② 把聚光镜升到最顶，将孔径光阑（锁光圈）设在适当的位置上；

③ 把视场光阑收到最小；

④ 把样品调至准焦，在视野中寻找局部明亮的区域或亮斑；

⑤ 将聚光镜微微向下调整至亮斑变成一个清晰的多边形，这便是视场光阑通过聚光镜在视野中所成的像（一般为六边形、八边形或多边形）；

⑥ 调节聚光镜座子上的两个调中螺钉，将多边形的像调至视野的中央位置；

⑦ 将视场光阑逐步放大，使之成为视域的内接多边形；

⑧ 把视场光阑继续开大，使多边形正好消失在视域的外边缘。

至此，库勒照明系统调试完毕。需要注意的是：聚光镜的位置一经调好，最好不要随意改变。

（10）聚光镜的使用。聚光镜位于载物台之下，由一组透镜组成，可把来自下偏光镜的一束平行偏光，聚敛成锥形偏光，故又称为锥光镜。聚光镜是构建锥光系统的必要部件，主要用于干涉图的观测，或在其他需要强光时使用。在使用 10× 以上物镜时，都可使用聚光镜。正确使用聚光镜，可使观察效果明显提高，要想保持观察效果保持不变，关键在于正确选择聚光镜的孔径光阑（锁光圈）。

（11）孔径光阑大小的选择：每换一个倍数的物镜，就要调节聚光镜的孔径光阑，使其大小等于所用物镜数值孔径（或孔径像）的 2/3。可以用拔掉目镜直接向镜筒内观察，就可以看到如图 1-29 所示的孔径像与孔径光阑像，即多边形占视域的 2/3。

在新一代的光性显微镜上，聚光镜的孔径光阑标有刻度（图 1-7），可根据物镜上的数值孔径来设定孔径光阑的大小。如 10× 物镜的数值孔径若为 0.3，则聚光镜的孔径光阑设在 0.2；20× 物镜的数值孔径若为 0.5，则聚光镜的孔径光阑设在 0.3；40× 物镜的数值孔径若为 0.75，则聚光镜的孔径光阑设在 0.5 等。

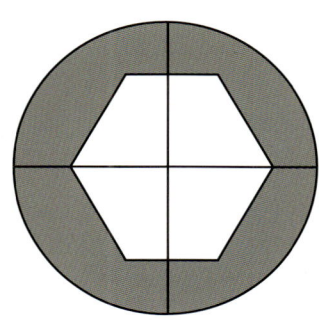

图 1-29　孔径像与孔径光阑像示意图

第三节　偏光显微镜的保养与使用守则

偏光显微镜是地质工作最常规而精密的仪器之一，是岩石学教学和地质领域科研与生产不可缺少的设备之一，应倍加爱护，在操作和使用过程中应严格遵守如下规则。

（1）使用前应进行检查：如有失调，应按校正步骤进行校正；如发现有重大损坏，应及时报告管理人员。

（2）挪动显微镜时，动作要轻，严防振动；搬动显微镜时，必须一手持镜臂，一手托住底座，不得在搬动时着力于升降螺旋以及除镜臂和底座之外的任何仪器部分。不得随便自行拆卸显微镜，或将附件任意调换使用。

（3）镜头必须保持清洁，如有灰尘需用专用橡皮球吹掉，然后用专用擦镜纸擦拭，不得用其他物品擦拭，以免损坏镜头。

（4）安装薄片时，盖玻璃必须向上；下降镜头时，勿使镜头与薄片相碰，以免损坏镜头或薄片。

（5）使用上偏光镜及勃氏镜时，应轻轻拉送，切勿猛力拉送，以免损坏。

（6）仪器调节失灵时，应报告管理人员，切勿强力扭动或擅自做其他处理。

（7）切勿使显微镜及配件在阳光下暴晒，以免偏光镜及试板等光学部件脱胶。

（8）显微镜使用完毕，须将上偏光镜及勃氏镜推入，将附件放入附件盒，将显微镜盖上防尘罩，并进行使用登记。

思 考 题

1. 偏光显微镜的主要附件有哪些？如何正确使用云母试板和石膏试板？
2. 如何检查偏光显微镜上、下偏光振动方向是否正交？
3. 如何确定偏光显微镜下偏光振动方向？

第二章
单偏光镜下矿物薄片的观察内容

偏光显微镜下透明矿物的鉴定主要在单偏光、正交偏光、锥光三个系统中进行。

在单偏光下可以观察矿物的晶形、贝克线、糙面、突起、闪突起、颜色、多色性、吸收性、解理、裂理等光学特征。

第一节 矿物形态和解理的观察

一、矿物的晶形

薄片中所见到的矿物晶形并不是其完整的晶形，而是矿物某一切面的轮廓；因此要想判断某一种矿物的晶形，必须观察该矿物的各个切面，综合考虑。

岩石薄片中一般常见的矿物晶形有柱状、板状、球粒状、片状、针状、纤维状、放射状、粒状等（图2-1）。

二、矿物的解理和裂理

1. 矿物的解理

矿物的解理表现为沿一定结晶方向平行排列的细缝线，即解理缝。很多矿物都具有解理，解理在晶体中的方向、组数、完善程度及解理间夹角并不相同。因此，解理是鉴定矿物的一个重要依据。

按照解理的完善程度可分为三级。

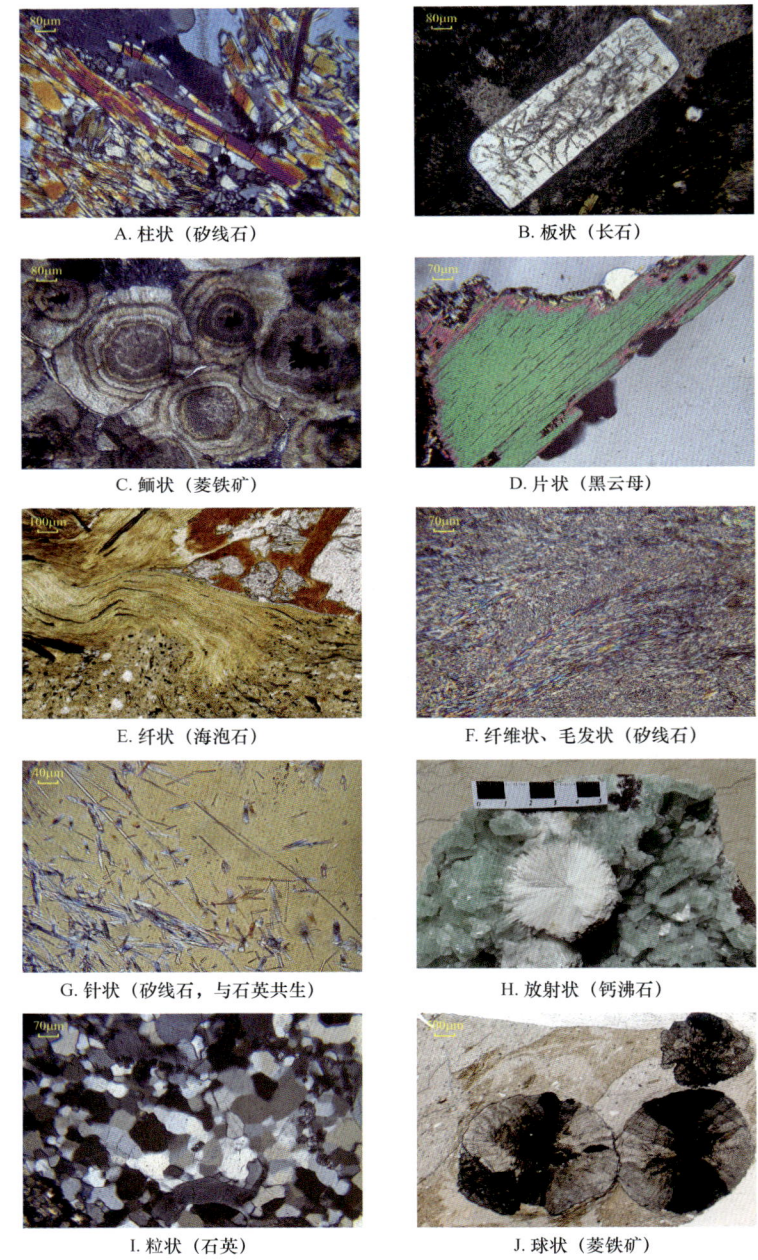

图 2-1 矿物的常见晶体形态

A. 柱状（矽线石）
B. 板状（长石）
C. 鲕状（菱铁矿）
D. 片状（黑云母）
E. 纤状（海泡石）
F. 纤维状、毛发状（矽线石）
G. 针状（矽线石，与石英共生）
H. 放射状（钙沸石）
I. 粒状（石英）
J. 球状（菱铁矿）

（1）完全解理：解理缝细、密、长，往往贯通整个晶体。如云母族矿物的解理（图2-2A）。

（2）中等解理：解理缝清楚，但没有完全连贯而有中断现象。如辉石、角闪石族矿物的解理（图2-2B）。

（3）不完全解理：解理缝时断时续，有时仅见痕迹。如橄榄石、帘石等矿物的解理（图2-2C）。

A. 极完全解理（黑云母）

B. 中等解理（角闪石）

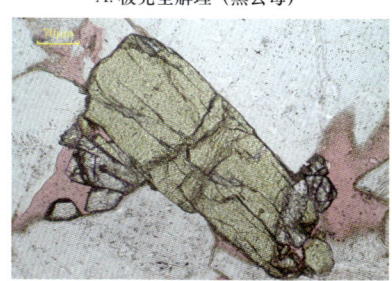

C. 不完全解理（绿帘石）

D. 裂理（橄榄石）

图2-2 矿物的解理分级及裂理

2. 裂理（或称裂开、裂纹）

裂理是沿双晶面破裂或沿细微包裹体分布的缝线。一般不如解理缝线平直，多数表现弯曲，定向性不明显。不同矿物解理发育程度不同，因此，在鉴定矿物时有很大价值。如橄榄石族矿物解理不发育，常见裂理（图2-2D）。

3. 解理夹角的测定步骤

（1）选择同时垂直两组解理的切面，这种切面的特征是：两组解理缝最清楚，升降镜筒时，解理缝不向左右移动。

（2）移动切片使两组解理缝交点与目镜十字丝中心重合或近于重合（图2-3A）。

（3）旋转载物台使一组解理缝与目镜纵丝重合或平行，记下载物台刻度盘的读数。

（4）再旋转载物台使另一组解理缝与目镜纵丝重合或平行，再记下载物台刻度盘上的读数。两次读数之差，即为所求的解理角（图2-3B）。

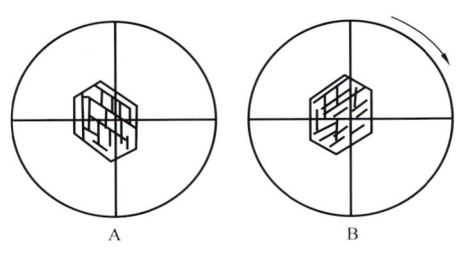

图2-3　解理角的测定

第二节　矿物颜色、多色性和吸收性的观察

一、薄片中矿物的颜色

矿物在薄片中的颜色与手标本的颜色不同，它是白光透过矿物时，各色光被矿物选择性吸收的结果。白光透过矿物薄片时，不管矿物如何透明，总是要被吸收一部分。如果矿物对白光中七色光波的吸收程度相同，则透过矿物的光波仍为白光，只是亮度减弱，此时，矿物不具颜色，称为无色矿物；如果矿物对白光中七色光波的吸收程度不同，对其中某色光吸收多，对另一些色光吸收少或不吸收，则光透过矿物后，除去被吸收的色光外，其余色光互相混合便构成该矿物的颜色。例如紫色萤石便是对紫光吸收较少的缘故（图2-4）。

矿物在薄片中所显示的颜色深浅，取决于矿物对各色光波吸收的总强度。吸收总强度大，则颜色深；反之，则颜色浅。矿片对光波吸收的总强度大小主要决定于矿物的性质与矿片的厚度。同一矿物矿片愈厚，吸收愈多，矿物颜色愈深。当矿片的厚度一定时，矿物在薄片中的颜色深浅就可以反映该矿物对光波吸收的性质。

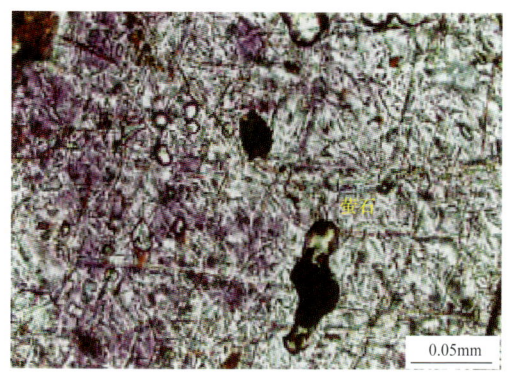

图 2-4 紫色萤石（单偏光）

矿物在薄片中呈现的颜色，主要取决于矿物的化学成分，特别是矿物晶格中存在的过渡元素 Fe、Mn、Cr、Ni、Co、Cu、Zn 等或镧族元素；也取决于晶体的原子排列状态、晶体缺陷状态、杂质及超显微包体。例如含 Fe^{2+} 常呈浅绿色，如钙铁辉石；含 Fe^{3+} 常显红色色调，如玄武角闪石；含 Mn^{3+} 常呈浅红色，如红帘石；含 Cr^{3+} 呈浅绿色，如铬透辉石。矿物中是否含 OH^- 也会影响 Fe^{2+} 的呈色作用。如黑云母、角闪石和普通辉石都含有 Fe^{2+}，但前二者含 OH^-，呈现明显的颜色，而普通辉石不含 OH^- 则近于无色。

均质矿物的光学性质各方向一致，所以在薄片中的颜色及颜色深浅不因光波在晶体中的振动方向不同而发生改变，但非均质矿物的光学性质因方向而异，对光波的选择吸收及吸收的总强度也随方向而异。

二、矿物的多色性和吸收性

在单偏光镜下旋转载物台时，许多具有颜色的非均质矿物的颜色及颜色的深浅会发生变化。这种颜色的变化称为多色性；颜色深浅发生改变称为吸收性。吸收性公式为：$N_g > N_m > N_p$ 称正吸收；$N_p > N_m > N_g$ 称反吸收。

1. 一轴晶矿物多色性公式的确定

一轴晶矿物有两种主要的颜色，通常与 N_e、N_o 方向相当。多色性公式的确定方法以黑电气石为例，步骤如下。

（1）找一含有电气石平行 c 轴（光轴）的柱状切面的矿片，置于单偏光镜下。其光率体椭圆的长、短半径分别为 N_o 与 N_e，因系负光性，故 $N_o > N_e$。

（2）使矿片中电气石柱状切面的长边（即光率体椭圆半径的 N_e 边）平行下偏光振动方向 PP（注意：该偏光显微镜的 PP 方向为东西方向），观察矿片颜色，此时，电气石无色（图 2-5A），即 $N_e=$ 无色。

（3）旋转载物台 90°，使电气石柱状切面的长边与下偏光振动方向垂直（即使光率体椭圆长半径的 N_o 平行下偏光振动方向 PP），观察矿片颜色，此时电气石呈淡黄色（图 2-5B），即 $N_o=$ 淡黄色。即该电气石的多色性公式是：$N_o > N_e$，具反吸收。

图 2-5 电气石吸收性公式的确定示意
A—电气石柱状切面的长边（光率体椭圆半径的 N_e）平行下偏光振动方向时的颜色；
B—电气石柱状切面的短边（光率体椭圆半径的 N_o）平行下偏光振动方向时的颜色

2. 二轴晶矿物多色性公式的确定

二轴晶矿物有三个主要的颜色，通常与光率体三个主轴 N_g、N_m、N_p 相当。多色性公式的确定方法以角闪石为例，步骤如下。

（1）选一平行光轴面的切面置于单偏光镜下，该切面特征：在正交偏光间干涉色最高（图 2-6A），在单偏光镜下多色性最明显。分别观察矿物光率体 N_g、N_p 与下偏光振动方向 PP 平行时的颜色，其代表着矿物光率体 N_g、N_p 的颜色（图 2-6B、图 2-7A，该偏光显微镜下偏光振动方向 PP 为东西方向），即该角闪石的 $N_g=$ 深绿色。

（2）选垂直光轴的切面，该切面在正交偏光间近于全消光或干涉色最低，单偏光镜下不具多色性或不明显，其颜色代表 N_m 的颜色，该角闪石 N_m 的颜色为黄绿色，即 $N_m=$ 黄绿色。该角闪石的吸收性公式为：$N_g > N_m > N_p$，为正吸收。

图 2-6　角闪石吸收性特征一

A—红色箭头所指为角闪石近平行光轴面的切面，在正交偏光下干涉色最高；B—将该切面放大后置于单偏光下（红色箭头所指），使长边或解理缝（与 N_g 近平行）与下偏光振动方向平行（拍照用的显微镜下偏光振动方向为东西方向），此时显示的颜色即角闪石 N_g 的颜色，N_g= 深绿色

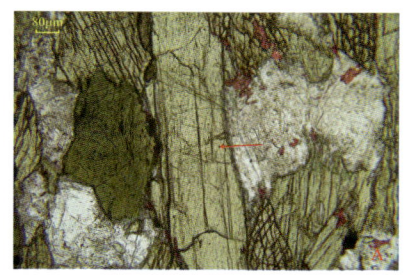 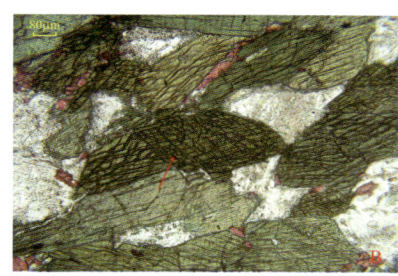

图 2-7　角闪石吸收性特征二

A—将角闪石柱状切面的短边（与 N_p 平行）置于与下偏光振动面平行的位置，此时显示的颜色即是该角闪石 N_p 的颜色，即 N_p= 浅黄绿色；B—选角闪石垂直柱体的切面（近于垂直光轴），该切面多色性不显著，此时的颜色即角闪石 N_m 的颜色，N_m= 黄绿色

非均质矿物中，不同矿物的多色性明显程度不相同。大体上可以划分为三个等级，即多色性极明显，如黑云母；多色性明显，如普通角闪石；多色性不太明显，如紫苏辉石和霓辉石；有的非均质矿物看不出多色性。

矿物在薄片中多色性的明显程度除与矿物性质有关之外，还与切片方向及矿片厚度有关。同一矿物，平行光轴（一轴晶）或平行光轴面（二轴晶）的切面多色性最明显；垂直光轴的切面不具多色性；而同一方向切片中，矿片愈厚，多色性愈明显。所以，观察矿片多色性时，不能只凭个别切面下结论。

第三节 矿物折射率特征的观察

本节主要观察在岩石薄片中因相邻两种物质的折射率不同所呈现的光学现象。

一、矿物的边缘与贝克线

1. 矿物的边缘

两种折射率不同的物质相接触,光从一种物质射入另一种物质,必然发生折射,使接触界线附近的光线减弱,而呈现出黑暗的边缘(图2-8),即为矿物的边缘(或轮廓)。在岩石薄片中,各种矿物边缘的粗细、明暗程度,取决于矿物折射率与树胶折射率(1.54)差值的大小,二者差值愈大,边缘愈粗愈暗;反之,则边缘细而不明显。如图2-8A所示,照片中榍石与角闪石之间因折射率差值大,界线粗而暗。

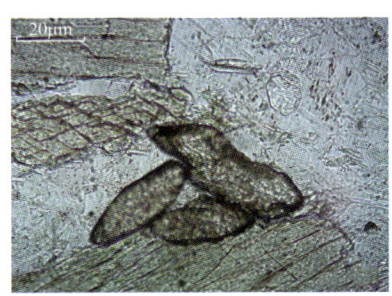
A. 矿物边界

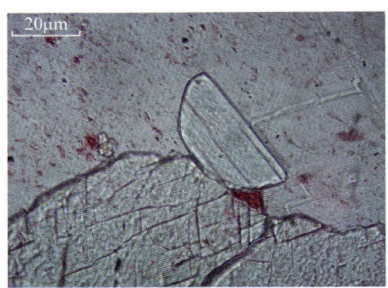
B. 贝克线

图2-8 矿物边界及贝克线

2. 矿物的贝克线

当相邻介质(矿物与矿物或矿物与树胶)折射率不等时,在矿物边缘可见到一条比较明亮的细线,升降镜筒时,亮线发生有规律的移动,该较亮的细线称为贝克线(或光带)(图2-8B)。贝克线的移动规律是:当提升镜筒时,贝克线向折射率较高的介质方向移动;下降镜筒时,贝克线向折射率较低的介质方向移动。根据贝克线移动规律可确定矿物的正负突起,比较相邻两物质折射率的相对大小。

二、矿物的突起和闪突起

1. 矿物的突起

单偏光下观察矿物时,不同矿物颗粒间因折射率之差而产生的高低之差现象称为突起。矿物的突起取决于矿物本身的折射率和树胶折射率(1.54)之差,折射率低于树胶折射率时称为负突起,高于树胶折射率时称为正突起。矿物的突起一般分为6～7个等级(图2-9):

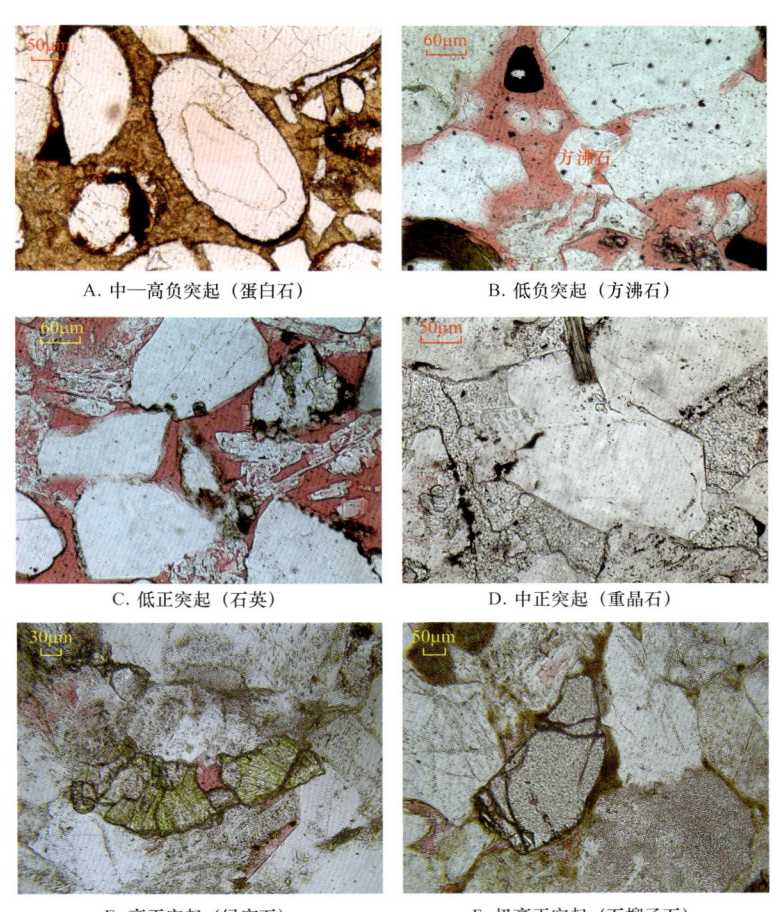

A. 中—高负突起(蛋白石)　　B. 低负突起(方沸石)

C. 低正突起(石英)　　D. 中正突起(重晶石)

E. 高正突起(绿帘石)　　F. 极高正突起(石榴子石)

图 2-9　不同等级突起矿物的镜下特征

（1）高—中负突起（＜1.48），如萤石、蛋白石。

（2）低负突起（1.48～1.54），如方沸石、钾盐。

（3）低正突起（1.54～1.60），如石英、硬石膏、中长石等。

（4）中正突起（1.60～1.66），如重晶石、电气石、普通角闪石等。

（5）高正突起（1.66～1.78），如绿帘石、橄榄石、普通辉石等。

（6）极高正突起（＞1.78），如榍石、锆石、钙铁石榴子石、闪锌矿。

2. 矿物的闪突起

在单偏光下旋转载物台，双折射率很高的矿片，突起高低可以发生明显的变化，这种现象称为闪突起（也叫假吸收）。多数矿物闪突起现象不明显，只有少数矿物（如方解石、白云石等；图2-10）才具有明显的闪突起现象，可以作为鉴定特征。

A. 白云石处于负突起
（单偏光）

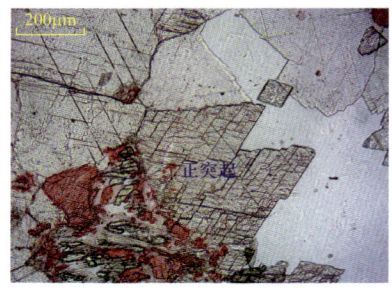
B. 旋转载物台后，白云石由负突起逐渐变为正突起（单偏光）

图2-10 矿物的闪突起

3. 贝克线色散或色散效应

用白光观察时，由于折射率色散的影响，在折射率相差很小的两无色矿物边缘附近，贝克线变成两条有色的光带，黄色光带常靠近折射率低的介质一侧，蓝色光带常靠近折射率高的介质一侧，该现象称为贝克线色散或色散效应。利用这种色散效应可以直接判断相邻两物质折射率的相对大小。缩小光圈观察，色散效应更清楚。

三、矿物的糙面

在单偏光下观察矿物时，某些矿物表面较光滑，某些矿物较粗糙，好像皱皮一样，这种表面粗糙的现象称为糙面。

在磨制薄片的过程中，矿物表面产生微细的凹凸不平，其上盖有树胶，由于树胶与矿物折射率不同，光透过其间发生折射，使矿物表面上光的集散不均匀，故呈现不同的明亮程度而显示出粗糙感。矿物与树胶的折射率差值愈大，糙面愈显著，如榍石、石榴子石等（图2-11）；差值愈小则糙面不明显，如石英、长石等。

图 2-11 石榴子石的糙面

思 考 题

1. 在岩石薄片中，矿物的突起高低取决于什么因素？如何区分正负突起？

2. 矿物在薄片中多色性的明显程度除与矿物性质有关之外，还与什么有关？矿物的多色性在什么方向的切面上最显著？

第三章
正交偏光镜下矿物光学参数的获取

第一节 正交偏光镜观察前的准备工作

（1）检查上、下偏光镜的偏光振动方向是否互相垂直。其方法是：在正交偏光间，不放任何矿片，其视域是黑暗的。若上、下偏光镜的偏光振动方向没有相互垂直，需及时进行调整。

（2）检查目镜十字丝是否与上、下偏光镜偏光振动方向一致，若发现不一致，需及时进行校正。

第二节 矿物消光类型的确定及消光角的测定

一、矿物消光类型的确定

消光：矿片在正交偏光间呈现黑暗的现象。

全消光：在正交偏光间放入矿片，矿片呈现黑暗，旋转360°，矿片的消光现象始终不变。

消光位：非均质矿物除垂直光轴以外的其他切面，在正交偏光间处于消光时的位置。

一般均质矿物或非均质矿物垂直光轴的切片在正交偏光间呈全消光。而将非均质矿物（垂直光轴的切片除外）置于正交偏光间，旋转载物台360°，可出现四次消光现象。据此，可以区分均质与非均质矿物。

在消光位时，矿物光率体椭圆切面的长、短半径必与上、下偏光振动方向相平行，当上、下偏光振动方向为已知时，即可确定矿片上光率体椭圆长短半径的方向。

消光类型：是指矿片处在消光位时，其解理缝（双晶缝）或晶体轮廓等与目镜十字丝（代表上下偏光振动方向）的相互关系。

消光类型一般可分三种（图 3-1）。

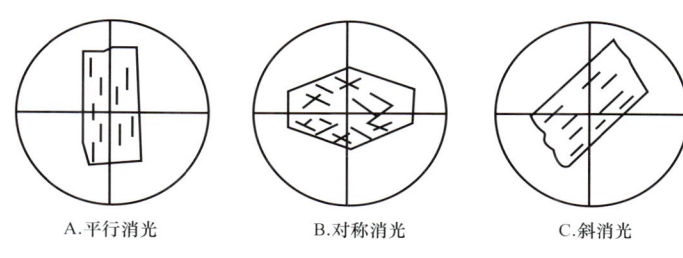

图 3-1　矿物的消光类型

（1）平行消光：当矿物处于消光位时，矿物的解理缝、双晶缝或晶体轮廓与目镜十字丝之一平行。如柱状电气石、磷灰石、有解理的云母等。

（2）对称消光：当矿物处于消光位时，目镜十字丝为两组解理缝或两个晶面迹线夹角的平分线。如角闪石、辉石的横切面。

（3）斜消光：当矿物处于消光位时，解理缝、晶体缝和晶体外形与目镜十字丝之一斜交。如角闪石、辉石的纵切面。

矿物切片的消光类型与晶体的光性方位有关。

（1）一轴晶矿物和二轴晶斜方晶系的矿物绝大多数见到的是平行消光和对称消光。如柱状颗粒的电气石、磷灰石，有解理缝的云母等均为平行消光；如辉石、角闪石垂直两组解理面的切面为对称消光。

（2）二轴晶三斜晶系的矿物均为斜消光，如角闪石、辉石的纵切面常表现为斜消光。

（3）单斜晶系矿物则三种消光类型均可见到，以斜消光为主。

二、消光角的测定

消光角：是晶体处于消光位时，解理缝、双晶缝或晶棱与目镜十字丝的夹角。对一轴晶及斜方晶系的矿物而言，斜消光的切面不多，消光角的大小不具鉴定意义；对单斜晶系和三斜晶系的矿物，以具斜消光的切面为主，消光角是其重要的鉴定标志之一。

消光角测定方法（图 3-2）：

（1）选择适合的具有最大消光角的定向切面。对于角闪石类矿物，应选择平行或近于平行光轴面的颗粒，其特征是具有最高干涉色。

（2）将选好的切面移至视域中心，使解理缝或晶棱与目镜竖丝平行，记下载物台刻度盘的读数 a。转动载物台使矿物颗粒达到消光位，注意转动方向，最好使转角小于 45°，记下载物台刻度盘的读数 b，二次读数之差即为该矿物颗粒在该切面上的消光角。

（3）使矿片由消光位转 45° 到达干涉最佳位，此时最明亮，选用合适的试板测定光率体椭圆切面半径的轴名，并记录。按消光角的表示方法记录该矿物的消光角。如普通角闪石在（010）切面上的消光角为 $N_g \wedge C = 25°$。

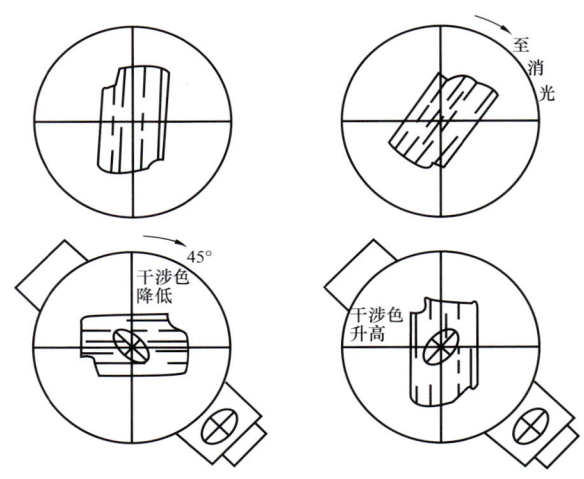

图 3-2　正交偏光镜下矿物晶体消光角的测定

第三节　非均质体矿片上光率体椭圆半径方向及轴名的确定

（1）将欲测定矿片置于视域中心，转动载物台使矿片处于消光位（图 3-3A），此时，矿片上光率体半径方向必定平行于上、下偏光振动方向。

（2）再转动载物台 45° 至矿片上干涉色最亮。此时矿片上光率体椭圆半径与目镜十字丝呈 45°（图 3-3B）。

（3）从试板孔（45° 位置）插入试板，观察干涉色级序的升降变化：如果干涉色级序降低（图 3-3C），说明试板与矿片上光率体椭圆切面的异名半径相平行；如果干涉色级序升高（图 3-3D），表明试板与矿片上椭圆体切面的同名半径相平行。试板上矿物光率体椭圆半径的名称是已知的，据此，即可确定矿片上光率体椭圆半径的名称。

当矿片干涉色在二级以上时，加入石膏试板难以判断矿片干涉色的升降变化，可以观察矿片楔形边缘的一级灰处，来判断干涉色的升高与降低。

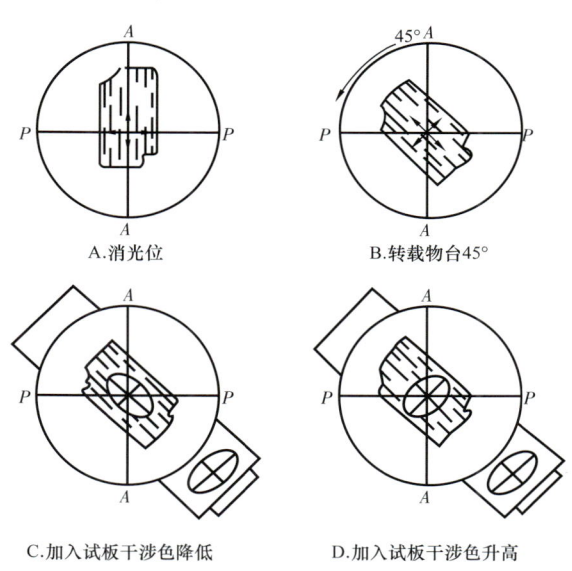

A.消光位　　　　　　B.转载物台45°

C.加入试板干涉色降低　　D.加入试板干涉色升高

图 3-3　非均质矿物椭圆体半径方向及名称的测定

第四节　矿物干涉色的确定

非均质矿物任意方向的切片（垂直光轴的切片除外），在不消光时将发生干涉现象。

当非均质矿物任意方向切片的光率体椭圆半径与上、下偏光振

动方向 AA、PP 斜交时，由下偏光镜透出的振动方向平行 PP 的偏光，进入矿片后，必然发生双折射，形成振动方向平行光率体椭圆半径的 K_1、K_2 二偏光。由于 K_1 和 K_2 的折射率不等（$K_1 > K_2$），故在矿片中的传播速度不相同，因而它们透出矿片必有先后，透出矿片后两光波之间相差的距离称光程差，一般以符号 R 表示。

一、光程差的影响因素

光程差（R）的大小与晶体切片厚度（d）和双折射率（$N_g - N_p$）有关，其关系式为：$R = d(N_g - N_p)$。而双折射率的大小又与矿物性质和切片的方向有关。因此，影响光程差的实际因素有：矿物性质、切片方向和厚度。

在同一岩石切片中（厚度基本相似）的同一矿物，因切片方向不同，可显示不同的干涉色：垂直光轴的切片双折射率为零，具全消光（不显干涉色）；平行光轴或平行光轴面的切片，双折射率最大，显示的干涉色最高；其他方向切片，双折射率变化于零与最大之间，其干涉色变化介于灰黑色与最高干涉色之间（图3-4）。

图3-4 同一矿物不同方位切片的干涉色特征

二、干涉色及双折射率

（1）干涉色：是非均质、非垂直光轴或光轴面的矿物切片，在正交偏光间，当白光不同波长的七色光通过晶体时，由白光干涉而成。干涉色级序的高低，取决于光程差的大小，即一定的光程差对应一种干涉色；而光程差的大小又取决于双折射率大小及矿片厚度。

（2）双折射率的大小与矿物性质和切面方向有关。即矿片显示的干涉色级序取决于矿物性质、切面方向与矿片厚度。

在同一岩石薄片中，各种矿物切面的厚度基本相同。同一矿物因切面方向不同，可显示不同的干涉色（图3-5）。平行光轴或平行光轴面的切面，双折射率最大，呈现的干涉色最高；垂直光轴切面的双折射率为零，呈现全消光；其他方向切面的双折射率递变在零与最大双折射率之间，其干涉色级序变化于全黑与最高干涉色之间。

图3-5 硅硼钠石因切面方向不同而显示不同的干涉色

硅硼钠石为二轴晶矿物，其中平行光轴或近于平行光轴切面的硅硼钠石具一级黄——级褐黄干涉色，而斜交光轴至近于平行锐角等分线切面的硅硼钠石，干涉色相对偏低

不同矿物的最大双折射率不同，它们显示的最高干涉色也不同（图3-6）。每一种矿物的最高干涉色是一定的，在鉴定矿物时，其最高干涉色才有鉴定意义。因此，在观察测定矿片干涉色级序时，切不可凭任意方向切面确定干涉色级序，一般是多观察一些颗粒，用统计方法确定其最高干涉色。精确测定时，必须在平行光轴或平行光轴面的切面上测定干涉色级序。

（3）干涉色的级序和色序：干涉色随着光程差的逐渐增加有规

图3-6 正交偏光下矿物的干涉色

A—充填孔隙的硬石膏具一级灰干涉色,为近于垂直锐角等分线的切面;B—同样为充填孔隙的硬石膏,干涉色达到二级橙红色,为近于平行光轴面的切面,所代表的干涉色接近最高干涉色;C—碳钠镁石具四级以上干涉色;D—碳酸钠钙石具高级白干涉色

律地变化。在正交偏光镜间插入石英楔子,用白光照射,随着石英楔子厚度的逐渐增加,视域中干涉色将依次出现蓝灰色—灰白色—浅黄色—橙色—紫红色,然后是蓝色—绿色—黄色—橙色—紫红色的依次变化,这种干涉色按一定的次序周期性地出现,称为干涉色级序;每个级序中干涉色色调之间的一次明显改变,称为一个色序,各色序之间是逐渐过渡的。干涉色出现的每个周期各有特色,依次称为第一级序、第二级序、第三级序、第四级序等。

各级序的基本特点如下:

第一级序的干涉色,光程差为0～550nm。干涉色依次为黑色、灰色、灰白色、黄色、橙色、红色的色序,以具有灰及灰白干涉色为特征,在第一级序内没有鲜蓝色与鲜绿色。

第二级序的干涉色,光程差为550～1100nm。干涉色依次为紫色、靛色、蓝色、绿色、黄色、橙色、紫红色。其特征是色浓厚而纯正,比较鲜艳,各色序颜色间的分界较为清楚。

第三级序的干涉色，光程差为1100～1650nm。干涉色与第二级序相似，但颜色的饱满程度欠缺，稍显浅淡，不如第二级序鲜明艳丽，各色序之中的紫色和靛色欠明显，而翠绿色尤为鲜亮明快，但仍比第二级序中的绿色略浅，各色序间的分界基本清楚，但与第二级序中各色序间的分界比较稍微逊色。

第四级序的干涉色，光程差为1650～2200nm。干涉色因光程差相当大，比第三级序的更为浅淡，各色序之间明显相互混杂，各色序的色带间呈渐变过渡状，且界线模糊不清。

第五级序及更高级序的干涉色，光程差大于2240nm。其干涉色各色光呈不等量的混杂出现，产生近于白光的效应，各色序之间亦无法区分，有如珍珠表面的晕彩，可称为珍珠色，或称高级白干涉色。实际上高级白干涉色并不是纯白色，略微带有淡黄、淡红色调，它与第一级序中的白色不同，高级白干涉色是高双折射率矿物的特征。如方解石的双折射率为0.172，在薄片厚度为0.03mm时，就呈现高级白干涉色。

由上述可知，干涉色级序和色序的高低取决于光程差R的大小，而$R=d(N_g-N_p)$，即决定于矿片厚度与双折射率的大小。在厚度一定的条件下（岩石薄片的标准厚度为0.03mm），薄片中矿物干涉色的高低可反映矿物双折射率的大小，高级白是双折射率高的表现。当然，同种矿物因切面方向不同其双折射率亦不相同，干涉色的高低也不一样。文献中所称某矿物的干涉色均是指该矿物的最高干涉色，薄片研究时也应观测同种矿物的最高干涉色。

随着光源的不同，各干涉色的相应光程差会发生某种程度的变化，因此在进行矿物岩石薄片研究时应予以注意。

干涉色级序与光程差之间的对应关系见表3-1，数据是用无色非均质矿物切制成楔形插入透明方解石偏光棱镜间观察所获得的，光源为北方中午天空有云时的日光。表3-1适用于具有平行的折射率曲线，且双折射率不因波长而改变的任何非均质矿物。当选用光源不同，偏光镜不是方解石偏光棱镜时可能会有少许误差，应做稍许修正。

在熟练掌握对矿物干涉色的观察之前，必须先学会熟练使用干涉色色谱表。

表 3-1 方解石偏光棱镜下且光源为日光时干涉色与光程差的关系
（据 Wahlstrom，1979）

光程差（nm）	干涉色	光程差（nm）	干涉色	光程差（nm）	干涉色	光程差（nm）	干涉色
第一级序		505	红橙色	866	绿黄色	1495	肉红色
0	黑色	536	红色	910	纯黄色	1534	洋红色
40	铁黑色	551	深红色	948	橙色	1621	暗紫色
97	淡紫灰色			998	橙红色	1652	蓝紫灰色
158	灰蓝色	第二级序		1101	暗红紫色		
218	灰色	565	紫色			第四级序	
234	绿白色	575	蓝紫色	第三级序		1682	蓝灰色
259	纯白色	589	靛色	1128	蓝紫色	1711	暗海绿色
267	黄白色	664	天蓝色	1151	靛色	1744	蓝绿色
281	稻草黄色	728	绿蓝色	1258	绿蓝色	1811	绿色
306	亮黄色	747	绿蓝色	1334	海绿色	1927	绿灰色
332	纯黄色	826	亮绿色	1376	暗绿色	2007	灰白色
430	褐黄色	843	黄绿色	1426	绿黄色	2048	肉红色

三、干涉色色谱图

干涉色色谱图表示干涉色级序、双折射率及矿片厚度之间的关系，根据光程差公式制作而成。色谱图的横坐标表示光程差 R 的大小，以纳米（nm）为单位；纵坐标表示矿片厚度，其单位为毫米（mm）；斜线表示双折射率大小。在各光程差的位置上，填上相应的干涉色，便构成干涉色色谱图（图 3-7）。由干涉色色谱图可知，在光程差 R、薄片厚度 d 和双折射率（N_g-N_p）三个参数中知道其中两个，便可求得第三个参数。如矿物薄片厚度为标准厚度（0.03mm），据矿物的双折射率，便可预知矿物在薄片中的最高干涉色；同样，据薄片中矿物的最高干涉色和薄片厚度，可确定其光程差和最大双折射率。例如，石英的最大双折射率为 0.009，若在岩石薄片中见到石英的最高干涉色为一级黄白色，由干涉色色谱图可知矿片厚度为 0.045mm；若薄片中石英的最高干涉色为一级灰白色，查干涉色色谱图可知矿片厚度为 0.03mm。在矿片磨制过程中，常依据石英的干涉色确定矿片的厚度。

又如在标准厚度薄片中观测到某矿物的最高干涉色为二级蓝绿色，由色谱图查到其对应的光程差约为 720nm，按光程差公式计算得双折射率（N_g-N_p）=720/30000=0.024，表明该矿物的最大双折射率为 0.024。

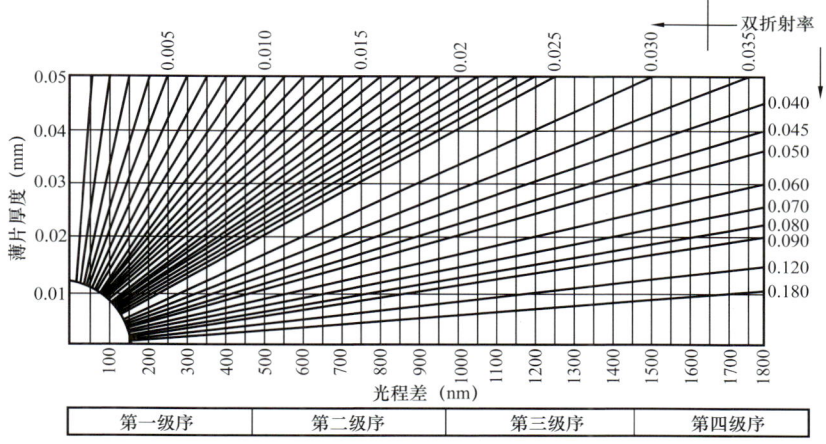

图 3-7　干涉色色谱示意图

四、干涉色级序的观察及测定方法

同一薄片中，同种矿物因不同方向切面的双折射率值大小不同，其干涉色级序的高低亦不同。观察测定矿物的干涉色级序时，必须选择干涉色最高的切面（平行光轴或光轴面）。

1. 楔形边法

利用矿片楔形边缘的干涉色圈，判断矿物的干涉色级序。

在岩石薄片中，矿物切面往往具有楔形边缘，其边缘薄，向中部逐渐加厚（图 3-8），因而矿片的干涉色级序边缘较低，向中部逐渐升高。如果最边缘从一级灰白色开始，向中部干涉色逐渐升高而构成细小干涉色圈或干涉色细条带。其中经过一条红色色带，则矿片干涉色为二级；经过 n 条红色色带，矿片干涉色级序为 $n+1$ 级。如果矿片最外圈不是从一级灰白色开始，则不能应用这种方法来判断干涉色级序。

2. 利用石英楔子测定矿物干涉色级序

（1）将选定的矿片置于视域中心，转动载物台，使矿片处于消光位。

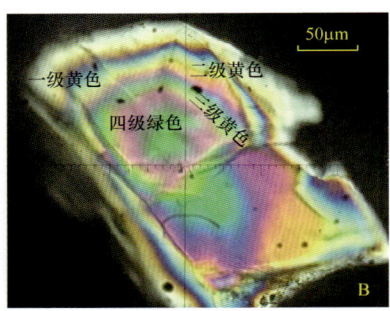

图 3-8　用楔形边法测定矿物干涉色级序

A—干涉色较高的矿物与干涉色较低的矿物接触部位普遍可见楔状边（黄色箭头所示），图中黑云母的干涉色由楔状边向晶体中心数，可见 3 条蓝色条带，第 1 条蓝色条带为二级干涉色底部，第 3 条蓝色条带为四级干涉色底部，该黑云母的干涉色为四级绿色；B—矿物由边缘向中心可见至少 3 条黄色环带

（2）再转动载物台 45°，使矿片至 45° 位置，此时矿片干涉色最亮。

（3）从试板孔由薄至厚端插入石英楔，观察矿片干涉色级序的变化，可能出现下列情况：

① 随着石英楔的慢慢插入，矿片干涉色级序逐渐升高，表明石英楔与矿片光率体椭圆切面的同名半径平行，不可能出现消光位，达不到测定干涉色级序的目的，必须转动载物台 90°，使二者异名半径平行，再进行测定。

② 随着石英楔的慢慢插入，矿片干涉色级序逐渐降低，说明石英楔与矿片光率体椭圆切面异名半径平行。当石英楔插入到与矿片光程差相等时，矿片消色而变黑暗（往往不是全黑色，而是暗灰色或混有矿物本身颜色），再慢慢抽出石英楔，矿片的干涉色又逐渐升

高，至石英楔全部抽出时，矿片显示原来的干涉色。在抽出石英楔的过程中，仔细观察矿片干涉色的变化，如果期间经过一次红色，矿片干涉色为二级。经过 n 次红色，矿片干涉色为 $n+1$ 级。如果一次观察不清楚，可以反复操作。

3. 高级白干涉色的鉴别方法

将矿片置于视域中心，转动载物台使矿片至45°位置（矿片最亮），加入石膏试板或云母板，矿片的干涉色不变，即为高级白干涉色（图3-9）。

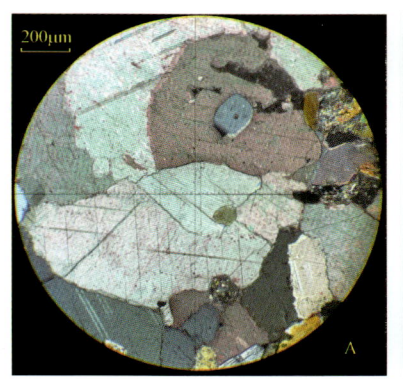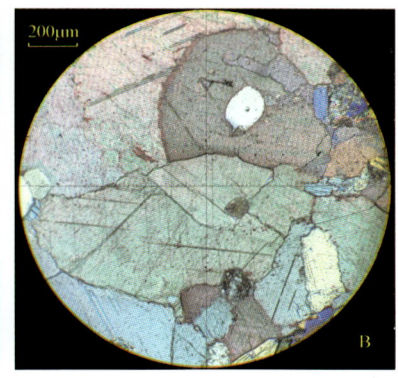

图 3-9 在正交偏光间确定高级白实例
A—将矿片置于视域中心十字丝交叉部位，使矿片干涉色达到最高；B—加入云母试板后，视域中心十字丝交叉部位矿物干涉色变化不明显，表明该矿物具高级白干涉色

五、矿片厚度的测定方法

一般岩石薄片的厚度约为 0.03mm，如果测定双折射率值精度要求不高，矿片厚度可以直接利用 0.03mm。如果精度要求高，矿片厚度可利用已知矿物测定，最常用的已知矿物有石英和长石。

以石英为例，石英的最大双折射率为 0.009，在标准厚度岩石薄片中，石英平行光轴的切面在正交偏光间干涉色为一级黄白色（图3-10A、图3-11）；在某一砂岩岩石薄片中，正交偏光间石英碎屑的最高干涉色达一级顶部至二级紫色（图3-10B），光程差大约相当于 565nm。根据光程差计算公式：$R=d(N_g-N_p)$，已知 $R≈565$nm，$N_g-N_p=0.009$，求得矿片厚度 $d≈0.06$mm。

- 43 -

图 3-10 以石英为例求矿片厚度

A—标准厚度矿片中石英的最高干涉色为一级灰白色;
B—矿片厚度大于 0.03mm 时,石英的最高干涉色达到一级顶部

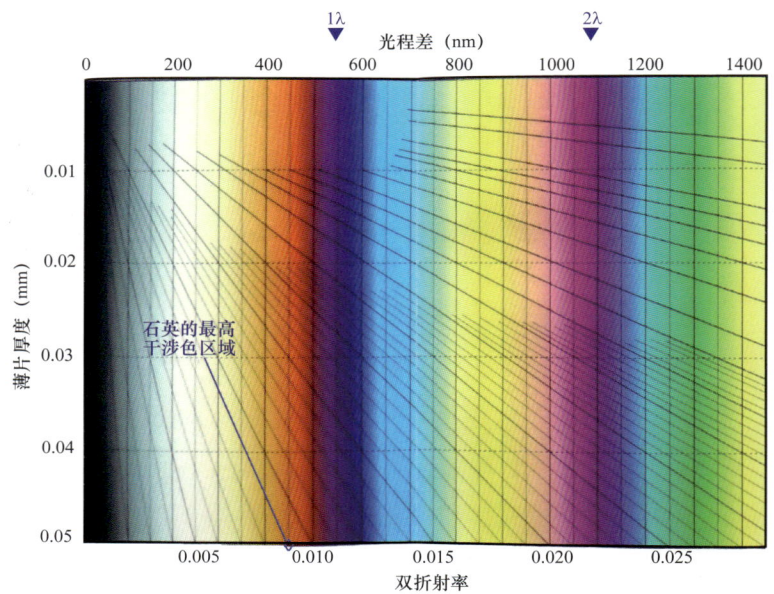

图 3-11 在干涉色色谱图(部分)中,石英在标准矿片中对应的干涉色特征

六、矿物双折射率的测定方法

同一矿物,切面方向不同,双折射率大小也不同,只有测定最大双折射率才有鉴定意义。测定步骤如下:

(1)全面观察薄片中研究矿物的所有颗粒，选取其中平行光轴（一轴晶）或平行光轴面（二轴晶）的切面。其特征是：在正交偏光间干涉色最高；如果有颜色，在单偏光下多色性最明显。

(2)用目测、色圈、试板或石英楔子等多种方法准确测定其干涉色级序和色序。

(3)测定矿物薄片中石英颗粒最高干涉色的色序。

(4)依据石英的最高干涉色利用色谱表确定或校正薄片的厚度，再依据欲测矿物的最高干涉色和薄片厚度确定矿物的光程差，最后按公式 $N_g-N_p=R/d$ 即可计算求得矿物的双折射率。

七、异常干涉色

异常干涉色：具有双折射率色散及光率体色散的矿物，在正交偏光镜下所呈现的与色谱图不同的或色谱图内不存在的干涉色。双折射率低，干涉色近于一级灰色的矿物，当其双折射率色散较大时就会呈现明显的异常干涉色（图3-12）。异常干涉色的颜色类型随矿片厚度、切片方向和双折射率的不同而改变。如绿泥石和黝帘石有时具有蓝墨水样的异常干涉色，有时为铁锈褐色，有时为古铜红色的异常干涉色。硬绿石常具有灰绿色或古铜红色的异常干涉色。符山石常具有铁锈褐色的异常干涉色。

图3-12 玄武岩中的辉石斑晶具铁锈褐色异常干涉色（正交偏光）

第五节　矿物晶体的延性及延性符号的测定

晶体的延性是指单向伸长的晶体的延长方向（如柱状、针状、板状矿物）与光率体椭圆半径的关系。当晶体的延长方向与光率体椭圆的长半径 N_g（慢光）平行或夹角小于 45° 时，称为正延性；当其延长方向与光率体椭圆的短半径 N_p（快光）平行或夹角小于 45° 时，称为负延性。

矿片的延性符号与柱状或板状矿物的光性方位有密切联系。如果柱状矿物的光性方位是 N_g 平行 c 轴，则平行 c 轴的切面均具正延性。如果 N_p 平行 c 轴，则平行 c 轴的切面均为负延性。如果 N_m 平行 c 轴，则平行 c 轴的切面有正延性，也有负延性。

对斜消光的矿物，只要测定了消光角，就可以判断其延性正负。因此，一般只测定平行消光矿片的延性符号，其测定方法如下：

（1）将欲测矿片置于视域中心，使延长方向平行目镜十字丝竖丝（图 3-13A、图 3-14A），此时矿片消光（因系平行消光），矿片上光率体椭圆半径与目镜十字丝平行。

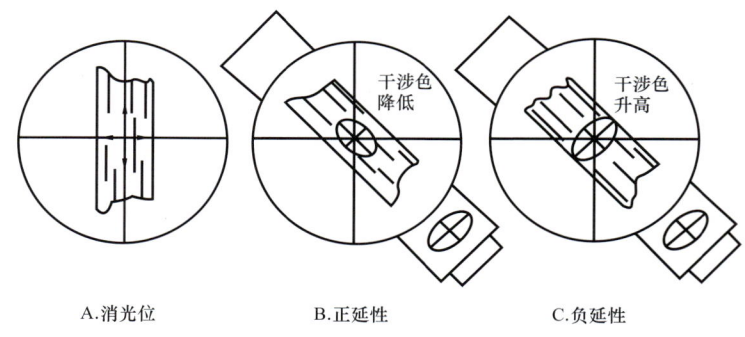

A.消光位　　　B.正延性　　　C.负延性

图 3-13　矿物延性符号的测定方法

（2）旋转载物台 45°，使矿片延长方向与目镜十字丝成 45° 夹角（图 3-13B、图 3-14B），此时矿片干涉色最亮，光率体椭圆半径与目镜十字丝成 45° 夹角。

（3）加入试板，观察干涉色变化，当干涉色级序降低（图

3-13B、图 3-14C），试板与矿片光率体椭圆切面的异名半径平行，证明 N_g 或 N_g' 平行延长方向为正延性；当干涉色级序升高（图 3-13C），试板与矿片光率体椭圆切面的同名半径平行，证明 N_p 或 N_g' 平行延长方向为负延性。

延性也是矿物鉴定特征之一。当矿物晶体的延长方向平行 N_m（或夹角小于 45°）时，延性可正可负；当长形矿物晶体消光角为 45° 时不分延性正负，延性符号不具鉴定意义。

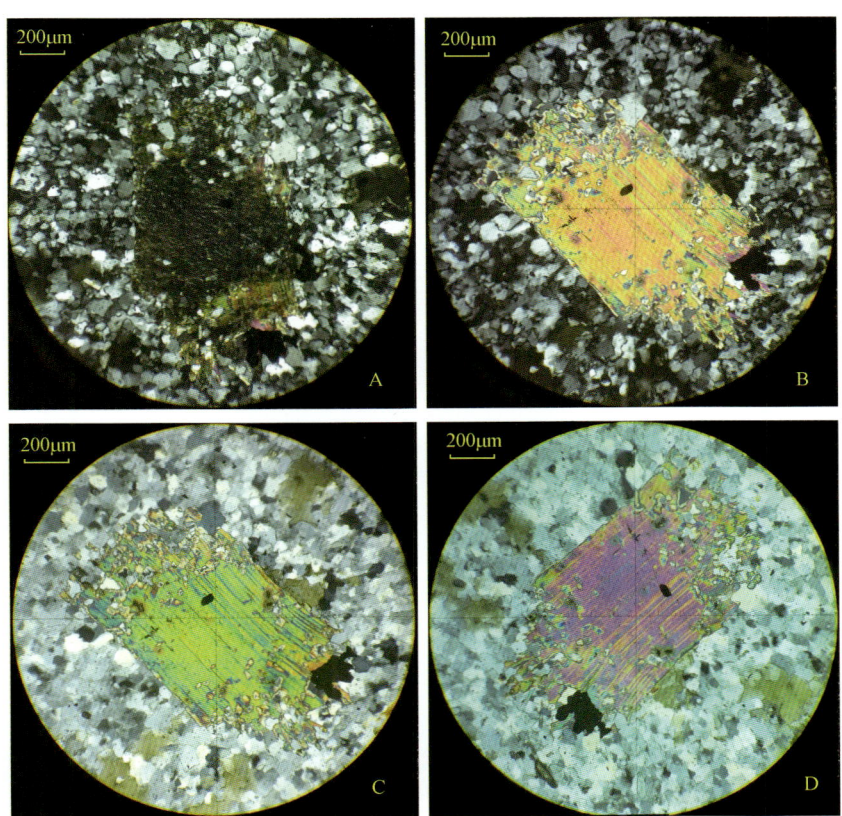

图 3-14 黑云母延性符号测定实例

A—测试前将云母置于视域中心，使其处于消光位；B—旋转载物台 45°，此时矿物干涉色最高，达二级橙色；C—插入云母试板后，干涉色降低至二级绿黄色，表明该云母切面中光率体的 N_g 与云母检测板中光率体的 N_p 重叠，即云母的延伸方向与光率体的 N_g 平行，具正延性；D—将该云母切面旋转 90°，此时该云母切面中光率体的 N_p 与云母检测板中光率体的 N_p 平行，干涉色升高至二级暗红紫色

第六节 双晶的观察

双晶是两个或多个同种晶体按一定规律彼此连生在一起的现象，其中一个晶体是另一个晶体的镜像，或一个晶体旋转180°后可与另一晶体重合或平行。

双晶有可见双晶与不可见双晶之分，当组成双晶的两个单晶体的光率体主轴之间彼此是平行的，在正交偏光镜下无法辨认，即为不可见双晶，如石英的道芬律和巴西律双晶；当组成双晶的两个单晶体的光率体主轴之间彼此不平行，在正交偏光镜下可辨认出来，则为可见双晶。

双晶的单体因光率体方位不同，在正交偏光镜下常表现为不同时消光或干涉色不同。双晶结合面也因此而显现出来，常称双晶缝。双晶结合面常与晶面或晶棱平行，双晶缝往往代表某一结晶面方向，如钠长石的双晶缝代表（010）面的方向，常用来测消光角，并据此测定长石的成分。因此，双晶的观察与研究对长石类矿物有特别重要的意义。

根据双晶连生特征，可将双晶分为下列几种类型。

（1）简单双晶：仅由两个单晶体构成，又分为接触双晶和贯穿双晶。

① 接触双晶：两个单晶体相邻接触，具确定而规则的结合面。在正交偏光镜下，一个单体明亮时，另一个单体消光，旋转载物台，两个单体消光与明亮交互出现（图3-15A）。

② 贯穿双晶：两个单晶体相互穿插，结合面曲折而不规则（图3-15B），亦称透入双晶。

（2）复杂双晶：由三个以上的单体相互连生组成，常见以下几种。

① 联合双晶：双晶结合面彼此以一定的角度相交，形成三连晶、四连晶、六连晶等。如堇青石的六连晶（图3-15C），当双晶以偶数连生时，对顶的单体同时消光。

② 聚片双晶：众多单体的双晶结合面彼此平行，在正交偏光镜下奇数单体的干涉色和消光位一致，偶数单体的干涉色和消光位一致。如斜长石的聚片双晶（图3-15D）。

③ 复合双晶：两种以上不同双晶律的双晶类型同时存在。如斜长石中有时存在卡氏双晶及钠长石双晶（称为卡钠复合双晶）（图3-15E）、微斜长石的格子双晶（图3-15F）。

图 3-15 双晶类型

A—辉石的简单双晶；B—硅硼钠石的贯穿双晶；C—堇青石的六连晶；
D—斜长石的聚片双晶；E—斜长石的卡钠复合双晶；F—微斜长石的格子双晶

思 考 题

1. 如何根据矿物的干涉色来确定其双折射率的大小？

2. 具一级灰干涉色的矿片，加入石膏试板后，干涉色变为一级黄色是升高还是降低了？为什么？

3. 在标准厚度薄片中观察到某矿物的最高干涉色为二级蓝绿色，其最大双折射率大约为多少？

第四章
锥光镜下矿物光学性质的测定方法

第一节 测试前的准备工作

一、锥光系统的建立

在正交偏光系统的基础之上添加聚光镜、勃氏镜和中、高倍物镜（通常用 40× 或 60× 物镜），便建立起了锥光系统，或聚敛偏光系统。

二、矿物的干涉图

锥光镜的作用是将平面偏光高度聚敛，形成锥形偏光。锥形偏光系统各个方向入射的偏光通过矿物薄片到达上偏光镜所发生的消光与干涉现象构成一些特殊的图形——干涉图。不同的矿物具有不同的干涉图，根据锥光系统下矿物的干涉图特征，可以确定矿物的轴性及光性符号。

添加聚光镜后，矿物的成像平面降低了，必须添加勃氏镜才能接纳物镜成像，并加以放大；如果不加勃氏镜，则需去掉目镜，直接观察物镜上交点平面的实像，此时干涉图像很小，但却很清晰。

三、锥光镜观察时的注意事项

（1）在单偏光系统下用低倍物镜找好所需观察的颗粒，置于视域中心，换用中、高倍物镜。

（2）校正好中心，以免转动载物台时矿物离开视域，无法形成干涉图。

（3）高倍物镜焦距很短，只有准确聚焦才能看到清晰的干涉图。观察时需从镜筒外看着物镜，将镜筒下降至最低限度，但勿与薄片相碰，然后看着镜头里面缓缓提升镜筒，直到出现清晰图像为止。

（4）将载物台下的聚光镜推入并上升到最高位置，但勿与薄片相碰，然后加上上偏光镜及勃氏镜，就可以观察到干涉图像。

四、锥光镜下可获取的矿物光学性质

均质矿物的光学性质各方向一致，在锥光镜下不能形成干涉图。非均质矿物的光学性质随方向而异，即使是垂直光轴的切面，在锥光镜下也产生干涉图，而且不同轴性、不同方位切面的干涉图各不一样。因此在锥光镜下：

（1）能很容易地区别光性均质矿物与光性非均质矿物；
（2）利用干涉图能准确地区分一轴晶和二轴晶及其光性的正负；
（3）能确定矿物晶体的切面方位；
（4）能用以测定矿物晶体的光轴角及色散性等。

第二节　一轴晶矿物干涉图及光性正负的测定

一轴晶矿物因切面方位不同有三种类型常见干涉图：（1）垂直光轴切面的干涉图；（2）斜交光轴切面的干涉图；（3）平行光轴切面的干涉图。其中以垂直光轴切面的干涉图比较有助于光学性质的测定。

一、一轴晶垂直光轴切面的干涉图

一轴晶垂直光轴的切面在单偏光下不显多色性；在正交偏光下全消光（图4-1A），但通常是干涉色最低，呈现各种程度的灰色（图4-1B），转动载物台，明亮程度无变化。

（1）一轴晶垂直光轴切面的干涉图形象特征：由一个黑十字（图4-2A）和干涉色色圈构成（图4-2B）。黑十字由相互垂直、等

图 4-1 一轴晶垂直光轴切面在正交偏光下的特征
A—石英垂直光轴的切面,在正交偏光下全消光;B—照片中央为方解石垂直光轴的切面,在正交偏光下具一级灰干涉色

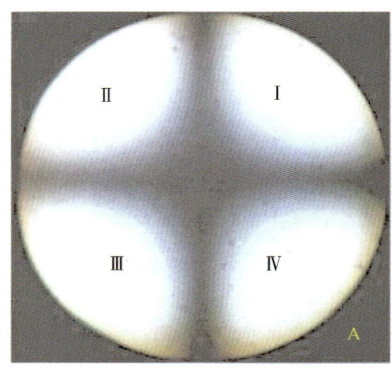 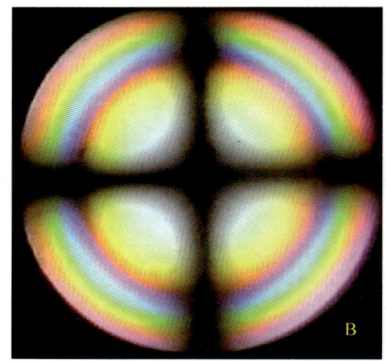

图 4-2 一轴晶矿物垂直光轴切面在锥光系统下看到的干涉图
A—矿物双折射率低(或薄片厚度小)时的干涉图;B—矿物双折射率高(或薄片厚度大)时的干涉图

大对称的两条黑臂组成,两条黑臂分别平行上、下偏光振动方向 AA、PP,将视域划分为四个象限,右上为第一象限,左上为第二象限,左下为第三象限,右下为第四象限(图4-2A)。黑十字中心部分较细,边缘稍粗。黑十字的中心为光轴出露点。干涉色色圈以黑十字交点为中心,形成同心环状,其干涉色级序由中心向外逐渐升高,干涉色色圈愈外愈密。干涉色色圈的多少取决于矿物的双折射率大小及薄片厚度:矿物的双折射率愈大,薄片愈厚,干涉色色圈愈多(图4-2B);反之,色圈愈少。当双折射率较小时,仅有黑十字,而无色圈,四个象限均为一级灰干涉色。

(2)干涉图中光率体椭圆半径的分布特征:黑十字中心为光轴

出露点；围绕中心的放射线与同心圆环的各个交点，代表锥光中各入射光波的出露点；放射线的方向，代表非常光（N_e）的振动方向；同心圆切线的方向代表常光（N_o）的振动方向（图4-3）。由于一轴晶垂直光轴切面的光率体椭圆半径是呈放射状均匀对称的，所以旋转载物台360°，干涉图不发生变化。

二、光性正负的测定

一轴晶矿物有光性正负之分，当 $N_e > N_o$ 或 $N_e = N_g$ 时为正光性；当 $N_e < N_o$ 或 $N_e = N_p$ 时为负光性。因此，只要确定了 N_e 与 N_o（或 N_e' 与 N_o）的相对大小，就可确定一轴晶的光性正负。

在一轴晶垂直光轴切面的干涉图上，黑十字的四个象限内，放射线方向代表 N_e' 的方向，同心圆圈的切线方向代表 N_o 的方向（图4-4）。在干涉图上，插入试板，根据干涉图中四个象限内干涉色级序的升降变化，确定 N_e' 与 N_o 的相对大小后即可知道光性正负。如图4-5A所示，试板长边方向为 N_p，短边方向为 N_g。加入试板后，图中Ⅰ、Ⅲ象限内干涉色级序升高，表示此二象限内同名半径平行，证明 $N_e' > N_o$；Ⅱ、Ⅳ象限内干涉色级序降低，即异名半径平行，同样证明 $N_e' > N_o$，故为正光性。与上述情况相反则为负光性（图4-5B）。

测定光性符号时，色圈少或仅有黑十字而无色圈时，用石膏试板；当干涉色色圈多时用云母试板或石英楔子。方法大致如下：

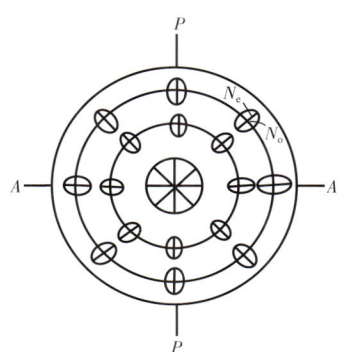

图4-3 一轴晶垂直光轴切面的光率体分布特征图

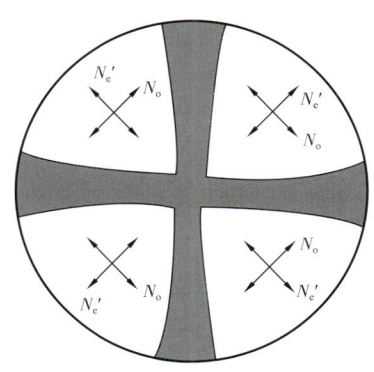

图4-4 一轴晶垂直光轴切面干涉图中 N_e' 与 N_o 的方位图

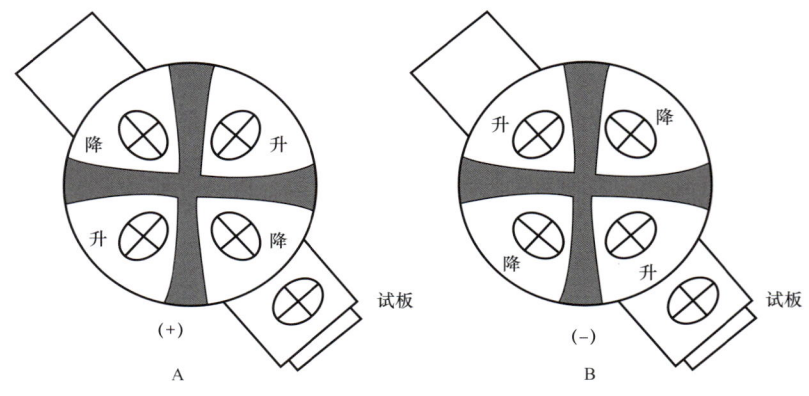

图 4-5 一轴晶光性符号的测定

（1）当干涉图特征为黑十字四个象限内仅见一级灰色且无色圈时，可选择使用石膏试板。加入石膏试板后，黑十字变为一级紫红色，四个象限内，干涉色升高的两个象限，由一级灰色变为二级蓝色；干涉色降低的两个象限，由一级灰色变为一级橙黄色（图4-6、图4-7）。

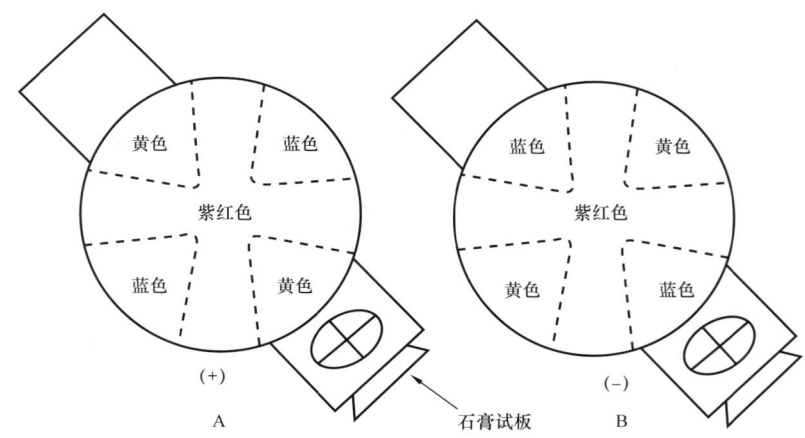

图 4-6 黑十字四个象限仅见一级灰干涉色图加入石膏试板后的变化情况

（2）当干涉图中色圈多时，如图 4-8 所示，可选择用云母试板进行光性测定。加入云母试板后，黑十字为一级灰白色。因为云母试板可使干涉色升降一个色序，在干涉色升高的两个象限内，靠近

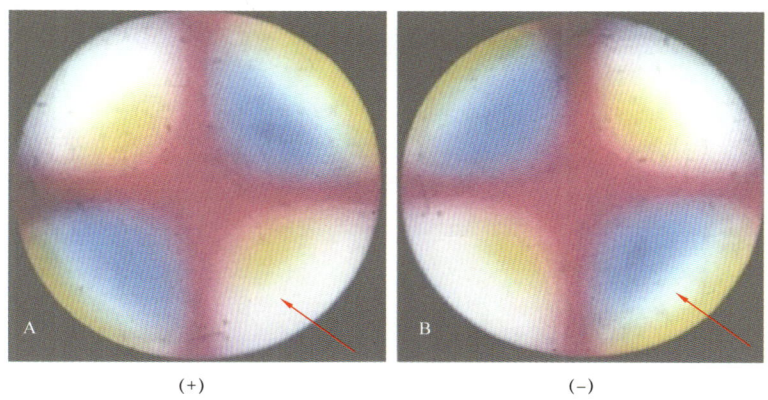

(+)　　　　　　　　　　　　　(−)

图 4-7　一轴晶垂直光轴切面黑十字四个象限仅见一级灰干涉色图加入石膏试板后的变化情况实例

图中的红色箭头为石膏试板插入方向，A 图显示加入石膏试板后，Ⅱ、Ⅳ象限干涉色降低为一级黄色（与石膏的一级红色相比），证明异名半径平行，被测试矿物为正光性；B 图显示加入石膏试板后，Ⅱ、Ⅳ象限干涉色升高为二级蓝色，证明同名半径平行，被测试矿物为负光性

黑十字交点原为一级灰色的地方，干涉色升高变为一级黄色，色圈会向内移动或圈数增加；在干涉色降低的两个象限内，靠近黑十字交点原为一级灰色的地方，干涉色降低变为黑色，干涉色色圈向外移动或色圈减少。

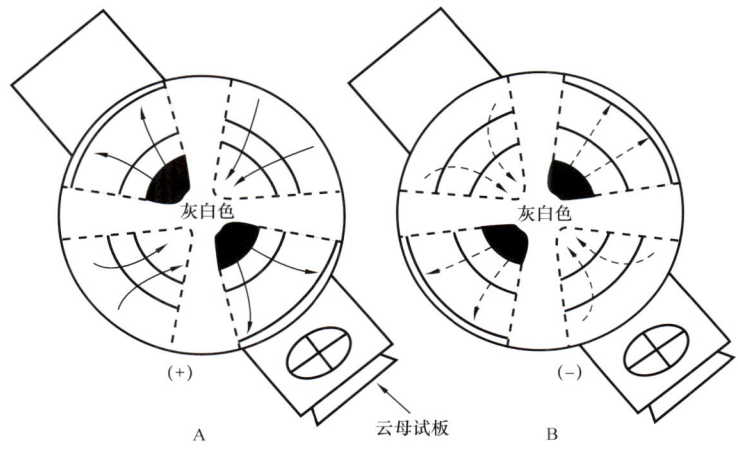

(+)　　　　　　　　　　　　　(−)
A　　　　　　　　　　　　　B
　　　　　　　　　　　　　云母试板

图 4-8　干涉色色圈多的干涉图，加入云母试板后的变化情况

三、一轴晶斜交光轴切面的干涉图及应用

该类型切面在正交偏光镜下干涉色介于全消光与最大干涉色之间，因其光轴在矿片中的位置是倾斜的，所以光轴在矿片中的出露点（黑十字交点）不在视域中心。所以，斜交光轴切面的干涉图由不完整的黑十字与不完整的干涉色色圈组成（图4-9）。

按光轴出露点是否在视域内可将斜交光轴切面的干涉图分为偏心较小和偏心较大两种类型。

（1）偏心较小干涉图：其光轴出露点仍在视域之内，由不完整的黑十字及干涉色色圈组成，旋转载物台时，光轴出露点绕十字丝中心旋转（图4-9A、图4-10）。

（2）偏心较大干涉图：其光轴出露点不在视域内，视域内只能见到一条黑臂的一部分，如矿物的双折射率较高，在黑臂两侧可有弧形干涉色色圈。旋转载物台时，纵臂与横臂交替出现，横臂做上下平行移动，纵臂做左右平行移动（图4-9B、图4-11）。

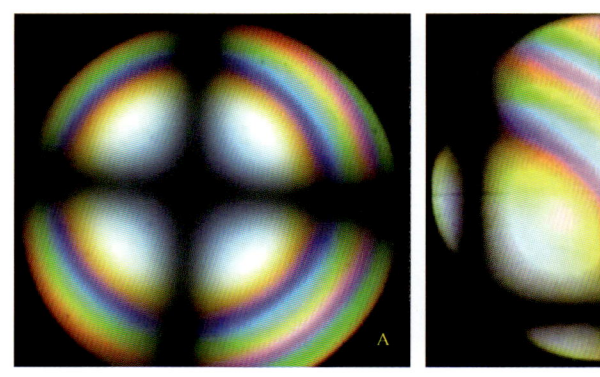
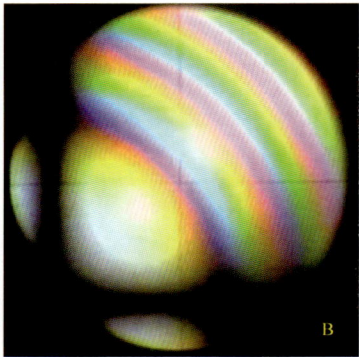

图4-9　一轴晶斜交光轴切面的干涉图
A—偏心较小时的干涉图，不同象限内干涉色色圈完整程度不同（干涉色较高）；
B—偏心较大时，光轴出露点在B图左下角，仅第一象限内可以看到干涉色色圈

当光轴干涉图偏心较小时，可用于确定轴性及切面方向和光性符号，测定光性符号的方法与垂直光轴切面干涉图的方法相同；当偏心较大时，需转动载物台，根据黑带移动情况确定黑十字交点在视域外的位置，然后确定视域内属于黑十字的哪个象限，再按垂直光轴切面干涉图的方法测定光性符号。

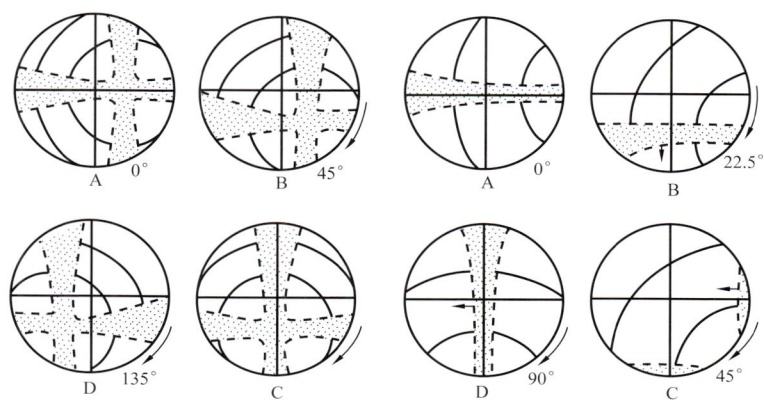

图 4-10　斜交光轴切面的干涉图　　图 4-11　斜交光轴切面的干涉图
　　　　　（偏心较小）　　　　　　　　　　　　（偏心较大）

四、一轴晶平行光轴切面的干涉图及应用

（1）图像特点：为一个粗大模糊的黑十字，几乎占据整个视域。转动载物台，粗大黑十字从中心分裂，并迅速沿光轴方向退出视域，故称其为闪图或瞬变干涉图。

（2）一轴晶平行光轴切面干涉图的应用。

① 当轴性已知时可以确定切面方向，不能确定轴性，因为其与二轴晶平行光轴切面的干涉图难以区分。

② 当轴性已知时，可以测定光性符号。

转动载物台，黑十字分裂退出视域的方向即光轴方向。使光轴方向与上、下偏光振动方向成 45° 夹角，此时视域最亮。在这种干涉图中，N_e 平行光轴方向，N_o 垂直光轴方向。加入试板后，观察整个视域内干涉色的升降变化，根据补色法确定 N_e 与 N_o 的相对大小，就能确定光性符号。加入试板后，如果整个视域内干涉色级序降低（图 4-12A），则异名半径平行，证明 $N_e>N_o$ 或 $N_e=N_g$，为正光性；如果整个视域内干涉色级序升高（图 4-12B），则同名半径平行，证明 $N_e<N_o$ 或 $N_e=N_p$，为负光性。如果光轴方向已确定，取消锥光装置，在正交偏光间亦能测定光性符号。把光轴方向转至 45° 位置，加入试板，观察矿片干涉色级序的升降变化，确定 N_e 与 N_o 的相对大小，就能确定光性符号。

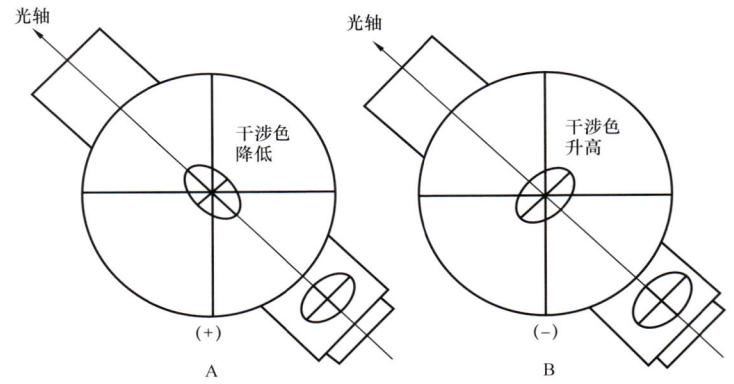

图 4-12　一轴晶平行光轴切面干涉图中光性符号的测定

第三节　二轴晶矿物干涉图及光性正负的测定

二轴晶干涉图比一轴晶复杂，可分为垂直锐角等分线（⊥Bxa）、垂直一个光轴（⊥OA）和斜交光轴三种类型。

一、垂直锐角等分线切面的干涉图特征

1. 形象特点

由一个黑十字及黑十字臂间的"∞"字形干涉色环所组成（图4-13、图4-14、图4-15）。黑十字臂的两个黑臂粗细不等，沿光轴方向的黑臂较细，在光轴出露点的地方更细。黑十字臂交点即光轴锐角等分线Bxa出露点，位于视域中心（图4-15A）。旋转载物台，光轴出露点环绕视域中心（即Bxa的出露点）转动，黑十字首先从中心分裂成两条弯曲黑臂，视域中心呈现干涉色。当旋转载物台到45°时，两条弯曲黑臂呈双曲线形，弯曲黑臂凸向Bxa的出露点（图4-15B）。继续旋转载物台，弯曲黑臂又逐渐向视域中心移动，至90°时，再次合成黑十字臂，只是细黑臂更换了位置（图4-15C）。矿物的双折射率愈大、矿片愈厚，干涉色色圈愈多（图4-15A、B、C）；双折射率愈小、矿片愈薄，干涉色色圈愈少，甚至在黑十字四个象限内仅出现一级灰干涉色（图4-14，图4-15D、E、F），此时干涉图中两条黑臂宽度近等。

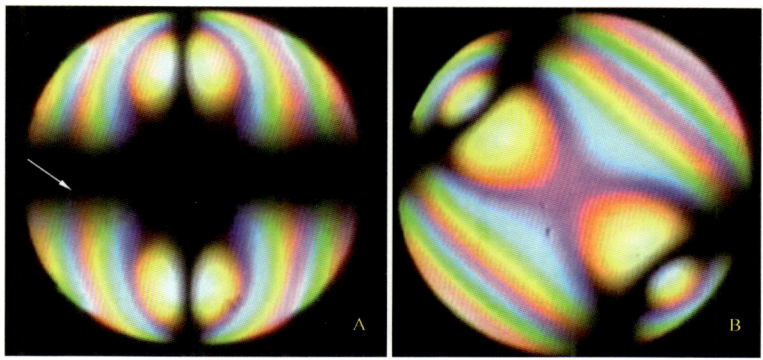

图 4-13　二轴晶矿物垂直锐角等分线切面的干涉图（双折射率高，干涉色色圈多）
A—干涉图由黑十字与"∞"字形干涉色色圈组成，黑十字交点为 Bxa 的出露点，黑十字的两条黑臂分别与上、下偏光振动方向平行，粗细不等，在光轴面迹线方向（图 A 中的上、下方向）黑臂较细，两个光轴出露点更细；B—A 图旋转 45° 后的干涉图特征，黑十字从中心分裂形成两条弯曲黑臂

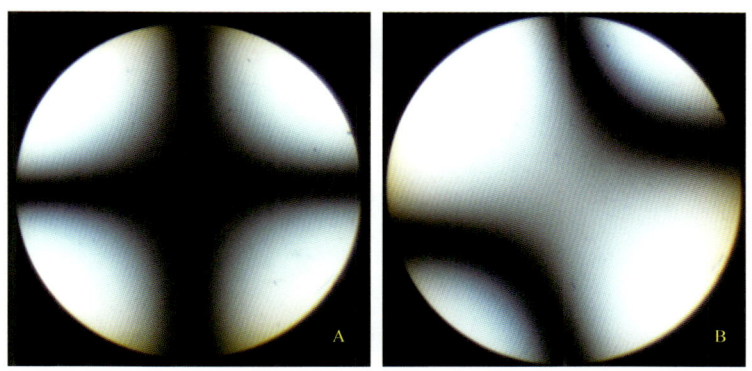

图 4-14　二轴晶矿物垂直锐角等分线切面的干涉图（双折射率低，干涉色色圈少）
A—当光轴面平行 PP 时的干涉图，双折射率低或矿片薄的时候，干涉图色圈少，在黑十字四个象限内仅出现一级灰干涉色，两条黑臂宽度近等；B—旋转载物台 45° 后，黑十字从中心分裂形成两条弯曲黑臂，弯曲黑臂顶点凸向 Bxa 出露点（视域中心）

2. 二轴晶垂直锐角等分线（⊥Bxa）切面的干涉图中光率体椭圆长短半径分布方位

无论光性是正或是负，二轴晶垂直锐角等分线切面的干涉图中，在光轴面迹线上，两个弯曲黑臂顶点内外的光率体椭圆切面长短半径的方位恰恰相反。在两个弯曲黑臂顶点之间，与光轴面迹线一

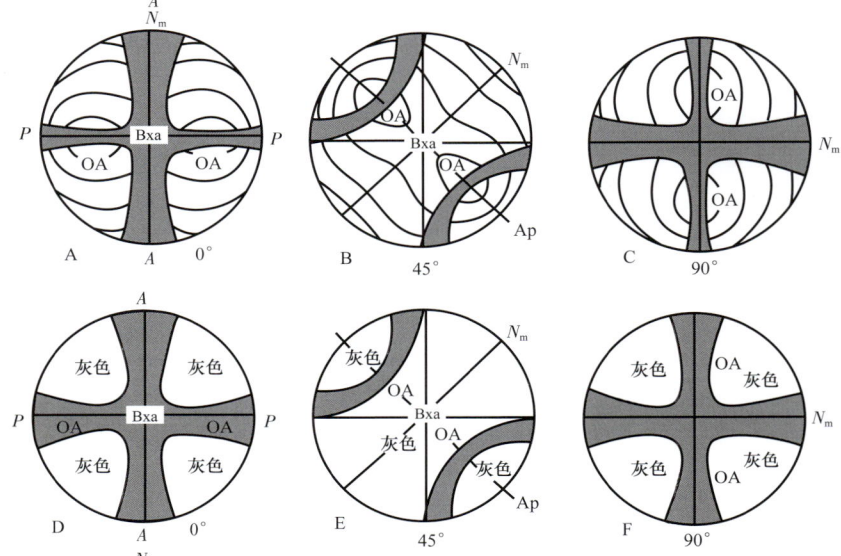

图 4-15 二轴晶矿物垂直锐角等分线的干涉图

致的是 Bxo 的投影方向（图 4-16），在两个弯曲黑臂顶点之外（凹方），与光轴面迹线一致的是 Bxa 的投影方向；垂直光轴面迹线的方向，弯曲黑臂顶点的内外都是 N_m 方向。

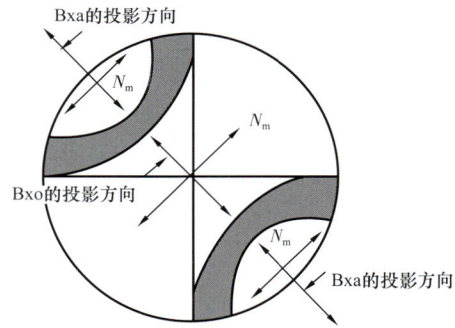

图 4-16 垂直 Bxa 切面干涉图中 N_m 及 Bxa 与 Bxo 的投影方向

知道了干涉图中 Bxa、Bxo 及 N_m 的方位之后，加入试板，根据弯曲黑臂顶点内外（即凸方和凹方）干涉色级序的升降变化，确定 Bxa 是 N_g 还是 N_p 之后，即可确定二轴晶的光性符号。

3. 测定光性符号（$2V$ 小于 $80°$ 时）

二轴晶矿物的光性符号是根据 Bxa 究竟是 N_g 还是 N_p 确定的。当 Bxa=N_g，Bxo=N_p 时，为正光性；当 Bxa=N_p，Bxo=N_g 时，为负光性。

测定光性符号时，最好使用光轴面迹线与上、下偏光振动方向（AA、PP）成 $45°$ 夹角时的干涉图。这种干涉图具有对称的两条弯曲黑臂（图 4–15B、E），视域中心为 Bxa 出露点，弯曲黑臂顶点为光轴出露点，两个光轴出露点的连线为光轴面与矿片平面相交的迹线，通过 Bxa 出露点，垂直光轴面迹线的方向为 N_m 方向。在光轴面迹线上，两个弯曲黑臂顶点（光轴出露点）内外的光率体椭圆长短半径的分布方位，因光性正负而不同（图 4–17A、B）。

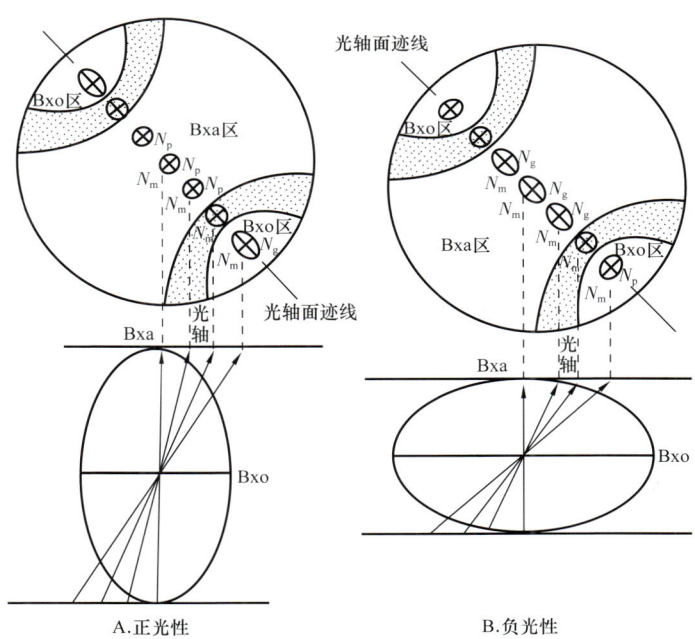

图 4–17 二轴晶垂直 Bxa 切面干涉图上光轴面迹线与光率体椭圆半径的关系
A—正光性晶体在 Bxa 区内椭圆切面长半径垂直于迹线；B—负光性晶体在 Bxa 区内椭圆切面长半径平行于光轴面迹线（据赵敬松等，2003）

在二轴晶垂直锐角等分线干涉图中，在光轴面迹线上，两个弯曲黑臂顶点内外的光率体椭圆切面长短半径的方位恰恰相反。因此，在测定光性符号时，只要记住不同光性符号干涉图中弯曲黑臂凹面光率体长短半径的方位特征，就可进行光性符号的测定。从图4-17A可知，在二轴晶正光性垂直Bxa切面干涉图中，弯曲黑臂凹面的光率体N_g与弯曲黑臂垂直；从图4-17B中可以看出，在二轴晶负光性垂直Bxa切面的干涉图中，椭圆体的N_p与弯曲黑臂垂直。在测定过程中，只要能确定垂直Bxa切面干涉图中弯曲黑臂凹面椭圆体的分布方位，就可以确定其光性正负。

4. 二轴晶垂直锐角等分线切面光性正负测定实例

（1）当干涉图中弯曲黑臂范围以外仅具一级灰干涉色时，加入石膏试板（图4-18A），弯曲黑臂变为红色，两个弯曲黑臂顶点之间，干涉色由一级灰色变为二级蓝色，干涉色级序升高，同名半径平行，证明Bxo=N_p；两个弯曲黑臂顶点之外（凹方），干涉色由一级灰色变为一级黄色，干涉色降低（相对于石膏的一级红干涉色而言），异名半径平行，证明Bxa=N_g，为正光性。图4-18B中的干涉色升降变化与图4-18A相反，证明Bxa=N_p，Bxo=N_g，为负光性。

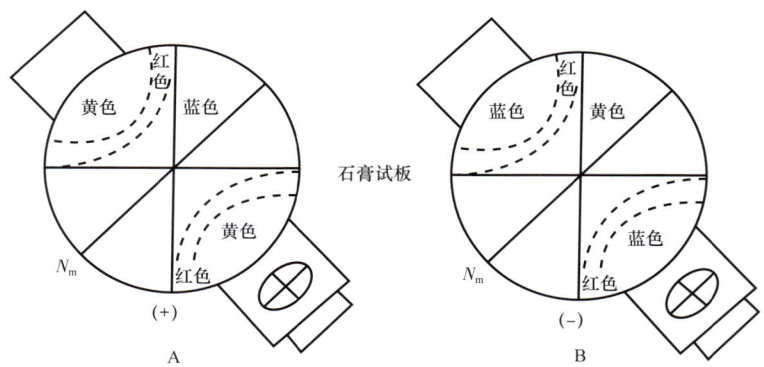

图4-18 二轴晶垂直锐角等分线（⊥Bxa）切面干涉图中，弯曲黑臂范围以外仅见一级灰干涉色，加入石膏试板后的变化情况

（2）当干涉图中色圈多时，加入云母试板（图4-19A），弯曲黑臂变成一级灰白色，两个弯曲黑臂顶点以外（凹方），在靠近顶点处，原为一级灰色的位置出现两个黑色小团团，干涉色色圈向外移动，干涉色级序降低，异名半径平行，证明Bxa=N_g，为正光性；在图4-19B中，干涉色升降变化与图4-19A相反，证明Bxo=N_g，为负光性。

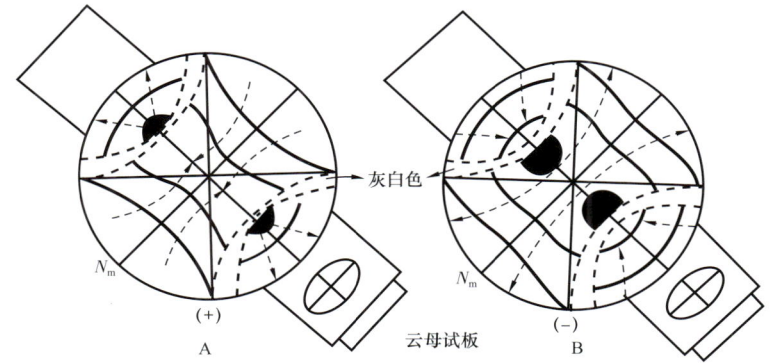

图 4-19 二轴晶垂直锐角等分线（⊥Bxa）切面干涉图色圈多，加入云母试板后干涉图的变化情况

二、二轴晶垂直一个光轴切面的干涉图特征

1. 形象特点

垂直一个光轴切面的干涉图，相当于垂直锐角等分线（⊥Bxa）切面干涉图的一半，其光轴出露点在视域中心，当光轴面与上或下偏光振动方向平行时，出现一条直的黑臂及卵形干涉色色圈（双折射率较大时）（图 4-20A）。转动载物台，黑臂弯曲，当光轴面与上、下偏光振动方向成 45° 夹角时，黑臂弯曲度最大（图 4-20B）。此时，弯曲黑臂顶点即光轴出露点，位于视域中心，弯曲黑臂凸向 Bxa 出露点。继续旋转载物台，弯曲黑臂逐渐变直，至 90° 时又为一直的黑臂，但方向已改变（图 4-20C）。再继续转动载物台 45°，黑臂再度弯曲（图 4-20D）。垂直光轴切面的干涉图中，当光轴面与上、下偏光振动方向成 45° 夹角时，弯曲黑臂顶点一定要位于视域中心，否则就不是垂直光轴的切面。

2. 干涉图的应用

（1）确定轴性和切面方位。

（2）测定光性正负：当光轴面与上、下偏光振动方向成 45° 夹角时，根据弯曲黑臂的凸方和凹方，判断出 Bxa 和 Bxo 的投影方向，即可按照垂直锐角等分线（⊥Bxa）切面测定光性符号的方法进行测定（图 4-21、图 4-22）。

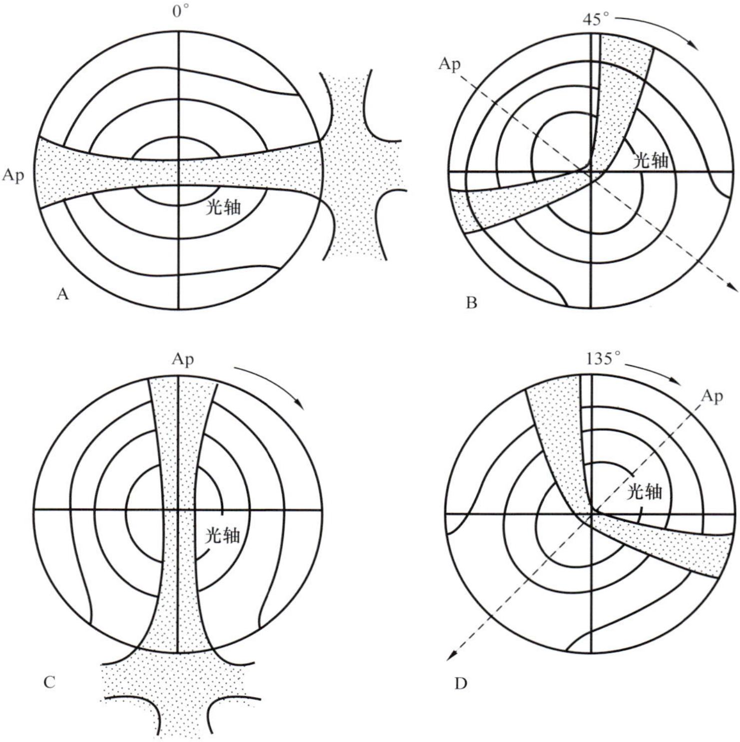

图 4-20 二轴晶垂直一个光轴切面的干涉图

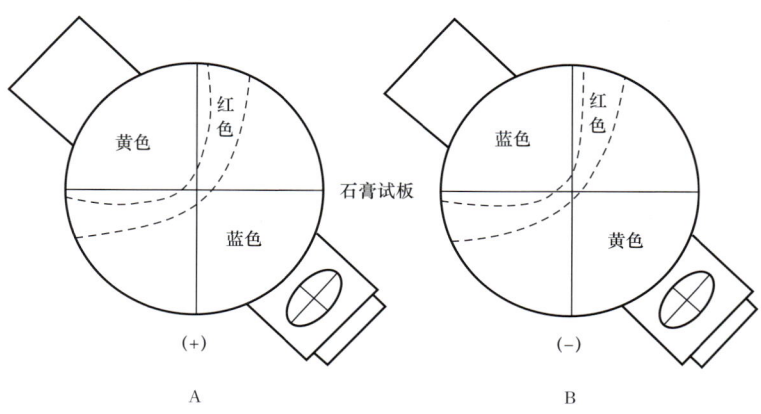

图 4-21 垂直一个光轴切面干涉图，黑臂以外仅见一级灰干涉色，
加入石膏试板后的变化

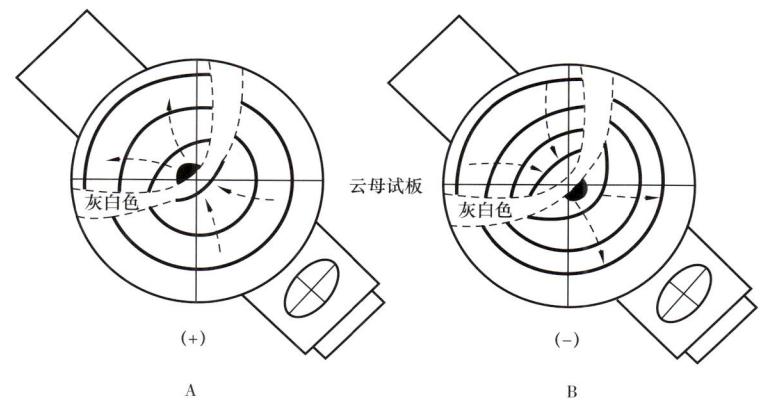

图 4-22　垂直一个光轴切面干涉图，干涉色色圈较多，加入云母试板后的变化

（3）估计光轴角大小：在垂直一个光轴切面的干涉图中，当光轴面与上、下偏光振动方向成 45° 夹角时，黑臂的弯曲程度与光轴角的大小呈反比。光轴角愈大，黑臂弯曲度愈小。当 $2V=90°$ 时，黑臂为直线；当 $2V=0°$ 时，黑臂弯曲成 90°（相当于一轴晶垂直光轴面干涉图的黑十字）；$2V$ 介于 0° 与 90° 之间，黑臂弯曲度介于 90° 与直带之间（图 4-23）。当精度要求不高时，用这种方法可以估计光轴角的大小。

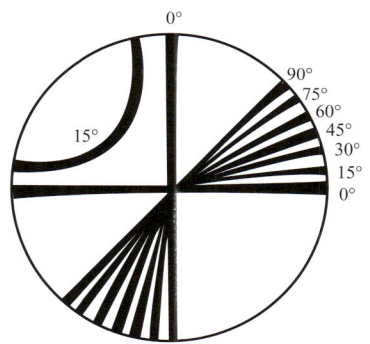

图 4-23　垂直一个光轴切面干涉图中，估计 $2V$ 图解（据 Wahlstrom，1979）

三、二轴晶斜交锐角平分线和斜交光轴切面的干涉图特征

二轴晶斜交切面的干涉图是矿物和岩石薄片中最常见的干涉图，类型繁多，其共同的特点是：干涉图中的黑十字和干涉色色圈多不完整，转动载物台时，消光影常呈弯曲状态扫过视域。这类干涉图实际上相当于垂直锐角平分线干涉图或垂直光轴干涉图的某一部分。这类干涉图在准确判定锐角区和钝角区及光轴面迹线方向时可用来测定光性正负，一般不能用来测定其他光学数据。

（1）斜交锐角平分线（Bxa），且交角近于90°切面的干涉图特征。

在光轴面迹线处于平行位置时，黑十字在视域中常偏向一侧，Bxa及光轴出露点均在视域内，转动载物台至45°位置，黑十字分裂成一对不完整的双曲线，锐角区（Bxa区）与钝角区（Bxo区）在视域中心出露的范围虽不等，但仍能辨认，可以当作垂直锐角等分线干涉图来测定光性正负（图4-24）。

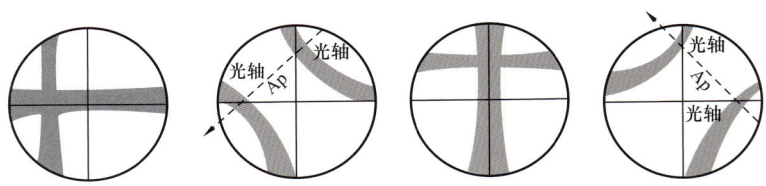

图4-24 二轴晶斜交锐角等分线，且交角近于90°切面的干涉图

（2）斜交一个光轴（OA），且交角近于90°切面的干涉图特征。

光轴出露点不在视域中，但偏离不远，当光轴面的迹线在45°位置时，锐角等分线（Bxa）及另一光轴出露点的位置较易判断；可以确定视域内的锐角区（Bxa区）及钝角区（Bxo区），可当作垂直光轴切面的干涉图来测定光性正负（图4-25）。

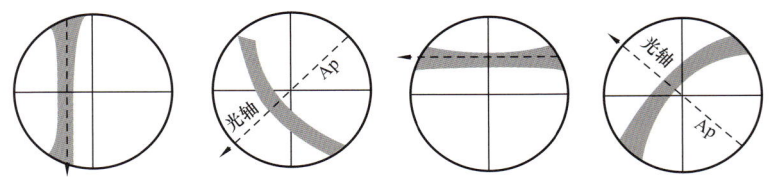

图4-25 斜交一个光轴（OA），且交角近于90°切面的干涉图

（3）垂直光轴面，且与Bxa及光轴都斜交的切面干涉图特征。

当光轴面迹线平行上、下偏光振动方向时，视域中一条黑臂总是位于一条十字丝上，当与光轴面斜交近90°时，光轴出露点仍在视域之内（图4-26）；可作为垂直光轴的干涉图来测定光性正负。当斜交角度较远离90°时，转动载物台，黑臂跑出视域（图4-27），除非操作相当熟练，一般不宜用来测定光性符号。

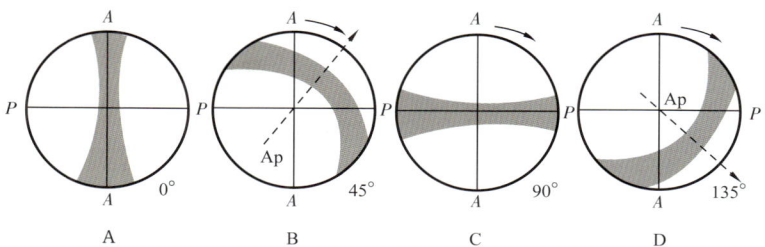

图 4-26　二轴晶斜交光轴，与一个光轴交角较小切面的干涉图

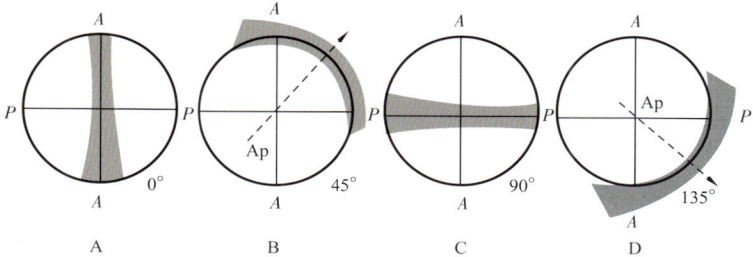

图 4-27　二轴晶斜交光轴，交角较大，光轴出露点在视域外切面的干涉图

思 考 题

1. 如何建立锥光系统？
2. 如何在锥光下确定矿物的轴性？
3. 确定矿物光性正负时选择哪种切面的矿片最理想？

下 篇

碎屑岩薄片鉴定技术

第五章
碎屑岩组分

　　碎屑岩是由母岩风化产物（碎屑物质和新生成的黏土矿物）经过机械搬运、机械沉积和成岩作用等形成的沉积岩类。蚀源区母岩中的全部矿物以及在同沉积期加入的组分，如搬运过程中加入的岩石碎屑、沉积盆地原地形成的生物化石以及同沉积期的火山喷发物等，均可能与蚀源区的碎屑组分相混合，最终出现在碎屑岩中。

　　根据碎屑岩的粒度可将其划分为：砾岩、砂岩、粉砂岩等三大类。据中华人民共和国石油天然气行业标准 SY/T 5368—2016，碎屑岩中约 50% 的碎屑粒径不小于 2.0mm 者为砾岩；约 50% 碎屑粒径在 0.0625～2.0mm 之间者为砂岩，约 50% 碎屑粒径小于 0.0625mm 者为粉砂岩（表 5-1）。

　　碎屑岩的成分由三部分组成：碎屑颗粒、填隙物及孔隙。碎屑岩薄片鉴定的主要内容包括：

　　（1）碎屑岩标本的描述；（2）碎屑岩组分的识别及含量；（3）铸体薄片鉴定时需要对孔隙类型进行识别及含量统计；（4）碎屑岩结构特征；（5）岩石定名。

　　碎屑岩薄片鉴定过程中，必须严格遵守中华人民共和国石油天然气行业标准。

　　对砾岩的研究主要是在野外露头、钻井剖面或手标本上观察，观察的内容主要包括砾石成分、大小、圆度、定向性、支撑性和填隙物成分等，然后根据砾石成分进行定名。对于粉砂岩，由于碎屑粒径过小，在偏光显微镜下常无法准确分辨其组分，因而常不要求对碎屑成分进行统计。因此，碎屑岩岩石薄片鉴定技术的重点是砂岩岩石薄片的鉴定。

表 5-1 碎屑颗粒粒级分类表

粒级		粒径（mm）	ϕ 值
类	亚类		
砾	粗砾	64～256	−8～−6
	中砾	4～64	−6～−2
	细砾	2～4	−2～−1
砂	粗砂	0.5～2	−1～1
	中砂	0.25～0.5	1～2
	细砂	0.125～0.25	2～3
	极细砂	0.0625～0.125	3～4
	粗粉砂	0.0313～0.0625	4～5
	细粉砂	0.0156～0.0313	5～6
泥		<0.0156	6

注：据《中华人民共和国石油天然气行业标准 SY/T 5368—2016》。

第一节 岩石标本的肉眼观察方法

在进行岩石薄片鉴定之前，需要对岩石标本进行肉眼观察，观察内容主要有颜色、致密度、构造、含油性、滴酸反应情况等。将观察内容填写在岩石鉴定报告中。

（1）颜色：应对岩石的颜色进行准确完整的观察和描述。尽可能用新鲜干燥的岩石，描述颜色的纵横向变化规律和均匀程度，观察颜色和层理的关系，判断颜色是原生色还是次生色，不得用物质名字来表达颜色。单色的用词为红、橙、黄、绿、青、蓝、紫、白、灰、棕、褐、黑，共 12 个；对复色由 12 个单色词中任意 2 个组成复色词，写在后面的颜色是主色，写在前面的颜色是次色。

（2）致密度分为三级，包括：
① 致密：用手指不能搓下颗粒；
② 中等：用手指只能搓下少量颗粒；
③ 疏松：用手指能搓下大量颗粒。
（3）构造：对岩石样品中能够观察到的构造，如层理、波痕、干裂、冲刷面、生物遗迹、印模、结核、变形构造以及气孔构造、块状构造、流纹构造、千枚状构造、片状构造、片麻状构造、条带状构造、眼球状构造等进行描述。
（4）含油性：描述样品的含油性及沥青分布情况，含油级别根据含油面积分为四级：

饱含油：含油面积占岩石总面积百分比大于 95%；
富含油：含油面积占岩石总面积百分比为 70%~95%；
油浸：含油面积占岩石总面积百分比为 40%~70%；
油斑：含油面积占岩石总面积百分比为 5%~40%。

（5）滴酸反应情况：用 5% 的稀盐酸滴于岩样表面，根据反应程度按"剧烈、中等、微弱、无"四级描述，并描述反应的均匀程度，如"局部剧烈"。

第二节　碎屑组分的识别

在碎屑岩薄片鉴定过程中，需要对岩石中所有组分进行鉴定，并进行含量统计。

碎屑岩中，常见的碎屑组分包括矿物碎屑、岩石碎屑及其他碎屑。常见的矿物碎屑有石英、长石以及呈片状产出的云母、绿泥石和一些重矿物等，其主要识别特征如下。

一、石英类

石英类包括单晶石英和燧石。

在薄片鉴定中的碎屑石英常指单晶石英，在石油系统行业标准中，燧石在岩石命名时仍归入石英类。而由两个或更多石英晶体组成的石英类碎屑，如微晶石英集合体、细粒的石英岩，或者是火成及变质成因的较粗粒的结晶石英，则称为复晶石英，均视作岩石碎屑。

1. 单晶石英

单晶石英是大部分砂岩中的主要陆源碎屑矿物。石英为一轴晶正光性矿物，在单偏光下无色透明，多呈他形粒状或具轻微的延性，低正突起，无糙面，无解理，也没有任何变化物；在正交偏光下最高干涉色为一级黄白色，见不到双晶，有时可以出现波状消光，具柱状轮廓或具两向伸长的石英具平行消光和正延性。

具不同标型特征的石英碎屑来自不同的母岩，如文象石英多来自文象花岗岩或显微伟晶花岗岩；蠕虫状石英与酸性斜长石互生构成蠕英石，多来自花岗质岩。大部分的碎屑石英颗粒都含有包裹体，如来自火成岩的石英常以含气、液相包裹体或针状或不规则状包裹体为特征；而来自片岩和片麻岩的石英则以含规则的变质矿物包裹体为特征。有自生加大边残余的石英是来自沉积岩的再旋回石英。石英的消光有从突变的到波状的变化。一般认为，来自变质岩的石英常显示出明显的波状消光；而来自火成岩的石英则常呈突变消光，并具有熔蚀港湾或具有六方双锥形的直边（图5-1至图5-14）。

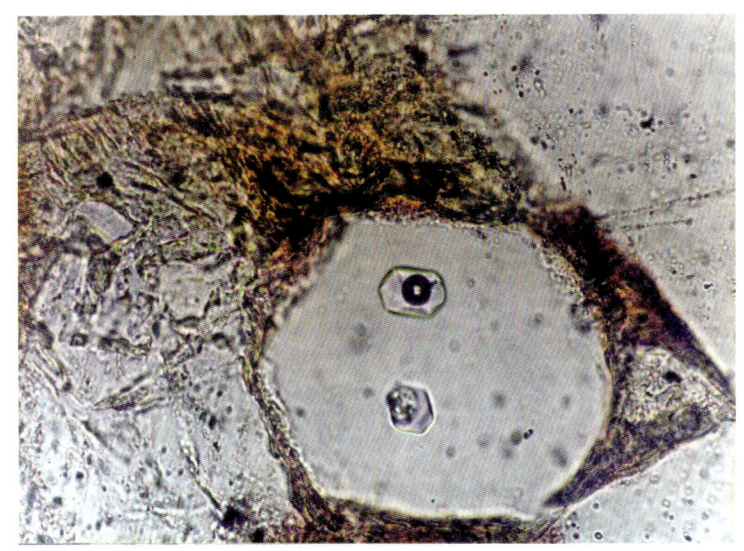

图5-1 石英碎屑具六边形晶体外形，含气液包裹体，单偏光下无色，无次生变化物，160×，单偏光，三叠系延长组

图 5-2 来自古老沉积岩母岩的"再旋回"碎屑石英,含气液包裹体,
颗粒边缘具残留石英加大边,正交偏光,三叠系延长组

图 5-3 砂岩中的石英砾石,外形不规则,无解理和双晶,
正交偏光,二叠系下石盒子组

图 5-4 石英在薄片中无解理,见不到双晶,具一级灰白干涉色,再生长现象常见,正交偏光,蓟县系

图 5-5 具波状消光的石英,多来自变质岩母岩,正交偏光,三叠系纸坊组

图 5-6　来自变质岩母岩的石英，具碎裂组构，碎裂之后消光方位有所改变，正交偏光，二叠系下石盒子组

图 5-7　具"再旋回"的石英，多来自古老的砂岩，来自母岩的石英加大边在搬运过程中遭到磨蚀而呈不规则的残余状，单偏光，二叠系下石盒子组

图 5-8 部分来自古老砂岩中的"再旋回"石英,在成岩过程中可再次加大,形成加大边,正交偏光,蓟县系

图 5-9 石英磨圆度较好,具发育的加大边,加大边内包裹黏土矿物,正交偏光,二叠系下石盒子组

图 5-10　来自火山岩的石英外形常不规则，具熔蚀港湾状边缘及粒内微裂缝，
正交偏光，二叠系下石盒子组

图 5-11　来自变质岩的石英碎屑中含大量针状金红石矿物包裹体，
单偏光，三叠系延长组

图 5-12　石英碎屑中含尘状包裹体，正交偏光，二叠系下石盒子组

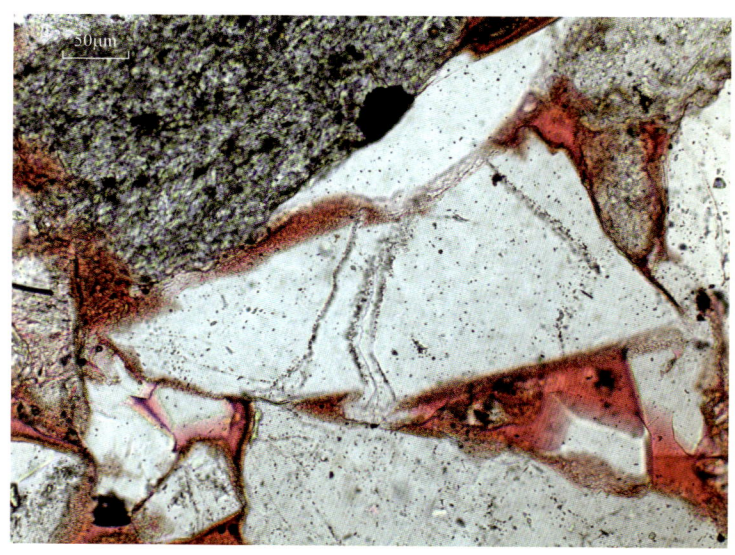

图 5-13　石英，具低的正突起，具破裂愈合现象，沿破裂缝含尘状包裹体，
　　　　单偏光，三叠系延长组

图 5-14　与长石碎屑相比，石英碎屑在单偏光下干净，无解理，铸体薄片，红色为孔隙，单偏光，三叠系延长组

2. 燧石

燧石是主要或全部由微晶（0.01~0.05mm）或隐晶石英所组成的岩石，主要包括玉髓、蛋白石及微晶质石英集合体。玉髓是石英的纤维状变体，常呈隐晶质或纤维状、放射状集合体，或呈球粒状、花朵状，无解理。蛋白石为均质体矿物，在薄片中无色透明，偶尔也显灰色或褐色，具显著的负突起，无固定形状，无解理，但可见不规则裂纹（图 5-15 至图 5-26）。

大部分燧石都是近于纯的氧化硅；结晶的杂质主要为黏土矿物、方解石以及赤铁矿等，其含量通常都小于 10%。在薄片中玉髓通常无色透明，有时被氧化铁染成黄色和浅褐色，低负突起，见不到糙面；折射率随含水量的减少而增加，无水玉髓的折射率与石英接近；晶体为纤维状集合体，往往排列成带状，有时则构成球粒；正交偏光间干涉色为一级灰白色，平行消光；延性符号有的为正，有的为负。

燧石的化学性质稳定，结构致密，抗风化能力较强。在碎屑岩中分布很广泛，它可能来自火成岩，如火成岩的孔洞充填物，或中酸性、镁铁质火成岩中的交代矿物，或为某些火山熔岩和火山碎屑岩中脱玻化的产物。也可能来自古老的沉积岩，如一些石灰岩、砂岩中的自生组分，碳酸盐岩中的燧石夹层、结核或条带，或海相较深水沉积的硅质岩。燧石中的石英晶体大小变化很大，可从十分之几微米到几十微米。在碎屑岩中，不大容易把粗结晶的燧石碎屑和变质石英岩的碎屑区分开来。

部分燧石中可见圆形或椭圆形的清晰区代表放射虫，甚至可见硅质海绵骨针。在高倍镜下，燧石的单个颗粒通常显示一种与相邻颗粒有区别的纤维状波状消光。较老的燧石全部都是前寒武纪的，由细粒镶嵌状的石英组成。一些不太致密的燧石含有大量似气泡状的孔，有些燧石孔隙多到使燧石像炉渣一样，这些孔隙可能是被水所充填的。有些燧石则不是很纯，其中分散着碳酸盐矿物；有些燧石颗粒内可见规则的生物结构，可能为硅化的植物碎屑。燧石与隐晶岩比较相似，前者为隐晶—微晶石英集合体，折射率很接近，因此在单偏光下看上去很平；而隐晶岩中常含有长石和石英，因二者的折射率不同，在单偏光下因突起不同而显得凹凸不平。

图 5-15　具玛瑙纹的玉髓，褐色纹层为铁质，单偏光，三叠系延长组

图 5-16 由隐晶质石英组成的燧石，这种燧石有时在正交偏光下与隐晶岩很相似，其区别是：燧石在单偏光下很干净；隐晶岩中则因含有长石，在单偏光下凹凸不平，正交偏光，二叠系下石盒子组

图 5-17 与图 5-16 同视域，在单偏光下燧石看上去很平整、干净，单偏光

图 5-18 由隐晶和微晶石英组成的燧石，正交偏光，三叠系延长组

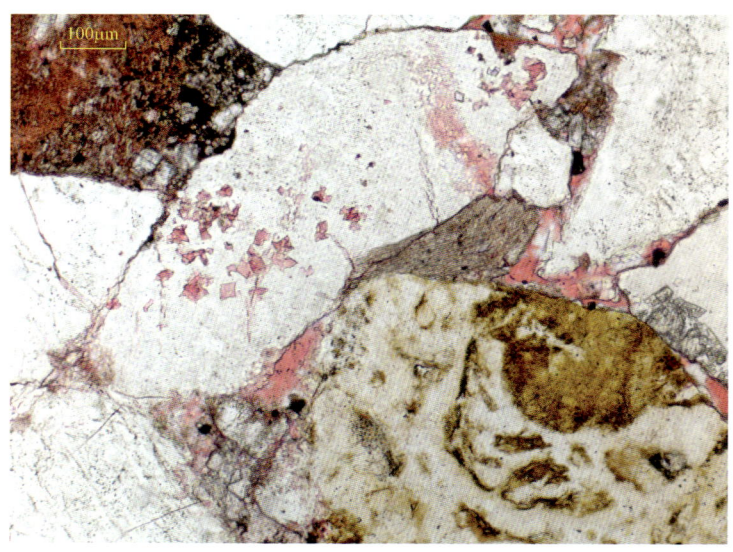

图 5-19 与图 5-18 同视域，在单偏光下与石英接近，左上方的燧石中发育大量菱形晶模孔，可能为与其共生的白云石溶蚀所形成；右下方的燧石因含铁质而呈褐色，单偏光

图 5-20 玉髓碎屑，具放射状球粒结构，含少量尘状包裹体，正交偏光，二叠系下石盒子组

图 5-21 与图 5-20 同视域，在单偏光下很平整，单偏光

图 5-22　玉髓，具放射状球粒结构及同心纹层，具轮流消光，圈层可能为玉髓形成过程中包裹的铁质等杂质，正交偏光，二叠系下石盒子组

图 5-23　与图 5-22 同视域，在单偏光下燧石的突起较平整，单偏光

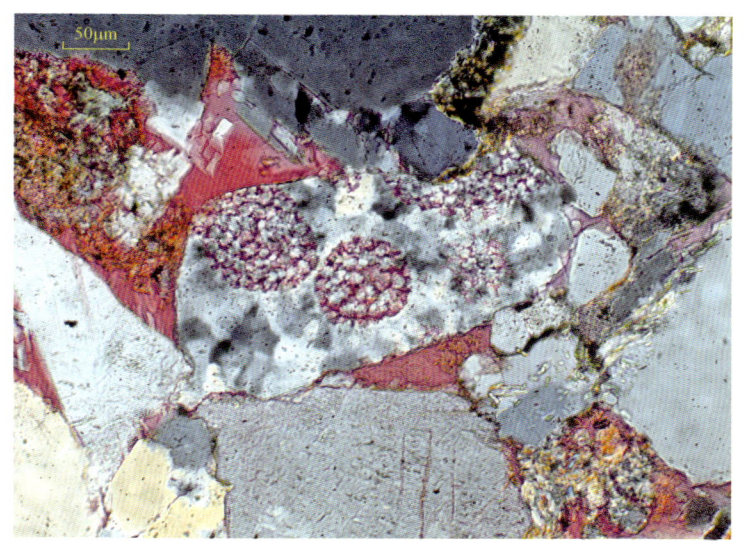

图 5-24　由隐晶石英集合体组成的燧石，具残余球粒结构，
正交偏光 + 云母试板，三叠系延长组

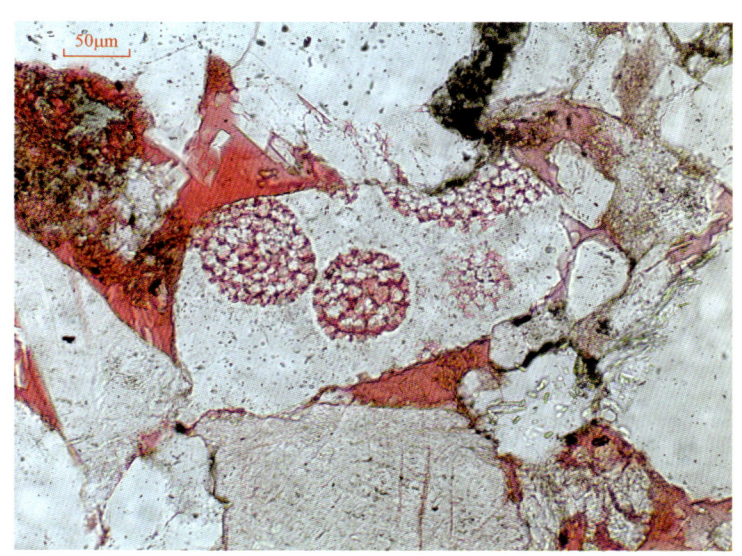

图 5-25　与图 5-24 同视域，球粒中心发生高岭石化，
并选择性溶蚀，单偏光

图 5-26 具同心状玛瑙纹的玉髓,单偏光,三叠系延长组

二、长石类

长石按化学成分可分为钾长石(钾钠长石系列)和斜长石(钙钠长石系列)两类。在碎屑岩薄片鉴定过程中,对长石的分类与火成岩和变质岩相比相对简单,鉴定表里的长石类通常包括钾长石、微斜长石、斜长石。

不同种类的长石来自不同的母岩,如钾长石中的透长石较常见于酸性火成岩,正长石和微斜长石常见于深成岩,斜长石中的钠长石来自低级变质岩及花岗岩,更长石常见于花岗岩、石英二长岩、花岗闪长岩、正长岩,中长石常来自中性火成岩,拉长石和培长石则多来自基性火成岩。来自火山碎屑岩的长石常是自形的或破碎的等。

在碎屑岩中,很多情况下长石的分布仅次于石英,当然也有例外,在一些以花岗岩或片麻岩质母岩为主要物源的沉积区,长石的含量可以很高。

1. 长石的鉴定特征

（1）突起特征：钾长石类均为负突起；斜长石中钠长石为负突起，更长石的突起与树胶接近，中长石与拉长石则为正突起。

（2）具双晶，正长石具简单双晶，斜长石和微斜长石具聚片双晶；微斜长石的双晶常呈很特别的细双格子出现。

（3）具解理，据此能将无双晶的长石与石英区分开。

（4）有分解物存在，对不同类型的长石，有时是极其典型的。

（5）光性特征：正长石的晶形几乎总是板状的，薄片中无色，所有切面均为负突起，有解理。一级灰—灰白干涉色，有时具简单双晶（不会出现格子双晶）。在有些切面上为斜消光，有些切面上则是平行消光；负延性；褐色的黏土质点（泥化现象）是正长石所特有的分解物，很少发生绢云母化，只在绢云母化强烈的岩石中才会变为绢云母。可被白云母和石英交代（云英岩化），在热液作用下可被绿帘石、方解石、钠长石、方沸石、绿泥石等代替。常与石英构成文象或蠕虫交生。

2. 常见钾长石的偏光显微镜下特征

（1）微斜长石：在薄片中见到有独特的微斜格子双晶时，即能确定是微斜长石，但对于无格子双晶的微斜长石，只有利用费氏台研究，才能与正长石区分开，可统称为钾长石。微斜长石聚片双晶间的界线一般具有纺锤状外形，这是与斜长石的格子双晶区别的重要特征之一。微斜长石与正长石一样，经常泥化，表面浑浊，呈浅的褐红色。其母岩多为花岗岩、花岗细晶岩、伟晶岩、正长岩及片麻岩、长石砂岩等。

（2）透长石与歪长石在碎屑岩中很少见。若出现，则说明碎屑物的来源地是年轻的喷出岩和侵入岩（新侵入体）。

（3）条纹长石：具条纹结构。属钾钠长石系列，由钾长石和钠质斜长石两部分组成，其中含量多者称主晶，含量少者称客晶。主晶、客晶各自具有一定的光性方位，在正交偏光间所有的主晶或所有的客晶各自同时消光。

正条纹长石：钾长石是主晶，钠长石是客晶。反条纹长石：钠长石是主晶，钾长石是客晶。利用色散效应或贝壳线，很容易将正条纹长石与反条纹长石区分开。在条纹长石中,客晶的折射率高于主晶,而反条纹长石则相反。

条纹长石客晶的形态多种多样,有条带状、细条带状、脉状、棒状、滴状、封闭状、穿插状、交代状、枝状、纺锤状、火焰状、叶脉状、网格状、补片状等(图5-27)。

常见斜长石的偏光显微镜下特征见图5-28至图5-57。

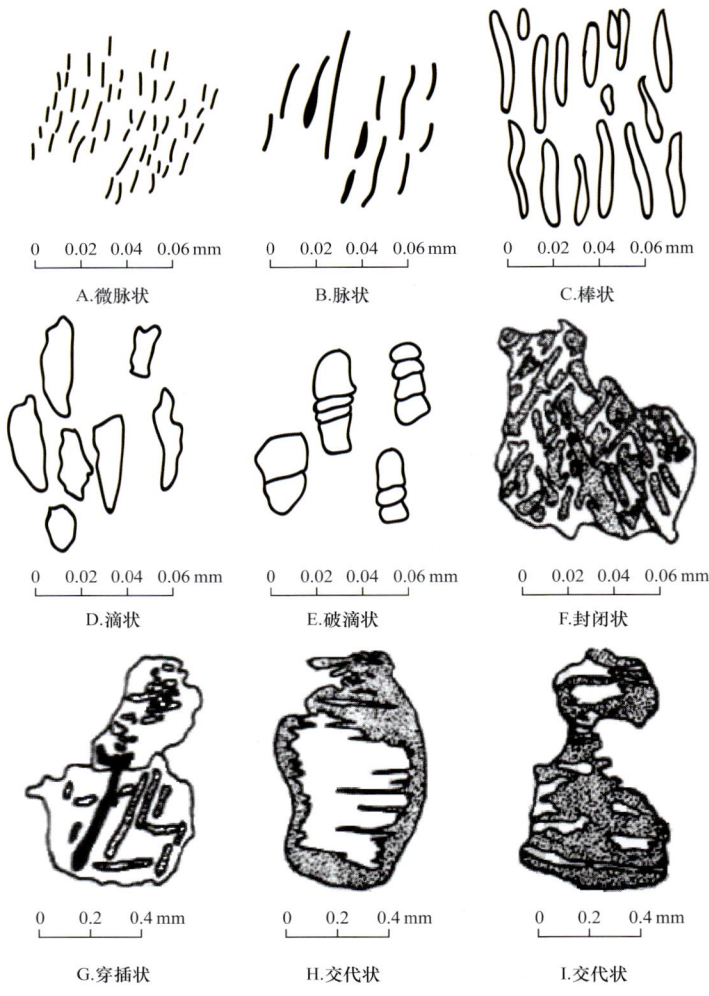

图5-27 条纹长石的形态类型(据H.L.Alling,1938)

图 5-28 正长石碎屑具板状晶形及发育的解理，正交偏光，三叠系延长组

图 5-29 正长石碎屑具板状晶形，单偏光，三叠系延长组

图 5-30　正长石碎屑具板状晶形，溶蚀明显，具低的负突起，
单偏光，二叠系下石盒子组

图 5-31　钾长石破裂愈合，正交偏光+云母试板，三叠系延长组

图 5-32　钾长石碎屑，褐色的黏土质点（泥化现象）是钾长石所特有的分解物，正交偏光，二叠系下石盒子组

图 5-33　与图 5-32 同视域的单偏光下特征

图 5-34 长石的再生长现象，再生长的长石多为钠长石，正交偏光 + 云母试板，侏罗系延安组

图 5-35 具蠕虫状结构的钾长石，正交偏光 + 云母试板，三叠系延长组

图 5-36 钾长石，具板状晶形，常见尘状析出物，
单偏光，三叠系延长组

图 5-37 钾长石，与图 5-36 同视域，一级灰干涉色，正交偏光

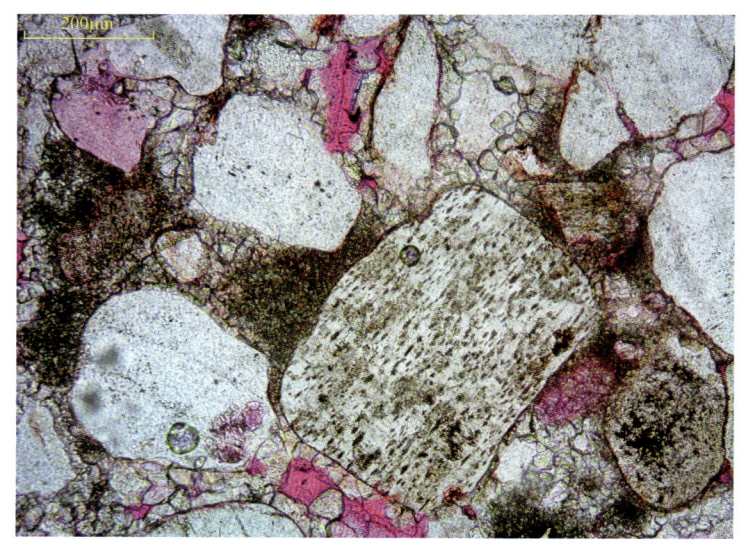

图 5-38 微斜条纹长石，具板状晶形，单偏光下可见斜长石部分普遍发生次生变化，单偏光，三叠系延长组

图 5-39 微斜条纹长石，具格子状双晶，其中析出部分斜长石，构成条纹结构，正交偏光，三叠系延长组

图 5-40　微斜长石，具格子状双晶，正交偏光，三叠系延长组

图 5-41　具格子状双晶的微斜长石，正交偏光，三叠系延长组

图 5-42 微斜长石,具格子状双晶,格子状双晶的条带呈纺锤形,正交偏光,二叠系下石盒子组

图 5-43 具格子状双晶的微斜长石,正交偏光+云母试板,三叠系延长组

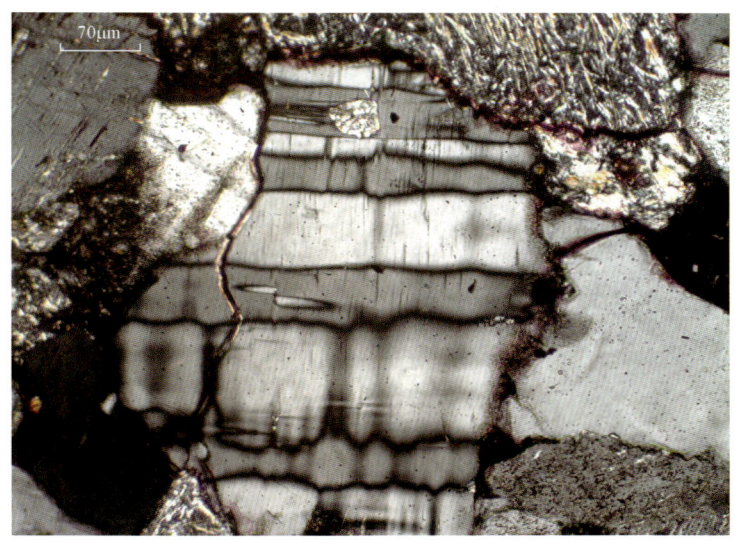

图 5-44　微斜长石，具格子状双晶，
正交偏光，三叠系延长组

图 5-45　微斜长石与钠质斜长石组成的条纹长石，具发育的粒内微裂缝，
正交偏光，三叠系延长组

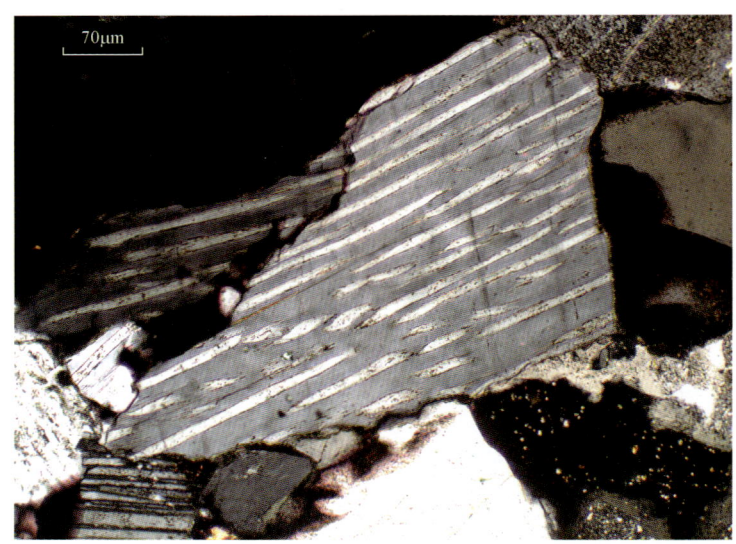

图 5-46　细脉状正条纹长石，主晶是钾长石，客晶是斜长石，正交偏光，三叠系延长组

图 5-47　钾长石部分和钠长石部分数量近似相等，为正条纹长石与反条纹长石的过渡类型，正交偏光，三叠系延长组

图 5-48 粗条纹长石，正交偏光，三叠系延长组

图 5-49 由两期条纹组成的细脉状条纹长石，
正交偏光，三叠系延长组

图 5-50 滴状条纹长石,正交偏光,三叠系延长组

图 5-51 细条纹长石,正交偏光,三叠系延长组

图 5-52 滴状微斜条纹长石，具粒内微裂缝，正交偏光，三叠系延长组

图 5-53 条纹长石，正交偏光，三叠系延长组

图 5-54 交代成因的树枝状条纹长石，正交偏光，三叠系延长组

图 5-55 交代成因的条纹长石，正交偏光，三叠系延长组

图 5-56　来自变质岩母岩的长石含大量矿物包裹体，正交偏光，
三叠系延长组

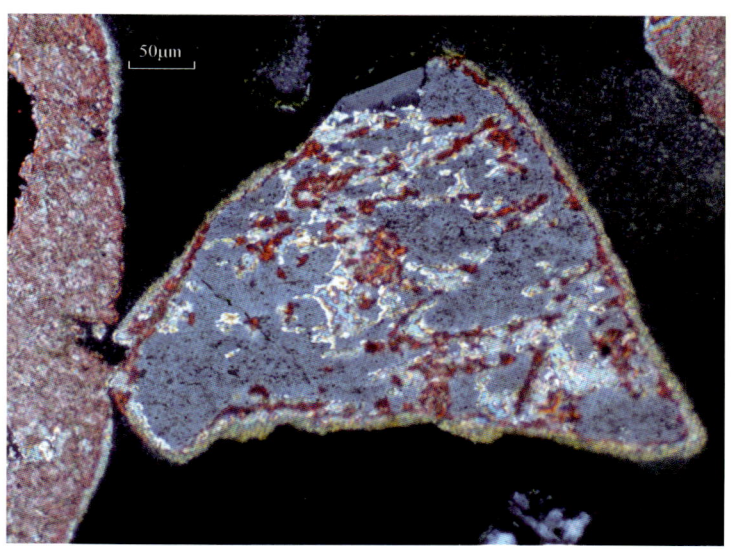

图 5-57　斜长石，被方解石及绢云母交代，正交偏光，
二叠系下石盒子组

3. 常见斜长石的偏光显微镜下特征

斜长石是钠长石分子（Ab）和钙长石分子（An）的完全类质同象系列。以其中 An 分子的百分含量不同分为 100 号，粗分为六种，并归为三个范围，即酸性斜长石（钠长石、更长石）、中性斜长石（中长石）和基性斜长石（拉长石、培长石、钙长石）。在沉积岩中分布最广的是酸性系列的钠长石，中长石很少见，包括培长石在内的基性斜长石则更少见，它们主要见于富含火山物质的年轻沉积岩中。

在薄片中斜长石一般无色透明，有时因含有包裹体或受分解作用影响而浑浊不清。观察斜长石的次生变化物，可以获得一些信息来区别酸性斜长石（钠长石、更长石）和中性斜长石（中长石）、基性斜长石（拉长石、培长石、钙长石）。酸性斜长石的次生变化物，都是水云母类的矿物，而在受过初期变质的岩石中，则为绢云母。这一标志也能将酸性斜长石与钾长石区分开：在钾长石的次生变化物中，水云母和绢云母实际上是不存在的。中性和基性斜长石的次生变化物多半是方解石和钠钙质沸石（方沸石、片沸石、浊沸石）。斜长石的折射率随号码增大而增大，钠长石为负突起，更长石与中长石突起不明显，拉长石、培长石、钙长石则为正突起。斜长石具解理，一般来讲，斜长石的解理比钾长石差，因为斜长石中钠的离子半径较小，钙又是二价，键力比钾长石中的钾要大。绝大多数斜长石都具有双晶，常见的有钠长石双晶、卡钠复合双晶以及由肖钠双晶与钠长石双晶结合的格子状复合双晶。斜长石聚片双晶（主要表现为钠长石双晶）的叶片宽度随斜长石成分而异，以更长石的最为细而密，而向钠长石方向及向中长石、拉长石方向逐渐过渡为稀而宽，这一特点在区分钠长石、更长石及中长石时可供参考。斜长石的双折射率也较低（$N_g-N_p=0.0075\sim0.013$），干涉色为一级灰色——一级黄色，绝大多数为一级灰白色，其中以中长石最低，钠长石较高，钙长石最高。

在薄片中钾长石（微斜长石除外）可能与无双晶的钠长石相混。区别在于，钠长石在主切面或接近于主切面中的折射率与树胶接近，同时正长石的所有切面均为负突起。此外，钾长石总是负光性，而钠长石却是正光性。

常见斜长石的偏光显微镜下特征见图 5-58 至图 5-65。

图 5-58　斜长石，具细而密的聚片双晶及自生加大边，正交偏光，三叠系延长组

图 5-59　斜长石，具细而密的聚片双晶及自生伊利石薄膜，正交偏光，三叠系延长组

图 5-60　斜长石具卡钠复合双晶，钠式双晶的双晶叶片细而密，斜长石晶体曾受到挤压，使双晶发生扭曲，正交偏光，三叠系延长组

图 5-61　斜长石（可能为更长石）具细而密的聚片双晶，正交偏光，三叠系延长组

图 5-62 斜长石，具卡钠复合双晶，正交偏光，三叠系延长组

图 5-63 斜长石，具卡钠复合双晶，正交偏光，新疆二叠系下乌尔禾组

图 5-64　斜长石具简单双晶和解理，沿解理缝发生绢云母化，正交偏光，二叠系下石盒子组

图 5-65　斜长石，局部黝帘石化，正交偏光，三叠系延长组

三、其他矿物碎屑

碎屑岩中的陆源矿物组分中，除石英类、长石类以外，还有部分呈片状的矿物，如云母、绿泥石及碎屑海绿石、碳酸盐矿物等。黑云母及部分白云母、绿泥石虽然属于重矿物，但因晶体常呈片状，在碎屑岩中常大量出现。因此，在薄片鉴定过程中要与其他矿物碎屑一样进行组分统计。碎屑状绿泥石及海绿石虽然分布较少，但也属于陆源矿物碎屑，需要进行组分统计。单晶状碳酸盐矿物碎屑因含量较少，可归入其他矿物碎屑类进行单独统计。对于在成岩过程中发生蚀变的矿物，如能判断出矿物类型，则计入矿物组分；若无法分辨蚀变矿物类型，可计入蚀变碎屑。碎屑状重矿物则只作描述，不进行含量统计。

1. 白云母

云母在碎屑岩中分布广泛，以白云母和黑云母最为常见。当云母与刚性粒状碎屑混合产出时，在成岩作用过程中很容易发生弯曲变形。在牵引流沉积环境下，云母片常呈定向排列，片理常与岩石的层理平行。在细粒碎屑岩的层面上云母常相对富集。如在三角洲前缘相砂岩中，云母常顺层分布，并沿层面富集，导致砂岩垂向渗流能力变差。

白云母的抗风化能力要比黑云母强得多，在碎屑岩中常呈较新鲜的片状产出。在单偏光下，无色透明，含铁的变种呈红褐色，含铬的变种呈蓝绿色，含钒的变种呈绿褐色。低正突起，但与石英比较，突起要显著一些。切面形状有两种，一种是平行{001}解理的片状，这种切面不具解理，在薄片中最易被误认为石英，但只要仔细观察就会发现它具有比石英略显著的突起和糙面。另一种切面与{001}解理正交或斜交，切面形状呈长条状，这种切面通常可以见到细而直的连续解理缝。正交偏光间，最高干涉色达二级顶部，一般均鲜艳夺目，在长条状白云母中干涉色较为鲜艳，而在平行解理的切面上，干涉色较低，呈一级灰色——一级黄白色。白云母具正延性符号，为二轴晶负光性，$2V=30°\sim45°$（图5-66至图5-75）。

碎屑岩中的白云母主要来源于花岗岩、花岗伟晶岩和云英岩、云母片岩等低级变质岩及古老的沉积岩等母岩中。

图 5-66 长条状碎屑白云母，干涉色鲜艳，具一组极发育的解理，受成岩作用影响局部发生折曲和断裂，正交偏光，二叠系下石盒子组

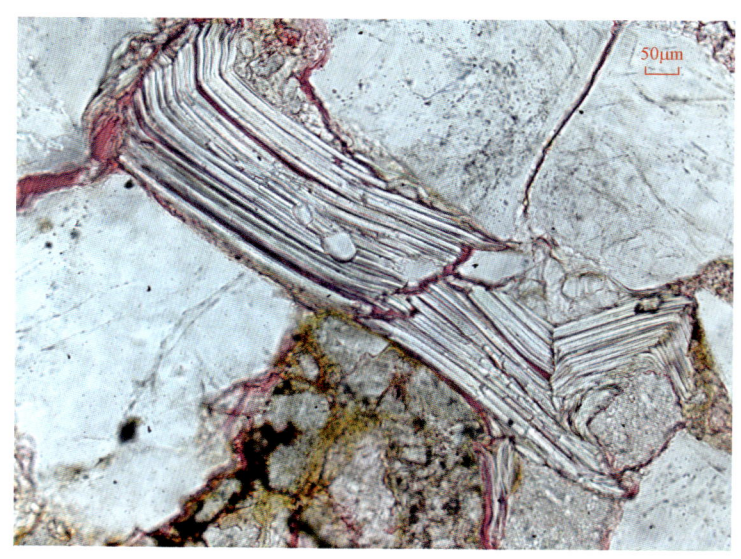

图 5-67 与图 5-66 同视域，单偏光下无色，低—中正突起，解理极发育，单偏光

图 5-68 斜交{001}解理的白云母片,干涉色相对偏低,仅一级黄色,正交偏光,二叠系山西组

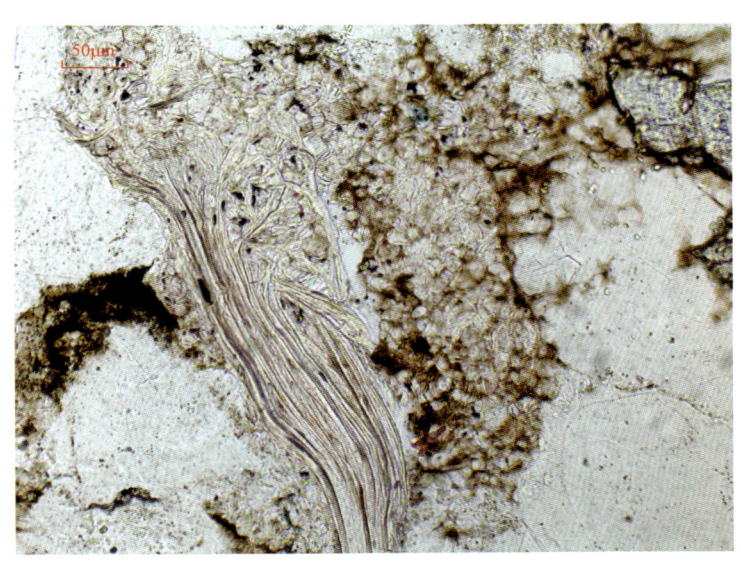

图 5-69 白云母,具一组极发育的解理,局部变形,沿解理缝发生高岭石化,单偏光,二叠系山西组

图 5-70　白云母，正交偏光间具鲜艳的二级干涉色，沿边缘发生蚀变，形成水云母及高岭石，正交偏光，侏罗系延安组

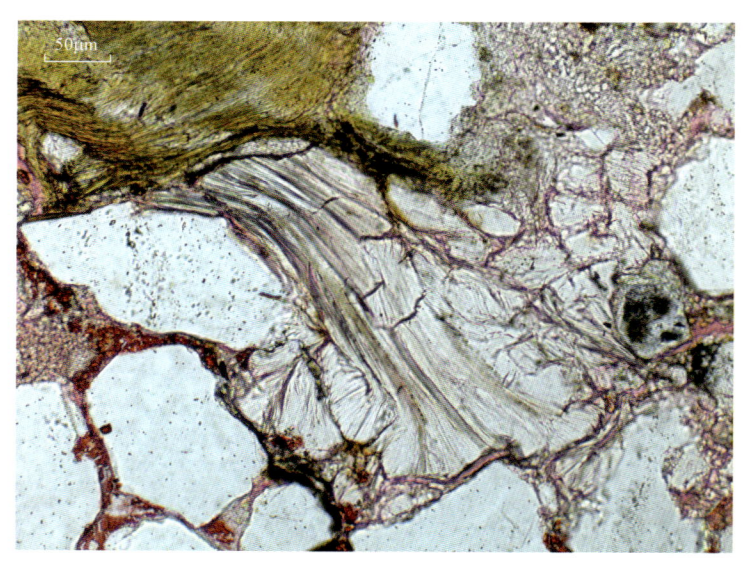

图 5-71　与图 5-70 同视域，单偏光下白云母无色，单偏光

图 5-72 云母蚀变，在开放空间云母蚀变后体积膨胀数倍，单偏光，二叠系下石盒子组

图 5-73 与图 5-72 同视域，正交偏光间具二级干涉色，正交偏光

图 5-74　水白云母，呈具弯曲轮廓的片状，带有垂直叶片长边方向的横纹，
状似弯曲的蠕虫，可能为云母蚀变分解而成，正交偏光，
二叠系下石盒子组

图 5-75　与图 5-74 同视域，单偏光下无色，单偏光

2. 黑云母

与白云母相比,黑云母的化学稳定性较差,主要见于离母岩较近的砾岩或分选差的杂基支撑的砂岩中,经风化及成岩作用分解为绿泥石和磁铁矿,并易发生泥化、钛铁矿化、碳酸盐化,蚀变后体积膨胀或变形,严重时可占据周边孔隙形成假杂基。

识别新鲜的云母非常容易,因为云母具有非常鲜艳的干涉色及片状晶形,但当云母发生蚀变甚至变形之后,识别起来便有一定的难度,对一些粒度偏细、蚀变较深、变形强烈的云母应结合较高倍数的物镜反复观察加以确定。

黑云母在薄片下多色性、吸收性均十分显著,片状晶形,一组解理极完全,中正突起,干涉色二级顶—三级顶,近平行消光,正延性,二轴晶负光性。颜色有黑色、深褐色、红褐色,有时带有绿色,经风化褪色后呈金黄色。薄片中多色性很明显。黑云母的颜色与其成分中的 Fe^{2+}(亚铁离子)、Fe^{3+}(铁离子)、Ti(钛)的含量有关,含 Ti 高时黑云母呈红褐色或红棕色;含 Fe^{3+} 多时,呈绿色;含 Fe^{2+} 多而 Fe^{3+}、Ti 较少者,多呈黄褐色或暗褐色。绿色黑云母大多产于低级或中低级变质岩中;红棕色或红褐色黑云母则多产于高级或中高级变质岩中;而黄褐色黑云母的分布则较为广泛。黑云母吸收性很强,当解理缝平行下偏光振动方向时,颜色最深;当解理缝与下偏光振动方向垂直时,颜色最浅,吸收性特征与电气石的吸收性正好相反。有时具颜色深浅的环带或具多色晕(图 5-76 至图 5-89)。

黑云母最常变化为绿泥石。含钛的黑云母常分解形成针状金红石、细粒的钛铁矿、磁铁矿和榍石等矿物。有的黑云母被绿帘石、榍石、碳酸盐矿物和绿泥石、石英等矿物交代。有时黑云母可转化为白云母,并析出不透明的细小铁质矿物。

云母的蚀变、膨胀现象在碎屑岩中非常普遍。云母属层状硅酸盐矿物,云母的层间阳离子以 K^+(钾离子)为主,当云母与不含或含少量 K^+ 或较大阳离子如 H^+(氢离子)、Ca^{2+}(钙离子)和 Na^+(钠离子)的水溶液接触时,因云母中的 K^+ 比溶液中的多,K^+ 按照胡克定律从云母薄层中扩散开来。相反,水溶液中存在的较大阳离子易扩散进入云母内,因为与云母相比溶液中较大的阳离子多,再加上较大阳离子不能进入 K^+ 所空化的层间间隙,脆性云母薄片的边缘便断开呈小的碎片,或进入云母薄层间隙,使云母薄层的间隙变大,使其体积发生膨胀。

图 5-76　黑云母具多色性，在单偏光下可呈褐绿色、黄褐色、红褐色、浅黄褐色或暗褐色、暗绿色等，单偏光，三叠系延长组

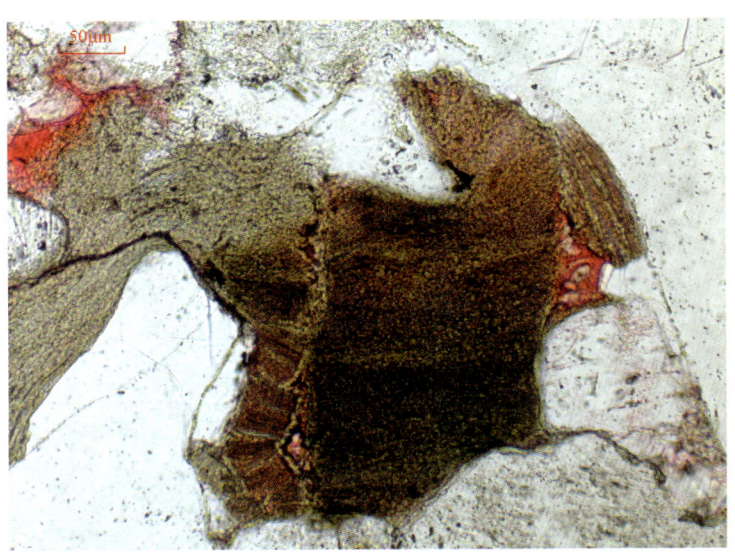

图 5-77　黑云母蚀变膨胀后体积增加并变形，单偏光，三叠系延长组

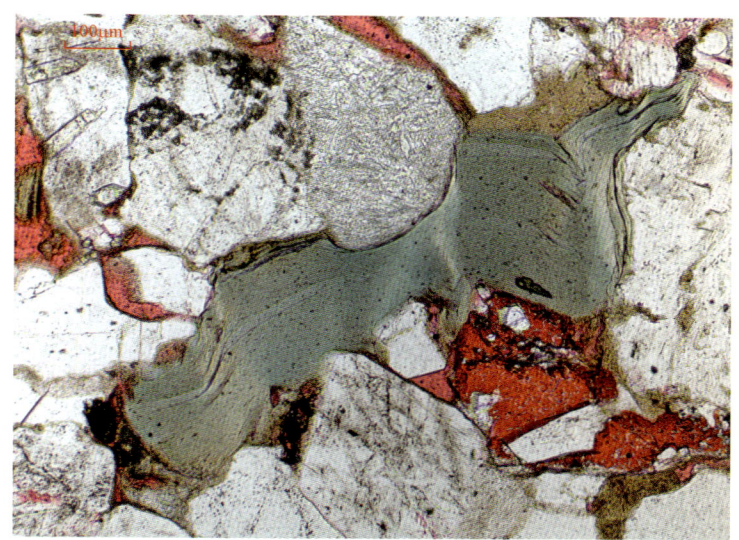

图 5-78 来自侵入岩或是结晶片岩的黑云母，带有绿色，单偏光，三叠系延长组

图 5-79 局部转变为绿泥石的黑云母，绿泥石与未变化的黑云母呈逐渐过渡状，单偏光，三叠系延长组

图 5-80 含钛的黑云母分解形成大量针状金红石,单偏光,三叠系延长组

图 5-81 黑云母菱铁矿化体积膨胀并变形,单偏光,侏罗系延安组

图 5-82 黑云母发生蚀变,其中隐藏的钛往往分泌出来形成针状金红石或细粒钛铁矿、磁铁矿,单偏光,三叠系延长组

图 5-83 与图 5-82 同视域,反射光下白钛矿具白色反射光,反射光

图 5-84 黑云母,蚀变后局部析出金红石,金红石分布的部位颜色变浅（箭头所指）,单偏光,三叠系延长组

图 5-85 黑云母,沿解理缝形成大量菱铁矿,使体积增加数倍,单偏光,三叠系延长组

图 5-86 黑云母，成岩作用期间被铁白云石交代，单偏光，三叠系延长组

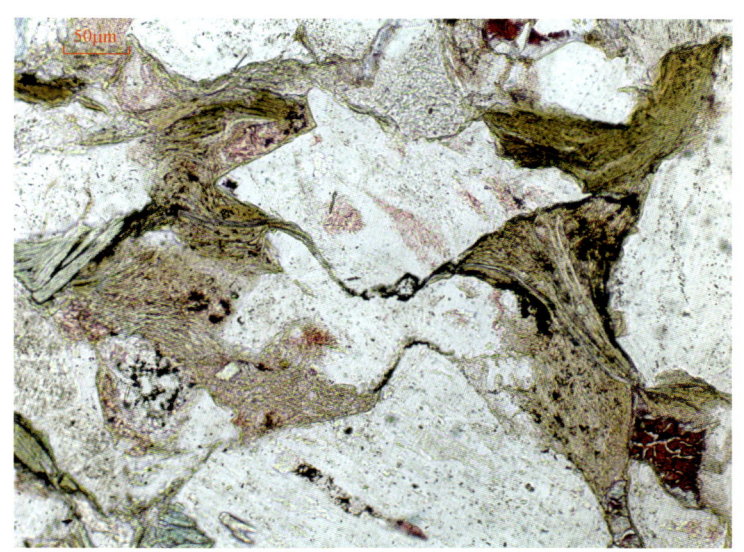

图 5-87 黑云母沿开放空间蚀变膨胀变形，单偏光，三叠系

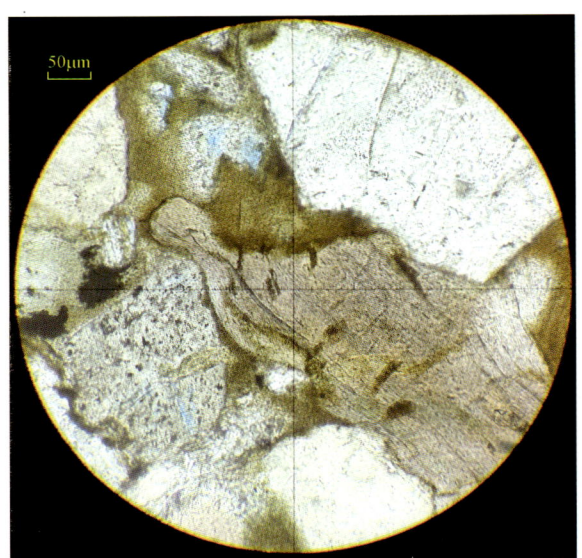

图 5-88 黑云母，发生蚀变后体积膨胀数倍，单偏光，二叠系下石盒子组

图 5-89 与图 5-88 同视域，正交偏光

3. 绿泥石

在碎屑岩中绿泥石不仅可以填隙物的形式出现，而且常以陆源碎屑的形式出现。碎屑状绿泥石可呈片状，也可呈集合体状，多来自绿泥石片岩、千枚岩等变质岩的母岩或喷出岩（其中的杏仁体）、绿泥石质泥岩等。

绿泥石类矿物种类很多，但由于黏土矿物质点细小，在碎屑岩中依据光学性质很难区分其种属。

绿泥石矿物具层状结构，晶体呈六方片状或板状，少数为桶状，常呈鳞片状集合体。横切面呈假六方形，但多为不规则片状；纵切面呈长条状，一组解理极完全。薄片中具有淡绿色—亮黄色的多色性，低正突起，一级干涉色，有的变种具异常干涉色，近平行消光。光性可正可负，其多色性、吸收性及延性符号随着光性符号的不同而不同（图5-90至图5-92）。

4. 海绿石

海绿石是典型的沉积自生矿物，产在浅海沉积物中，如砂岩、泥岩、碳酸盐岩等。在碎屑岩中可见到以碎屑形式出现的海绿石颗粒，大小和外形均与周围的石英砂砾相近。在薄片中具亮绿色、浅绿色、黄绿色或橄榄绿色，具明显的多色性和吸收性。中—低正突起，最高干涉色为二级，近平行消光，正延性。由于结晶较细，一些光性不易获得（图5-93至图5-98）。

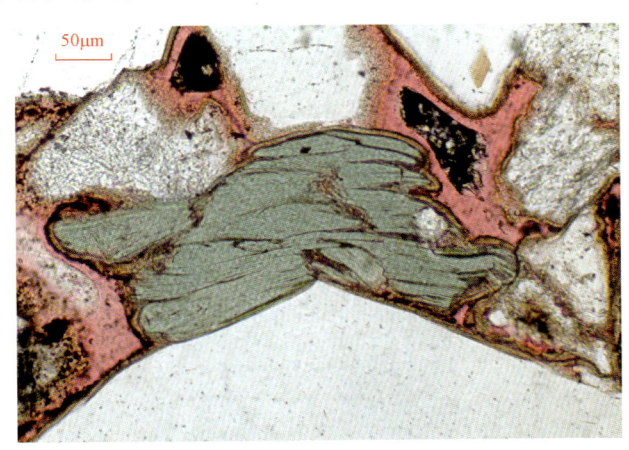

图5-90　片状绿泥石，暗绿色，具一组极完全的解理；自生绿泥石呈厚约10μm的膜将片状碎屑绿泥石包裹其中，单偏光，三叠系延长组

图 5-91 由纤维状绿泥石集合体组成的碎屑绿泥石,变形强烈,单偏光,三叠系延长组

图 5-92 由隐晶绿泥石组成的碎屑绿泥石,挤压变形强烈,单偏光,三叠系延长组

图 5-93 海相砂岩中的碎屑海绿石,单偏光,永济长城系北大尖组

图 5-94 与图 5-93 同视域,正交偏光

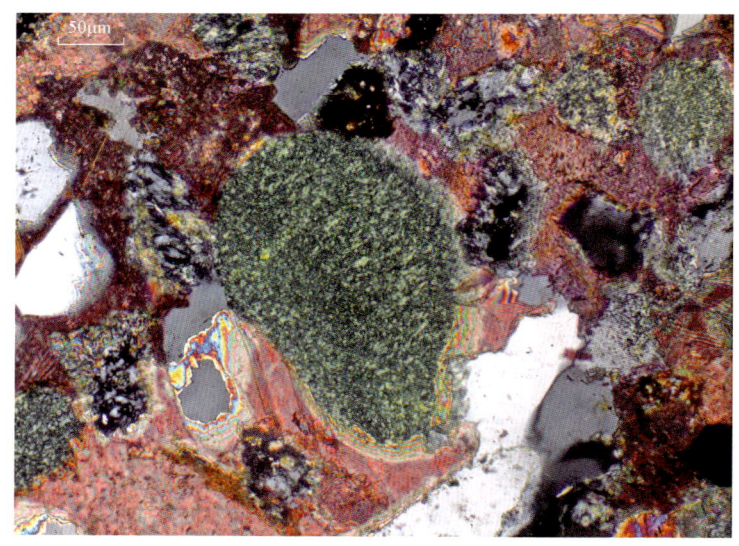

图 5-95　海相砂岩中的海绿石碎屑，外形呈肾状，由无数极细小的晶粒组成，干涉色被矿物自身颜色掩盖不易观察，正交偏光，寒武系

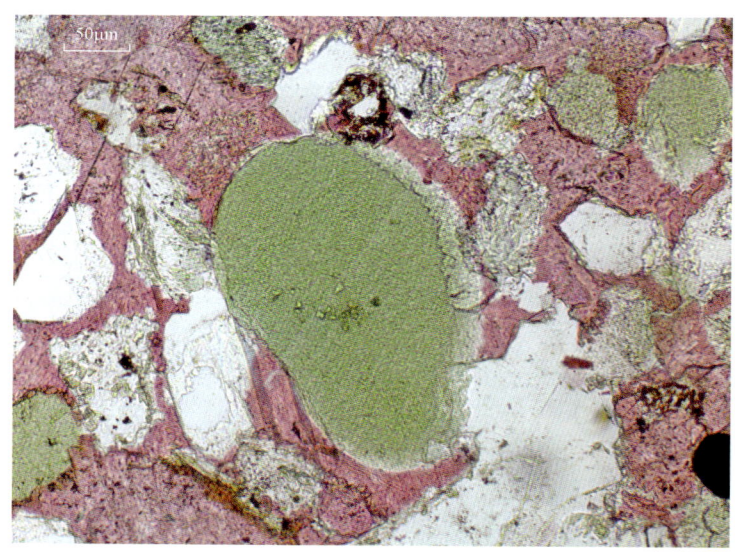

图 5-96　与图 5-95 同视域，单偏光下为橄榄色，单偏光

图 5-97　碎屑海绿石，具隐晶结构，干涉色为一级黄色，
正交偏光，寒武系

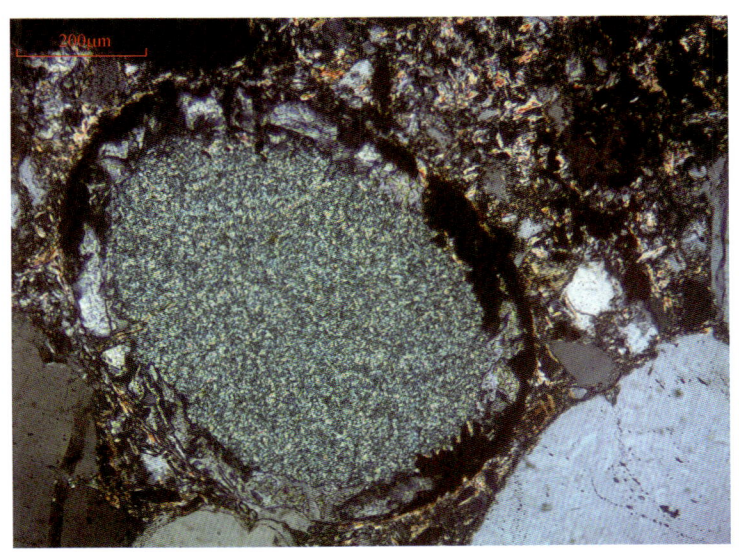

图 5-98　砂岩中的碎屑状海绿石，具隐晶结构，干涉色为一级橙黄色，
边缘被重晶石及钛铁质交代，正交偏光，长城系

四、常见重矿物碎屑

在进行碎屑岩薄片鉴定时,不要求对重矿物的含量进行统计,但可以在描述栏对所见重矿物类型进行描述。重砂的分布及粒度受其晶形大小、相对密度及硬度等多种因素的控制,一般情况下在粒径为 0.05~0.25mm 的沉积物中含量相对较高。重矿物的种类很多,根据其风化稳定性可划分为稳定和不稳定的两类,前者抗风化能力强,分布广泛,在远离母岩区的沉积岩中含量相对较高;后者抗风化能力弱,分布不广,离母岩区愈远其相对含量愈少。

不同时代的地层,即使在同一个地区都存在着不同的重矿物组合,这是由蚀源区所暴露的母岩类型不同造成的。在某一沉积时期,来自同一物源区的沉积物中,重矿物组合是唯一的,并且在一个特定的盆地内含有该矿物组合的全部砂必定是属于同一时代的,因此重矿物分析是地层对比有价值的辅助手段。

1. 锆石

锆石晶体一般呈短四方柱状或两端呈锥形的长柱状,或呈四方双锥、复四方双锥的聚形,偶尔可见锆石柱面不发育的双锥状晶体。横切面为四边形或八边形。薄片中常见锆石的自形晶。浅红褐色、灰黄色、绿色或无色;薄片中无色或灰黄色及淡橙色,有时为灰粉红色、浅紫色。有时锆石的颜色呈环带状分布。锆石常有多色晕。具极高正突起,只有大的晶体才见解理,最高干涉色三至四级,呈鲜艳的红色、绿色、蓝色,平行消光(图 5-99 至图 5-106)。来自各种火成岩、变质岩和碎屑沉积岩母岩。

2. 电气石

电气石为三方晶系,晶体呈短柱状、长柱状、六方柱和三方柱组成的聚形或针状。柱面上有纵纹,横断面呈球面三角状。集合体常呈放射状、树枝状、纤维状,有时还有粒状。无解理,颜色随化学成分变化。薄片下具中—高正突起,具强的吸收性,与黑云母的吸收性正好相反,当柱状切面与下偏光振动方向平行时颜色最浅。平行消光,负延性。最高干涉色可达二至三级,但常因矿物本身颜色而难以分辨,可见异常干涉色。电气石最重要的鉴别特征在于其柱状晶形、弧状三角形的横断面,无解理,较强的吸收性(图 5-107 至图 5-114)。电气石可来自火成岩、变质岩及沉积岩母岩。

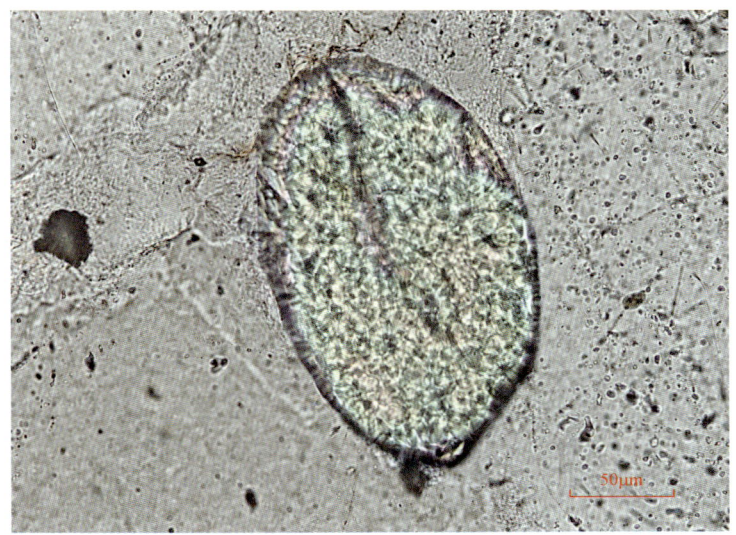

图 5-99 砂岩中的圆锆石，单偏光下具极高的正突起，糙面显著，具淡淡的黄色、绿色，单偏光

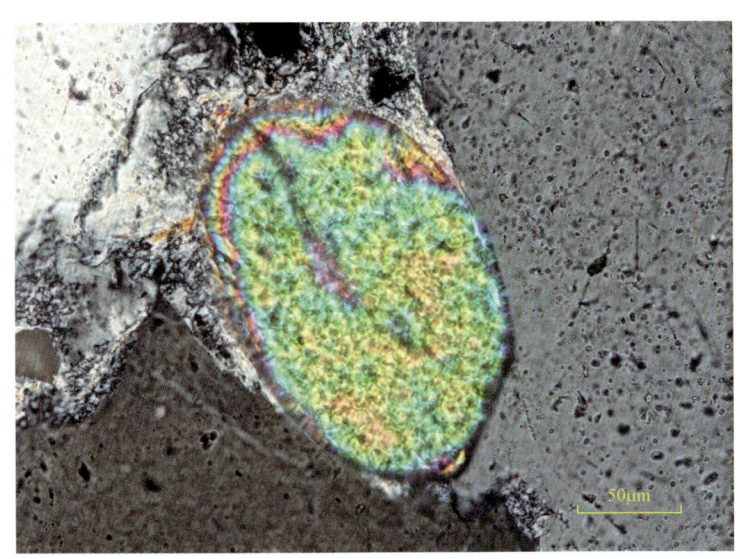

图 5-100 与图 5-99 同视域，正交偏光间干涉色达三级以上，正交偏光

图 5-101　砂岩中的自形锆石，单偏光下无色或灰黄色及淡橙色，具环带，具极高正突起，见解理，单偏光，三叠系延长组

图 5-102　与图 5-101 同视域，正交偏光间干涉色达三级，正交偏光

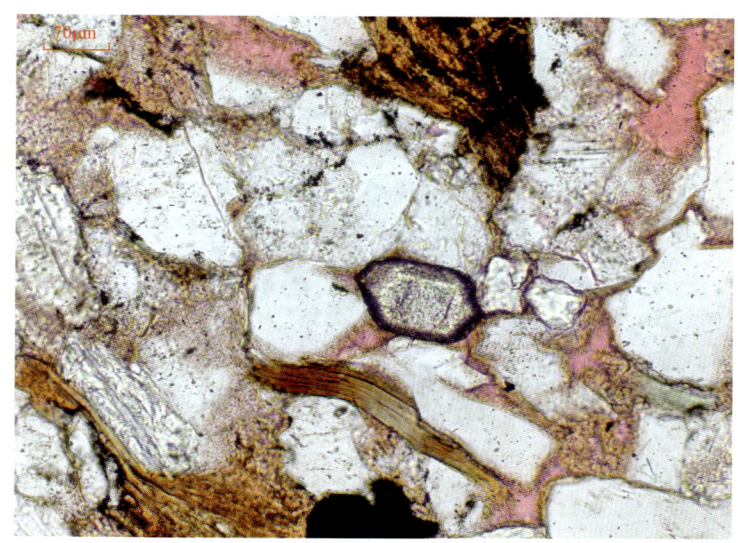

图 5-103 砂岩中的自形锆石，具六边形，单偏光下具极高的正突起，
矿物的边缘粗而黑，单偏光，三叠系延长组

图 5-104 磨圆状锆石，具极高的正突起，具鲜艳的二级绿干涉色，
不显解理，正交偏光＋云母试板，侏罗系延安组

图 5-105　自形短柱状锆石，具环带结构，正交偏光间具鲜艳的二级蓝绿干涉色，正交偏光＋云母试板，侏罗系延安组

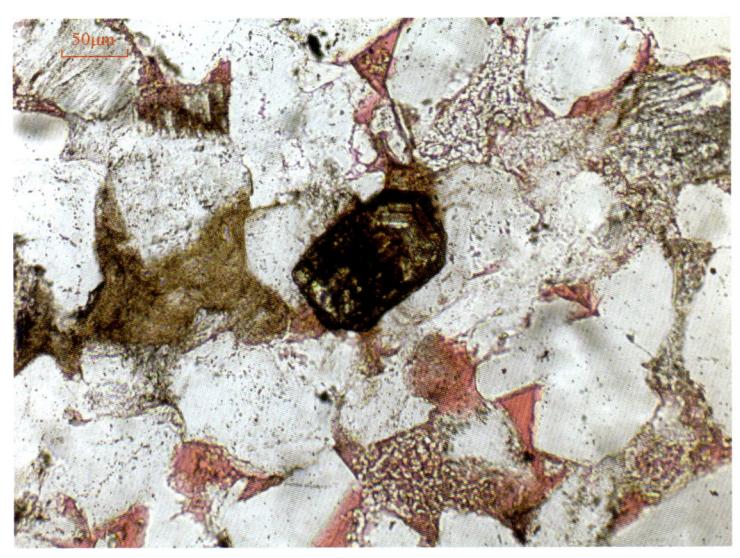

图 5-106　与图 5-105 同视域，单偏光下具极高的正突起，单偏光

图 5-107 电气石,单偏光下为黄绿色,具裂理,单偏光,
二叠系下石盒子组

图 5-108 与图 5-107 同视域,正交偏光间具二级鲜艳的干涉色,正交偏光

图 5-109 电气石，晶体不完整，具中正突起，淡黄绿色，具垂直柱体延伸方向的裂理，单偏光，上古生界

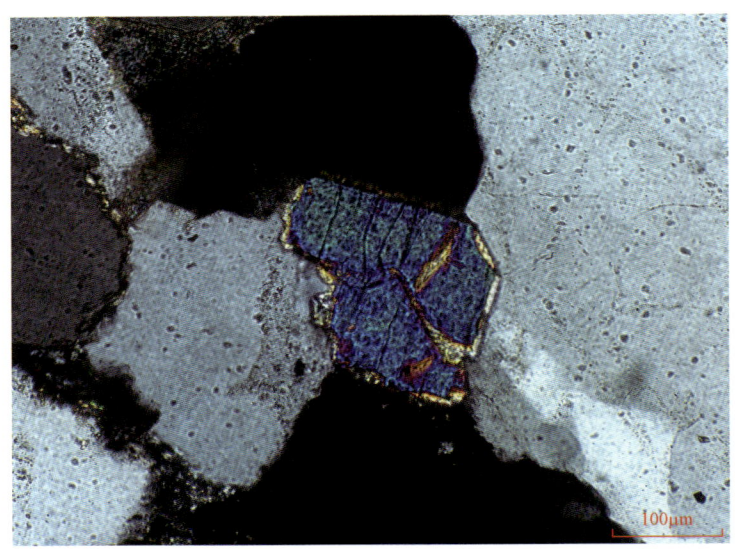

图 5-110 与图 5-109 同视域，正交偏光下近平行电气石柱体的切面具二级蓝绿干涉色，正交偏光

图 5-111 柱状黑电气石,呈黄褐色、暗绿色,具显著的吸收性,具垂直柱面的裂理,单偏光,三叠系延长组

图 5-112 电气石,具环带结构,中心为蓝绿色,最外部具黄褐色环边,单偏光,三叠系延长组

图 5-113　电气石，具同心环带，单偏光下呈暗棕绿色，晶体核部颜色略浅，高正突起，具显著的晶体边缘，单偏光，侏罗系直罗组

图 5-114　电气石，单偏光下呈蓝色，可能与含少量铜有关，单偏光，白垩系环河组

3. 金红石

金红石晶体为长柱状、针状及纤维状、毛发状，也可呈细粒状，常呈细毛发状被其他矿物包裹。呈特有的浅红褐色或黑色、紫色、黄色以及绿色；薄片中大多为浅褐色、黄色—红褐色。含Cr（铬）的变种呈浅绿色，含Fe（铁）、Ta（钽）、Nb（铌）较多时，则颜色变暗，甚至近于黑色。最好用聚光镜观察金红石的颜色。有时具微弱的多色性：N_o—黄色至褐色，N_e—暗红色至暗褐色，$N_e > N_o$。具极高正突起。较粗的晶体切面能见到解理，在横断面中能见到成直角相交的两组解理缝。反射光下具金刚光泽。正交偏光间具高级白干涉色，常混有矿物本身的颜色。针状金红石由于厚度极小，而呈现鲜艳的蓝、红、紫干涉色。

平行消光、极高的突起、红褐色、反射光下具金刚光泽和极大的双折射率，并有清楚的柱状解理是其主要特征（图5-115至图5-118）。

多来自酸性火成岩中，在伟晶岩及变质岩中也含有金红石。

图5-115　碎屑金红石，单偏光下为暗的棕色，可能为含铁、铌、钽较多所导致，极高正突起，具解理，单偏光，二叠系下石盒子组

图 5-116 与图 5-115 同视域,正交偏光间因矿物本身颜色的干扰,高级白干涉色不易观察,正交偏光

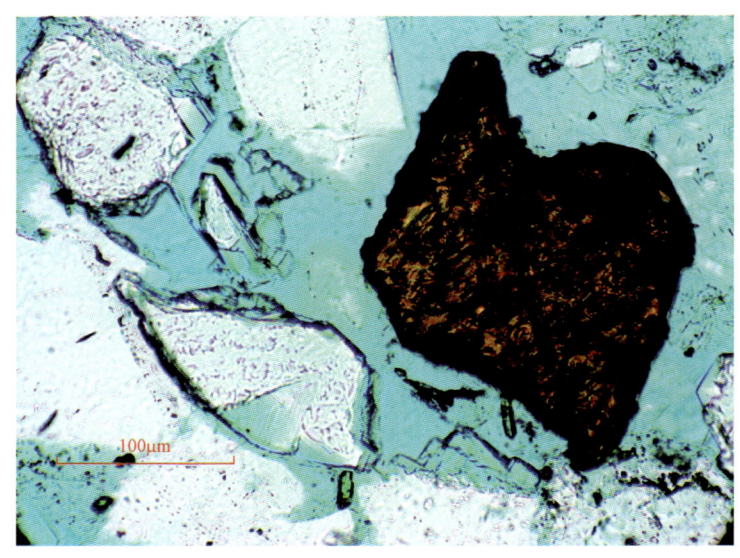

图 5-117 砂岩中的他形金红石颗粒,棕褐色,具极高的正突起,单偏光

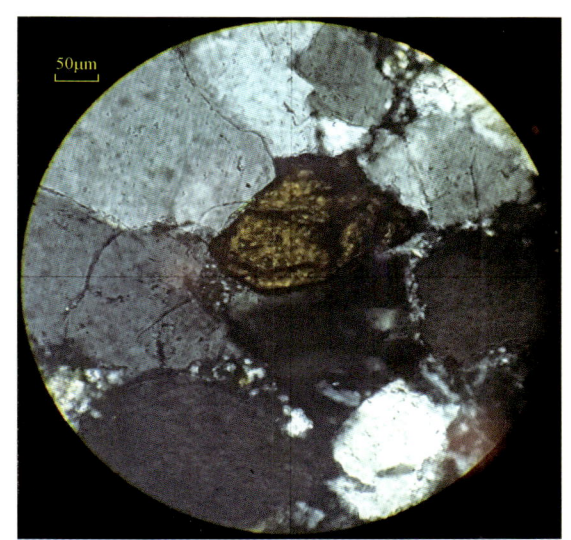

图 5-118　碎屑金红石，在正交偏光间具高级白干涉色，正交偏光，二叠系下石盒子组

4. 石榴子石

石榴子石为等轴晶系，通常呈自形晶，为菱形十二面体、四角三八面体，或两者的聚形。薄片中常为自形的六边形断面，或呈块状集合体和磨圆的不规则碎屑颗粒状，无解理。石榴子石的颜色变化较大，主要为深红色、褐色、黄色、绿色、玫瑰色及黑色，在单偏光下透明、无色或有淡淡的粉红色、浅褐色、黄褐色色调，个别变种呈深褐色、深红褐色甚至褐黑色、黑色，高正突起，正交偏光下为全消光。在光性异常的石榴子石中常常呈现扇形双晶以及完整的深浅交替的环带（图 5-119 至图 5-127）。

石榴子石族矿物分为两个系列：一是镁铝榴石—铁铝榴石—锰铝榴石系列，称为铝质榴石，在碎屑岩重矿物分析资料中被列为淡红色石榴子石；另一种是钙铬榴石—钙铝榴石—钙铁榴石系列，称为钙质榴石，在碎屑岩重矿物分析中被列为无色石榴子石。这两个系列的石榴子石在性质上有所差别。铝质榴石一般为均质的，而钙质榴石往往有光性异常。产状也有所不同，铝质榴石多来自火成岩、伟晶岩和某些区域变质岩；而钙质榴石除个别变种产于火成岩外，通常见于石灰岩与火成岩的接触变质带中。

镁铝榴石可变化为绿泥石,铁铝榴石可变化为绿泥石和绿帘石、黑云母、角闪石等,锰铝榴石可变化为黑云母,钙铝榴石和钙铁榴石可变化为绿帘石、绿泥石、蛇纹石、长石和方解石,钙铬榴石可变化为含铬的绿泥石。

5. 角闪石

角闪石横切面呈菱形或近于菱形的六边形。有较强的多色性,其颜色随铁的含量变化而变化,无铁角闪石呈白色或浅色,含铁较多时则呈绿色、暗绿色—黑色,具正吸收性;含钠的变种呈蓝色或紫色,具负吸收性。当切面垂直 c 轴时,其上可见两组相交的解理缝,解理角为 56°与 124°;与 c 轴平行的切面可见一组发育的解理缝;具高的正突起。大多数角闪石为二轴晶负光性;双折射率一般介于 0.020~0.025 之间,最高干涉色为一级顶至二级底,由于大部分角闪石具较浓的颜色,干涉色常不够鲜艳;除斜方角闪石为平行消光外,其他角闪石均为斜消光,正延性,只有碱性角闪石具负延性。双晶常见(图 5-128 至图 5-130)。

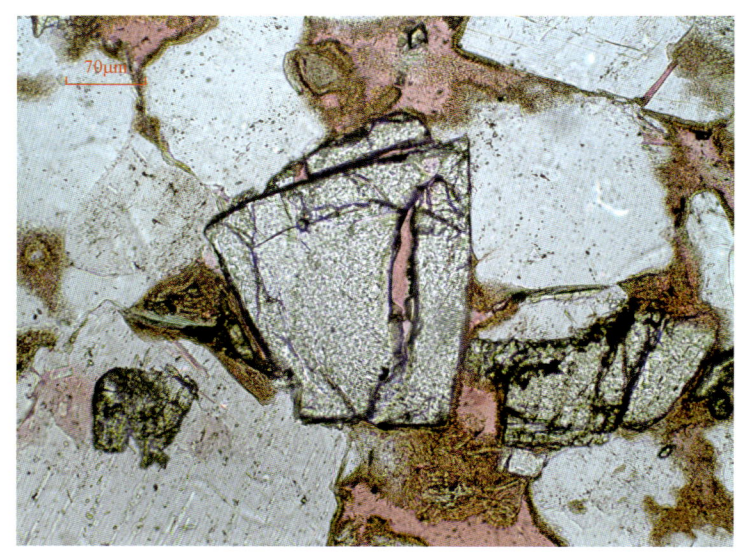

图 5-119　碎屑岩中的石榴子石,无色或具淡淡的颜色,高正突起,具糙面和裂理,正交偏光间全消光,单偏光,三叠系延长组

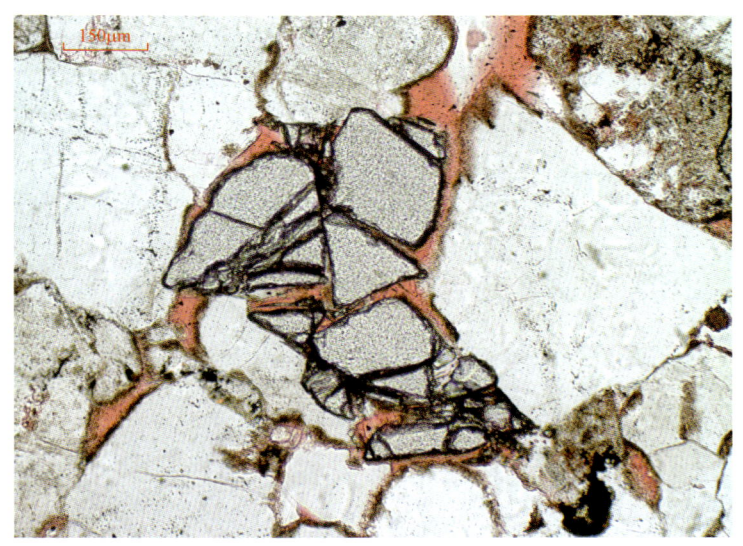

图 5-120　无色石榴子石，破裂明显，高正突起，具糙面，
单偏光，三叠系延长组

图 5-121　无色石榴子石，高正突起，具裂理，易发生破裂，
单偏光，三叠系纸坊组

图 5-122 石榴子石,单偏光下具淡淡的颜色,含有镁、铁、锰,单偏光,三叠系延长组

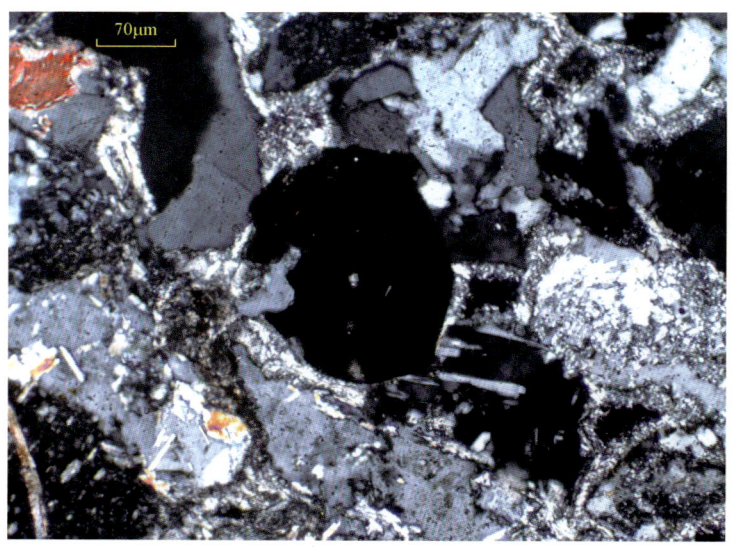

图 5-123 与图 5-122 同视域,正交偏光间全消光,正交偏光

图 5-124 石榴子石，边缘及沿裂理发生绿泥石化，单偏光，三叠系延长组

图 5-125 石榴子石，沿裂理发生蚀变，向黏土矿物转变，单偏光，三叠系延长组

图 5-126　石榴子石，部分已转变为方解石，单偏光，
三叠系延长组

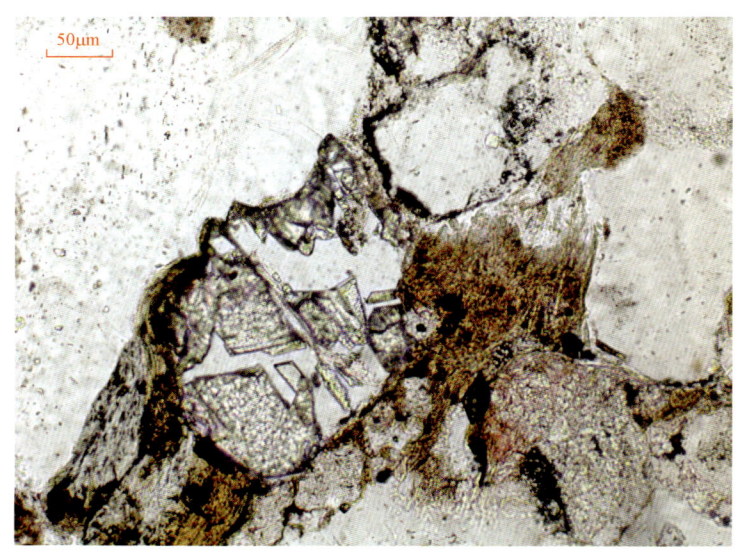

图 5-127　石榴子石，局部已变化为石英，单偏光，
三叠系延长组

图 5-128　砂岩中的碎屑状角闪石，在单偏光下具黄绿色、绿色、暗绿色等颜色，多色性明显，具一组发育的解理，高的正突起，单偏光，白垩系环河组

图 5-129　砂岩中的碎屑角闪石，为横切面，具闪石式解理，单偏光，白垩系华池组

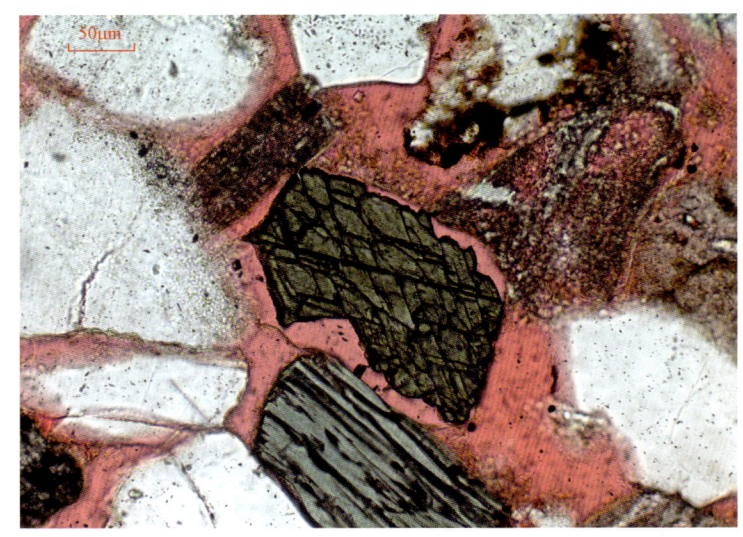

图 5-130　角闪石,下部为纵切面,具一组发育的解理,中央为横切面,具闪石式解理,单偏光,白垩系华池组

6. 辉石

辉石与角闪石较相似,但辉石的晶形多为短柱状,横切面呈八边形,解理夹角也有所不同,辉石横切面两组解理夹角分别为87°与93°；此外,除碱性辉石外,大部分辉石在薄片中无色或带浅的颜色,多色性不显著；大部分为二轴晶正光性；与角闪石相比,辉石的消光角普遍较大（图5-131至图5-134）。

7. 榍石

榍石在薄片中呈淡淡的绿色、褐色或黄色。深色颗粒有多色性,具吸收性。绿色、黄色的变种含铁较少,褐色、黑色的变种含Fe_2O_3（氧化铁）。正突起很高,糙面非常显著。切面形状一般均呈楔形、菱形,有时也呈柱状,但两端仍呈尖锐楔形。解理沿{110}清楚,具{221}裂理。正交偏光间干涉色为高级白色,菱形切面往往表现为对称消光。有时能见到沿{100}的简单双晶,偶见沿{221}的聚片双晶。在干涉色为一级灰色或黄白色的切面上能见到榍石的锐角等分线干涉图。为二轴晶正光性,光轴角小—中等,色散强（图5-135至图5-139）。

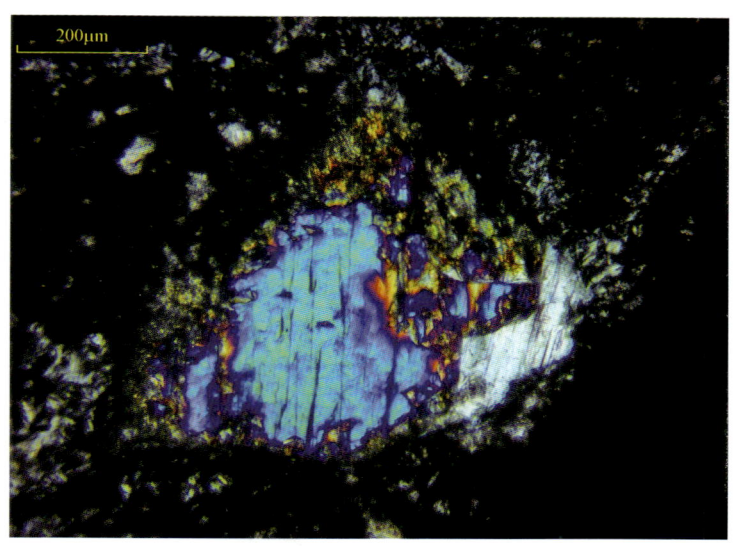

图 5-131　砂岩中的辉石碎屑，呈外形不规则的粒状，正交偏光间，具二级蓝绿干涉色，正交偏光，新疆二叠系下乌尔禾组

图 5-132　与图 5-131 同视域，单偏光下高正突起，具淡黄绿色，可见一组解理，单偏光

图 5-133　辉石，具板状晶形，环带状结构，单偏光下核部无色，
边部淡黄色，具中正突起，可见两组斜交的解理，单偏光，
三叠系纸坊组

图 5-134　与图 5-133 同视域，正交偏光间核部具异常蓝干涉色，
边部的干涉色被矿物本身的颜色所干扰，正交偏光

图 5-135 榍石，具高级白干涉色，可见清楚的解理，正交偏光，三叠系延长组

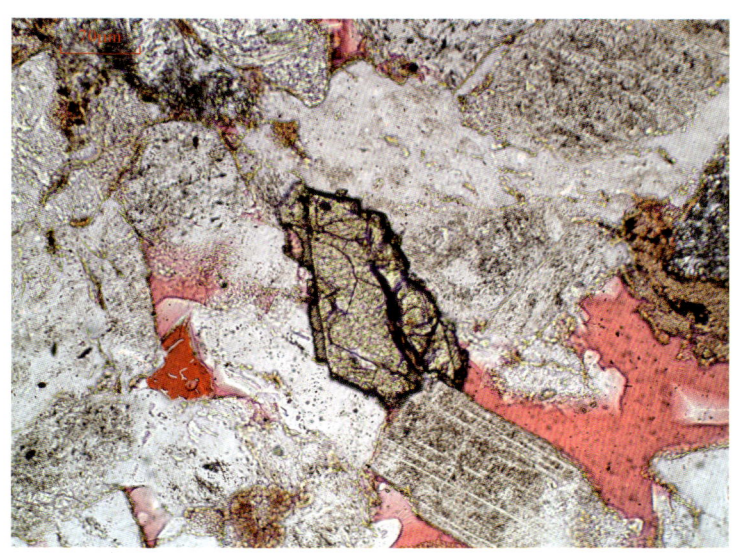

图 5-136 榍石，单偏光下正突起极高，呈褐色，裂理发育，具次生加大边，单偏光，三叠系延长组

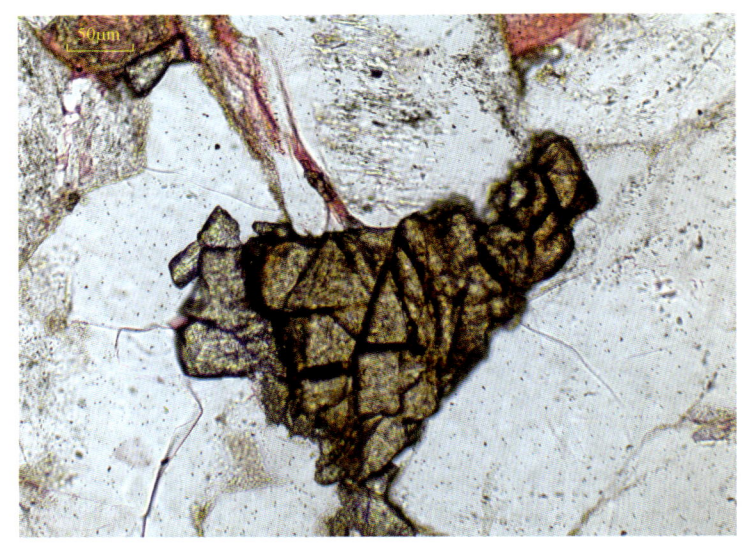

图 5-137 榍石，单偏光下正突起极高，呈褐色，裂理极发育，沿局部生长晶粒状自生榍石，单偏光，三叠系延长组

图 5-138 碎屑榍石，呈半自形粒状，单偏光下呈淡褐色，具极高的正突起，糙面显著，具同心环，单偏光，三叠系延长组

图 5-139　与图 5-138 同视域，正交偏光间具高级白干涉色，无解理，具裂理，正交偏光

榍石常变为白钛矿，白钛矿在反射光下呈白色或淡黄色。

榍石以其特殊的晶形、高突起、很高的双折射率、显著的色散为鉴定特征。但榍石有时易与方解石混淆，二者的区别是：当转动载物台时，榍石始终保持高的正突起，假吸收现象不显著；而方解石则时而突起低，时而突起高，假吸收现象非常明显。

8. 绿帘石

绿帘石在薄片中呈淡黄色、黄绿色、无色。颜色的分布常不均一，具少许多色性，高正突起，糙面显著。切面呈自形柱状，多数为不规则粒状。如同一切面上呈现两组解理缝的话，则{001}∧{100}等于65°，以此可区分与之相似的单斜辉石（单斜辉石的解理夹角为87°与93°）。正交偏光间干涉色鲜艳明亮，一般为二级和三级，即使在同一切面上，干涉色的分布也不均匀。绿帘石的干涉色常不正常，在石英楔子上找不到绿帘石某些切面上的橙黄色、绿色、蓝绿色及深红色的干涉色。当绿帘石的双折射率很低时，也能出现类似黝帘石蓝墨水颜色的异常干涉色。由于绿帘石沿 b 轴延长，并且 $b // N_m$，故平行 b 轴的长柱状切面呈平行消光，延性符号可正可负，而其他切面一般为斜消光。二轴晶，负光性，色散强（图 5-140 至图 5-144）。绿帘石多来自岩浆岩，也常见于矽卡岩、接触角岩或绿片岩。

9. 闪锌矿

闪锌矿在薄片中为灰色、黄色和褐色，颜色常不均一，呈环带状分布。解理清楚，正突起很高。在反射光下具金刚光泽。正交偏光间表现为均质，有时见微弱的非均质性。颜色、高突起、均质性及解理为其特征（图 5-145）。多来自源区母岩的热液矿脉，在矽卡岩及沉积岩中也有少量闪锌矿。

10. 磁铁矿

磁铁矿晶体一般呈八面体，有时为菱形十二面体，在薄片中常呈四方形自形或粒状。不透明，在反射光下为钢灰色金属光泽（图 5-146 和图 5-147）。钛磁铁矿具有磁铁矿的外形，常见其表面覆有白色棉絮状的变化物，称为白钛矿，在反射光下极易辨认。常来自火成岩及变质岩母岩，也可以在某些铁镁质硅酸盐矿物变化过程中产生。

图 5-140　绿帘石，在单偏光下呈浅黄绿色，高正突起，裂理发育，单偏光，三叠系延长组

图 5-141 绿帘石，柱状晶形，正交偏光间呈鲜艳的二级蓝干涉色，具简单双晶，正交偏光，三叠系延长组

图 5-142 绿帘石，在单偏光下呈浅黄绿色，高正突起，具不完全解理和裂理，单偏光，三叠系延长组

图 5-143 绿帘石，单偏光下呈浅黄绿色，高正突起，具两组解理夹角近65°的完全解理，单偏光，三叠系延长组

图 5-144 与图 5-143 同视域，正交偏光间具鲜艳的二级橙干涉色，干涉色不均匀，正交偏光

图 5-145 闪锌矿,呈自形六边形晶粒状,单偏光下具极高的正突起,
颜色不均一,为黑色、黄褐色等,半透明,具多组解理,
单偏光,三叠系延长组

图 5-146 磁铁矿,磨圆度呈次圆状,带状分布,单偏光,
三叠系延长组

图 5-147 与图 5-146 同视域,在反射光下具钢灰色金属光泽,据此可与黄铁矿加以区分,反射光

11. 磷灰石

磷灰石在薄片中无色透明,有时带微弱的不均一的粉红色、褐色、淡蓝色、灰色,并具多色性。具标准的中正突起。常呈自形,短柱状—长柱状,有时甚至为针状,横切面呈正六边形。一般见不到解理,常含有许多沿 c 轴方向分布或呈带状分布的包裹体。正交偏光间,干涉色从不超过一级灰色,柱状切面呈平行消光,负延性符号。见不到双晶,六边形切面在正交偏光间全黑。磷灰石为一轴晶负光性矿物(图 5-148 至图 5-152)。

12. 尖晶石

尖晶石在薄片中呈正方形、三角形和四边形断面。通常呈不规则的等向形粒状。解理不明显,高正突起,表面布满不规则的裂缝。薄片中不同亚种具不同的颜色,硅尖晶石通常无色,镁铁尖晶石呈绿色,铁尖晶石为深绿色,铬尖晶石为微透明的黄褐色、红褐色(与铬铁矿的区别在于铬尖晶石无磁性)。在正交偏光间均呈全黑,个别变种有微弱的干涉色(图 5-153 至图 5-155)。

鉴定特征:根据晶形、颜色、高突起和共生矿物与其他矿物区别。

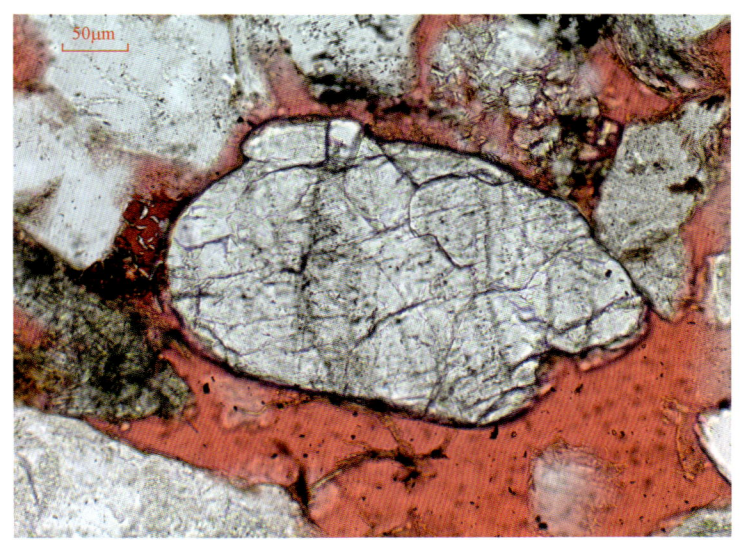

图 5-148　磷灰石，单偏光下无色，具中正突起，见不到解理，具裂理，含尘状包裹体，单偏光，白垩系华池组

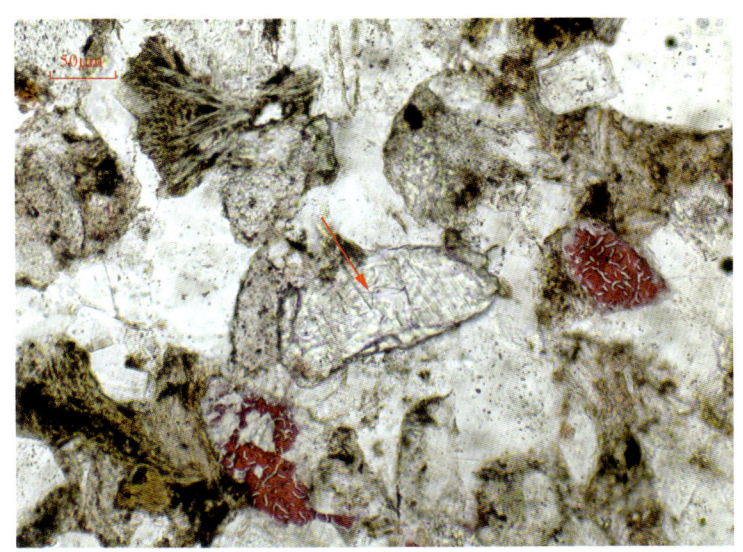

图 5-149　磷灰石，单偏光下具中正突起，没有解理，含定向分布的尘状包裹体，单偏光，三叠系延长组

图 5-150 与图 5-149 同视域,磷灰石双折射率极低,在正交偏光间具一级暗灰干涉色,正交偏光

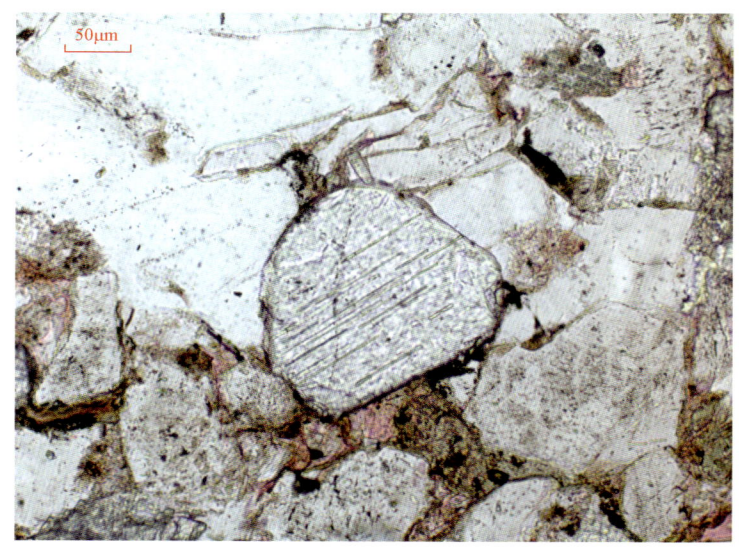

图 5-151 磷灰石,呈粒状,单偏光下无色,中正突起,具不完全的解理,单偏光,三叠系延长组

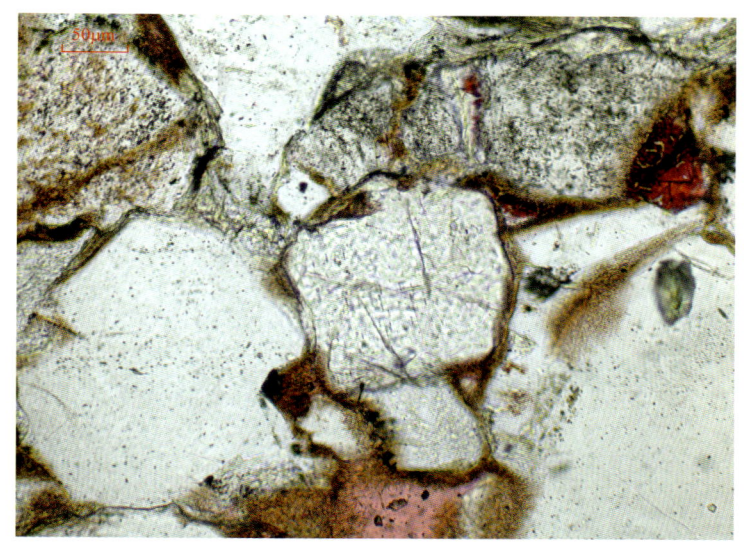

图 5-152 磷灰石，呈粒状，单偏光下无色，中正突起，具不完全的解理，单偏光，三叠系延长组

图 5-153 尖晶石，呈不规则粒状，单偏光下具极高的正突起，呈棕色，半透明，无解理，具裂理，单偏光，二叠系下乌尔禾组

图 5-154 尖晶石，单偏光下具极高的正突起，呈棕色，无解理，裂理发育；正交偏光下全消光，单偏光，二叠系下乌尔禾组

图 5-155 尖晶石，沿周缘已转变为绿泥石，单偏光，二叠系下乌尔禾组

尖晶石主要产于白云岩或白云质灰岩与火成岩的接触带中，是一种高温接触变质矿物。镁铁尖晶石产于缺少SiO_2（二氧化硅）的岩浆岩中，是一种岩浆矿物。铬尖晶石产于超基性岩特别是橄榄岩和蛇纹岩内。此外，在区域变质岩如某些片麻岩、结晶片岩和角闪岩中有时也能发现尖晶石。

五、岩石碎屑

岩石碎屑是母岩岩石的碎块，是保持着母岩结构的矿物集合体，是提供沉积物来源区岩石类型的直接标志。因此，在碎屑岩薄片鉴定过程中对岩石碎屑的准确识别是非常重要的。对岩石碎屑的识别一定要建立在对其所属母岩岩石组构特征深入了解的基础之上。

并不是所有母岩都能形成岩屑，粗粒的岩石，无论是火成的或是变质的，在中粒砂岩中都不是作为碎屑颗粒存在的，而是经崩解之后呈矿物颗粒的形式出现；而细粒结构及隐晶结构的岩石碎屑才可以出现在细砂岩中。砂岩中各类岩石碎屑的丰度还取决于母岩的性质，细粒或隐晶结构的岩石，如燧石、中酸性喷出岩等岩石碎屑的分布很广，而易受化学分解的石灰岩，除非在母岩附近有快速堆积和埋藏条件，否则很难被保存下来成为岩石碎屑。

形成岩石碎屑的岩石种类很多，变化也大，识别起来远没有像长石、石英那样简单，要想成为一名合格的岩石薄片鉴定人员，必须具备丰富的识别岩石碎屑的知识。

从结构上对岩石碎屑（简称岩屑）进行分类：如火成岩岩屑具隐晶结构或斑状结构；碎屑岩岩屑常具有碎屑岩的结构；区域变质岩岩屑常具有片状或半片状等定向构造；高级变质岩岩屑常具不等粒结构及定向构造。

碎屑岩中常见的岩石碎屑类型有各类侵入岩、喷出岩、变质岩以及碳酸盐岩等。由于碎屑岩中的岩石碎屑所保留母岩的矿物组分及结构、构造有限，一般不可能非常准确地分辨出岩石的类型，鉴定时尽可能分辨出岩石碎屑所属的大的岩石类型即可。

1. 火成岩碎屑

火成岩碎屑包括侵入岩岩屑、喷出岩岩屑和隐晶岩岩屑，在某些砾岩中凝灰岩岩屑可能会高度富集，如准噶尔盆地二叠系部分砾岩。

1）侵入岩岩屑

以花岗岩岩屑较为常见。主要出现在砾岩中，大多花岗岩岩屑在风化搬运过程中会陆续崩解，从而变成矿物碎屑或多晶石英，可保留少量侵入岩的结构。在单偏光下花岗岩岩屑不规则，组分以长石、石英为主，少量黑云母、角闪石，矿物颗粒近等轴状。石英呈他形粒状，长石呈半自形晶粒状，常风化为土状。在正交偏光下具典型的花岗结构，钾长石和斜长石常有明显的双晶（图5-156至图5-159）。

与相似岩屑的区别：晶粒粗、无磨痕、彼此镶嵌接触无填隙物，各晶粒大小相似，形状近等轴状，无定向排列可与碎屑岩相区别。

2）喷出岩岩屑

在砂岩中含量很丰富。尤以中、酸性喷出岩岩屑最常见，它们来自古老的喷出岩母岩（图5-160至图5-173）。

（1）基性喷出岩岩屑：因含铁常被染成红褐色，玻璃基质较少，而板条状或小的柱状长石微晶较粗大多见；具典型的粗玄或间粒结构，长石微晶呈三脚架状分布，其间充填暗色矿物或磁铁矿颗粒。

（2）中性喷出岩岩屑：因含铁质被染成红褐色甚至不透明，基质为玻璃质，其中分布透明状长石微晶，偶见板状中长石斑晶；正交偏光下常见玻基交织结构（安山结构），长条形或针状斜长石微晶呈平行或半平行排列，长石的双晶隐约可见。

（3）酸性喷出岩岩屑：主要由透明的玻璃质组成，表面因铁质或其他杂基浸染像浮了一层灰色或红褐色土状物，从而呈云雾状；偶见酸性喷出岩特有的流纹状构造及透长石、石英斑晶，常见霏细结构和放射状球粒结构。

（4）碱性喷出岩岩屑：色浅，由大量细小板条状碱性长石微晶及少量玻璃质组成，偶见黑云母、角闪石及长石斑晶；具粗面结构，碱性长石细小微晶呈流状定向排列，可见黑云母、绿色角闪石等暗色矿物，但常被绿泥石、方解石交代，长石以正长石为主，因此，高岭石化明显。

（5）隐晶岩岩屑：指那些看不到斑晶的火成岩碎屑，大部分情况下为一些偏酸性的喷出岩等。具霏细结构的酸性喷出岩岩屑的鉴定是比较困难的，一方面是由于岩屑中单个晶体非常细小，另一方面酸性喷出岩岩屑与燧石、凝灰岩岩屑等又确有相似之处。凝灰岩岩屑透明，但表面常有红褐色云雾状物质，常见表面光洁的棱角状晶屑及弯弓形、弧面棱角状玻屑。晶屑多为长石，流纹质凝灰岩可见石英晶屑（图5-174至图5-189）。

图 5-156　侵入岩岩屑，主要由文象长石与石英组成，具花岗结构，正交偏光，白垩系

图 5-157　花岗岩岩屑，具典型的花岗结构，由自形的斜长石、半自形的钾长石与他形的石英等组成，正交偏光，侏罗系

图 5-158　侵入岩岩屑（似正长岩），具半自形等粒镶嵌结构，主要由钾长石组成，含少量他形石英，正交偏光，二叠系下石盒子组

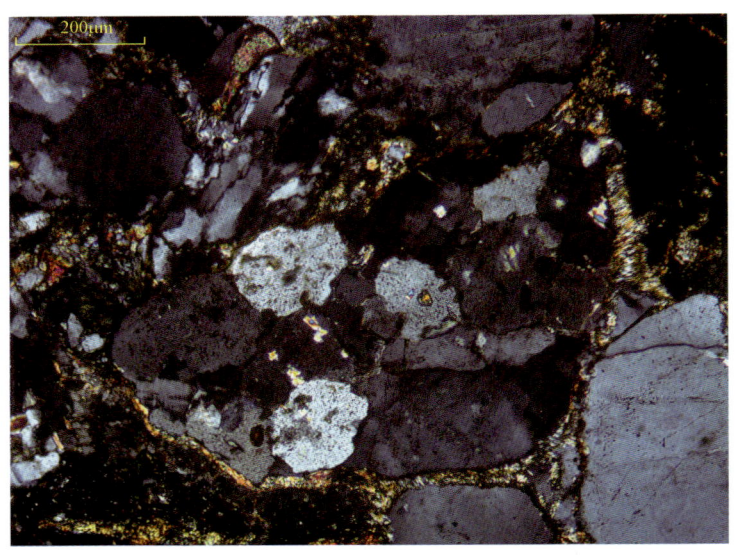

图 5-159　侵入岩砾石，具全晶质半自形等粒状结构，主要由斜长石、石英等组成，正交偏光，阿拉善左旗奥陶系

图 5-160　喷出岩岩屑，为喷出岩的基质部分，具填间结构，长条状斜长石格架间充填绿泥石、磁铁矿等暗色矿物，正交偏光，二叠系下乌尔禾组

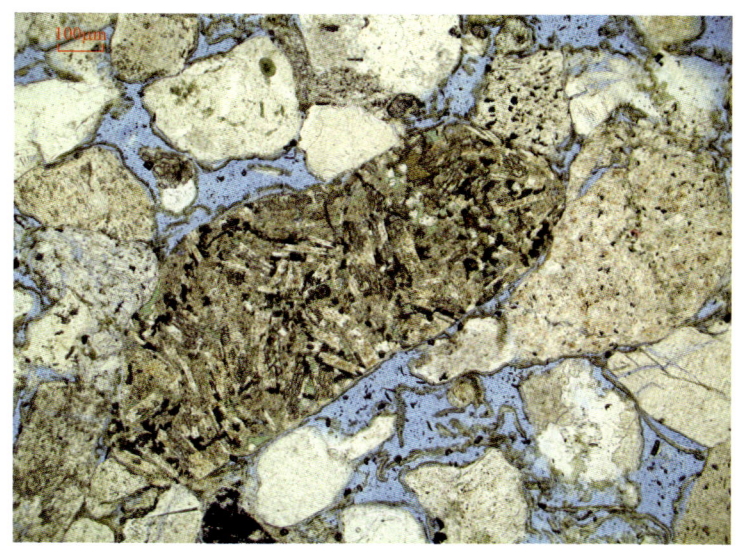

图 5-161　与图 5-160 同视域，单偏光下可见长条状斜长石格架间充填大量微粒状磁铁矿，单偏光

图 5-162　喷出岩岩屑，主要由交织的细板条状斜长石与基质组成，具气孔杏仁状构造，单偏光，三叠系延长组

图 5-163　与图 5-162 同视域，正交偏光

图 5-164 喷出岩岩屑，斜长石长条状微晶定向排列，其间见少量磁铁矿等暗色矿物，正交偏光，二叠系下乌尔禾组

图 5-165 与图 5-164 同视域，单偏光

图 5-166 喷出岩砾石,具斑状结构,石英斑晶熔蚀,其周围具隐晶状长英质显微环边,基质由隐晶状长英质组成,正交偏光,下乌尔禾组

图 5-167 喷出岩砾石,具斑状结构,斑晶为斜长石,基质具霏细结构,正交偏光,二叠系下乌尔禾组

图 5-168　喷出岩岩屑，以细小板条状斜长石为主，基质光性较弱，具交织结构，正交偏光，蓟县系

图 5-169　喷出岩岩屑，具斑状结构，斑晶以正长石为主，大小不等，基质具隐晶结构，单偏光，三叠系延长组

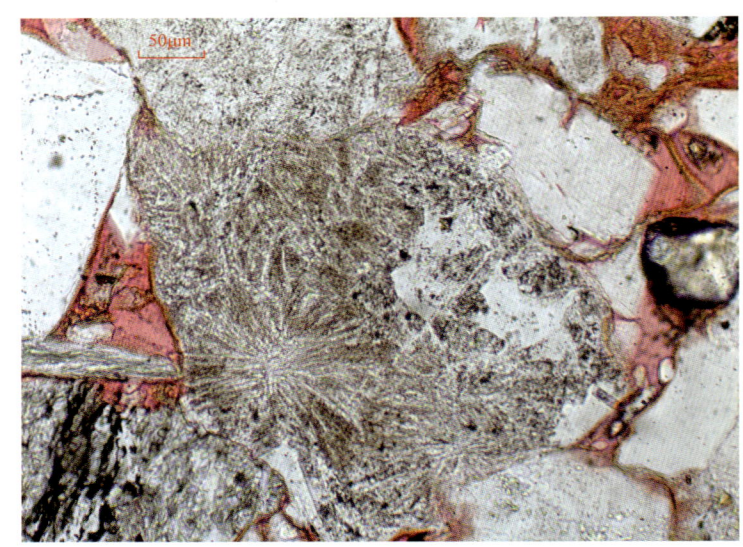

图 5-170 喷出岩岩屑,具球粒结构,球体由放射状长英质集合体组成,单偏光,三叠系延长组

图 5-171 喷出岩岩屑,具球粒结构,球体由放射状长英质集合体组成,正交偏光,三叠系延长组

图 5-172　球粒流纹岩岩屑，具球粒结构，球粒由放射状长英质纤维组成，
正交偏光，新疆二叠系下乌尔禾组

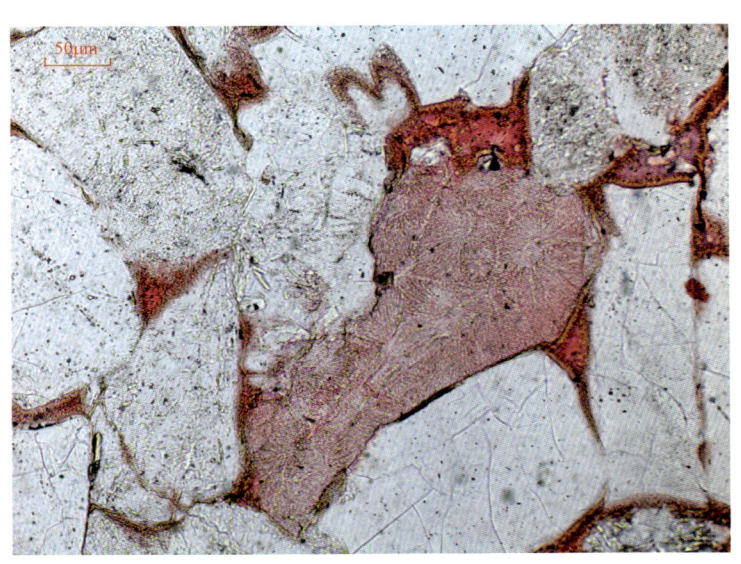

图 5-173　喷出岩岩屑，具球粒结构，球粒由隐晶状长石、石英组成，
单偏光，三叠系延长组

图 5-174　隐晶岩岩屑，由长英质组成，具隐晶—显微晶质结构，
正交偏光，二叠系下石盒子组

图 5-175　隐晶岩岩屑，主要由隐晶状长英质组成，
正交偏光，三叠系延长组

图 5-176 隐晶岩岩屑，具隐晶结构，矿物组分难以分辨，正交偏光，三叠系延长组

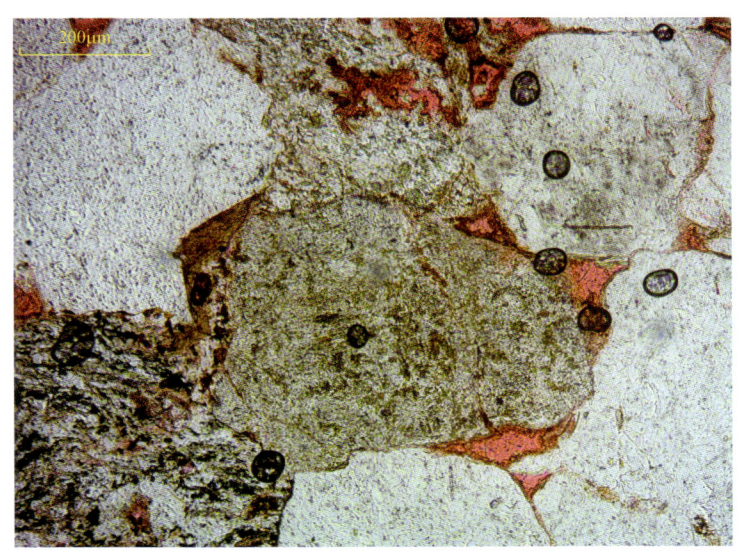

图 5-177 与图 5-176 同视域，在单偏光下可见岩屑中的矿物部分已发生绿泥石化，单偏光

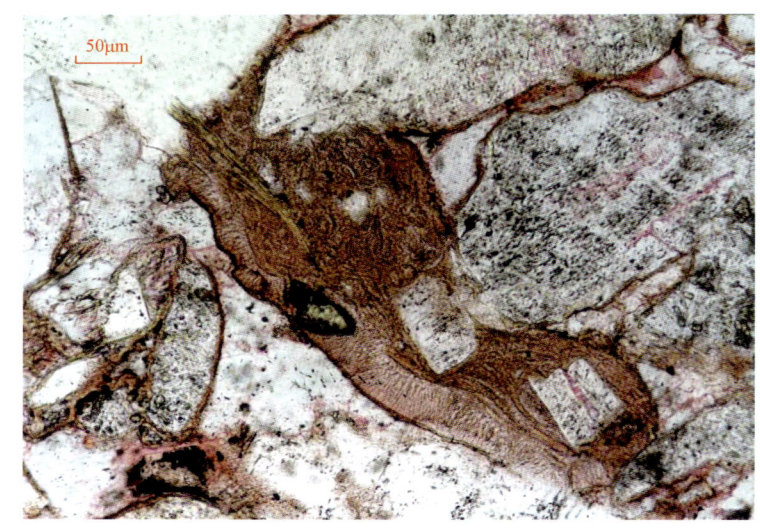

图 5-178 熔结凝灰岩岩屑，含长石晶屑及脱玻化的塑性岩屑，具假流动构造，单偏光，三叠系延长组

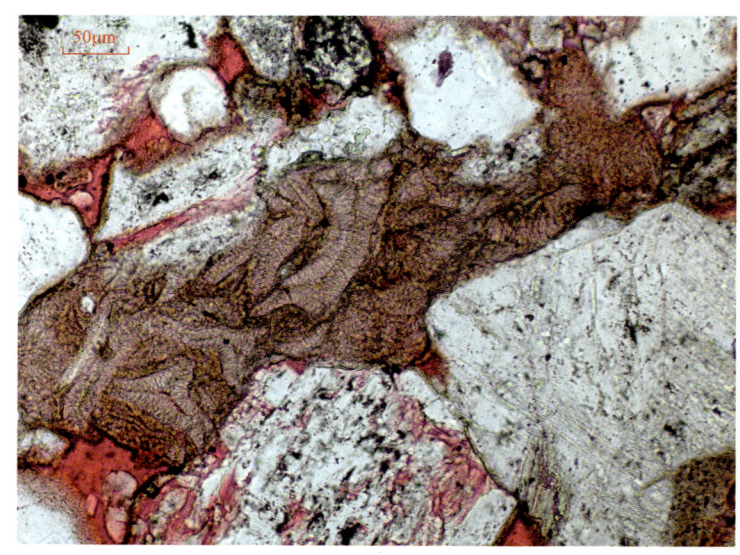

图 5-179 凝灰岩岩屑，主要由脱玻化的塑性玻屑组成，岩屑变形明显，单偏光，三叠系延长组

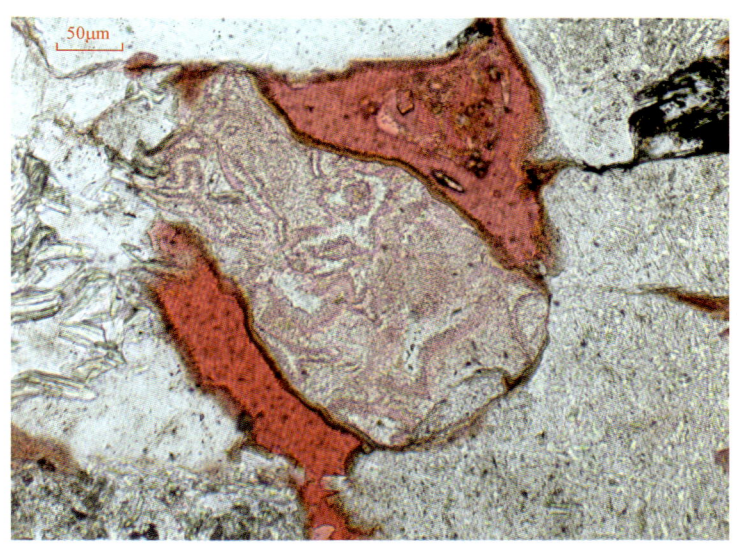

图 5-180 凝灰岩岩屑,以火山尘为主,含晶屑,局部脱玻化并溶蚀,单偏光,三叠系延长组

图 5-181 凝灰岩岩屑,以火山尘为主,晶屑脱玻化形成纤维状黏土矿物,单偏光,三叠系延长组

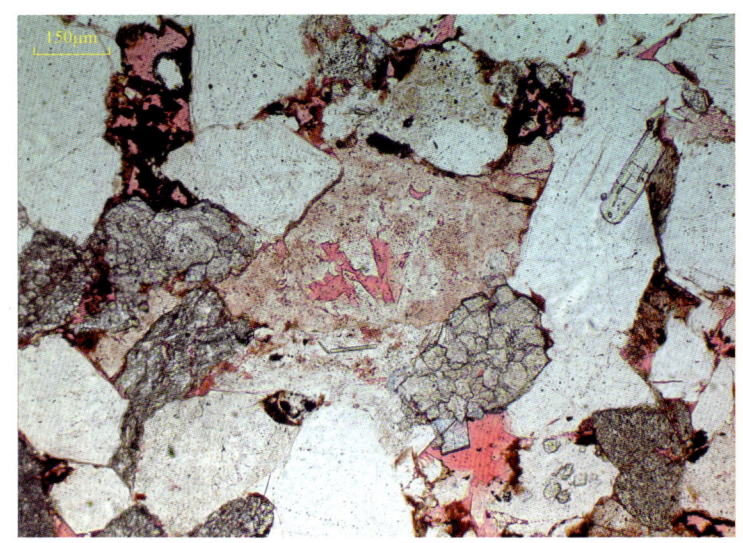

图 5-182 凝灰岩岩屑，部分玻屑发生溶蚀，单偏光，三叠系延长组

图 5-183 凝灰岩岩屑，含玻屑和凝灰质，玻屑已蚀变，单偏光，三叠系延长组

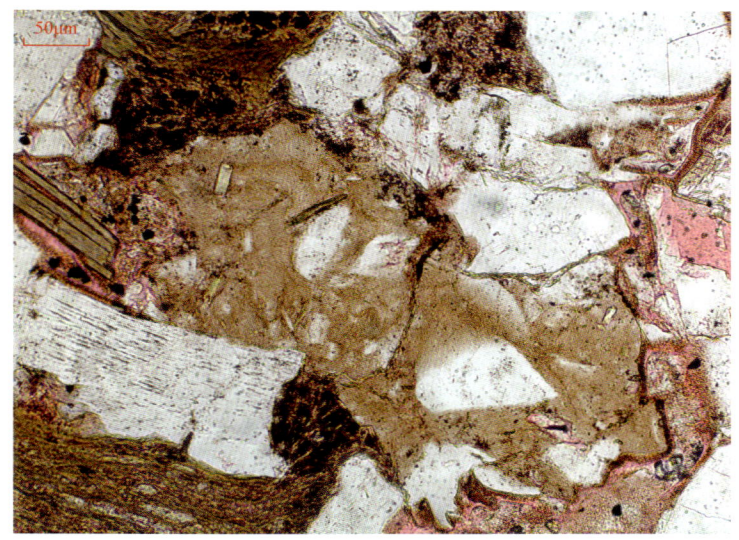

图 5-184　凝灰岩岩屑，主要由长石晶屑及火山灰组成，晶屑呈棱角状，大小不等，单偏光，三叠系延长组

图 5-185　凝灰岩岩屑，含长石、石英晶屑，晶屑大小不等，呈尖锐棱角状，正交偏光，三叠系延长组

图 5-186　流纹质晶屑熔结凝灰岩碎屑，石英晶屑呈棱角状，外形不规则，基质由隐晶状长英质组成，具霏细结构，单偏光，二叠系下乌尔禾组

图 5-187　与图 5-186 同视域，正交偏光

图 5-188 凝灰岩岩屑，含尖锐棱角状长石晶屑及刚性岩屑，
正交偏光，呼噜斯太剖面上石盒子组

图 5-189 刚性火山岩岩屑，来自盆内火山活动，与来自远源的火成岩
岩屑不同，其粒径较大，且未经过磨圆，外形不规则，呈棱角状，
单偏光，三叠系延长组

2. 变质岩岩屑

变质岩岩屑包括高级变质岩岩屑和中低级变质岩岩屑。

1) 高级变质岩岩屑

识别变质岩岩屑，要从成分、结构、构造等各方面寻找特征。石英—长石质变质岩岩屑与花岗岩岩屑相似，但变质岩岩屑中的石英多具定向伸长外形。如果含有片状或针状矿物，定向构造会表现得更加突出。偶尔在岩屑中会见到特征的变质矿物如石榴子石、硅线石等，可作为识别的依据。另外，在部分变质岩岩屑中的石英晶体普遍表现为波状消光（图5-190和图5-191）。

（1）石英岩岩屑：包括变质成因的多晶石英和脉石英。

片麻岩和片岩崩解后会产生大量的多晶石英，它们在数量上多于同时崩解产生的单晶石英。在这些多晶石英中，各晶粒间普遍表现为缝合接触，缝合线弯曲复杂。多晶石英晶体多为扁平伸长形，各晶粒伸长方向相互平行。多晶石英颗粒内的石英晶体大小常为双粒度型，即石英晶粒的粒度分布频率曲线为双峰态，反映了形成变质岩的重结晶作用不是一次完成的，其中较小的晶体发育较晚（图5-192至图5-203）。

部分石英岩中石英晶粒定向不明显，常为花岗变晶结构。

在碎屑岩薄片鉴定过程中，陆源组分中的石英一般都是指单晶石英，而复晶石英则大都计入"石英岩岩屑"一栏。但复晶石英并非都是石英岩岩屑，因为花岗岩、变质石英岩、片麻岩、片岩、脉石英、热液变质形成的石英化岩等崩解后均可形成复晶石英。因此，在薄片鉴定过程中，可将非变质成因的石英岩岩屑计入"多晶石英"栏。

（2）长英质变质岩岩屑：主要由长石和石英组成，具粒状变晶结构，无定向构造，可能为区域变质岩的变粒岩岩屑或接触变质岩的角岩岩屑，在碎屑岩中由于无法看到完整的岩石面貌，故无法准确判断其岩石类型，可根据其主要组成矿物及结构特征归入变质岩岩屑（图5-204至图5-207）。

2) 中低级变质岩岩屑

（1）片岩岩屑：指具片状构造的变质岩岩屑。片岩中的矿物粒径大于0.1mm，可出现变质程度较高的变质矿物，岩石中的片状矿物含量大于30%，粒状矿物以石英、长石为主，也可出现一些在泥质变质岩中的特征变质矿物的变斑晶。在片岩岩屑中可见从原岩中残留下来的片状变晶结构、片状粒状或粒状片状变晶结构、斑状变晶结构等（图5-208至图5-215）。常见的片岩类型有云母片岩、石英片岩、长石片岩、钙质片岩、钙镁硅酸盐片岩、蓝闪石片岩、绿片岩等。

片状构造：岩石具显晶质变晶结构，主要由鳞片状、柱状变晶矿物组成，鳞片状或柱状矿物连续定向排列形成片状构造，也叫片理，具有沿片理面劈开成不平整薄板状的特征。组成片理矿物的粒径大于0.1mm，肉眼已能辨认。片理面有的平直，有的呈波状弯曲。有的变质岩中石英、长石和碳酸盐等粒状矿物，在较强的定向应力作用下，被拉长连续定向排列，也可形成片状构造。

变质岩中矿物的粒度是指主要矿物的平均直径。

在砂岩薄片鉴定过程中，片岩岩屑一般具显晶质变晶结构及片状构造，片理明显，石英、鳞片状绢云母、白云母、绿泥石等连续定向排列，旋转载物台时见定向矿物近于同时消光。

（2）千枚岩岩屑：以绢云母千枚岩的碎屑较为常见，与泥质板岩的主要区别是，千枚岩中的黏土矿物已经全部重结晶形成绢云母、雏晶黑云母和数量较少的绿泥石等片状矿物，它们在岩石中的含量在50%以上。千枚岩中的矿物粒径一般小于0.1mm，在显微镜下绢云母呈细小片状定向排列，具显微鳞片变晶结构或显微粒状鳞片变晶结构；有时能看到石英、长石的粉砂和细小砂粒，形成变余粉砂质结构；有的原岩为火山碎屑岩，其中长石、石英晶屑仍保留在岩石中，形成变余晶屑结构。由于细小的绢云母、绿泥石等片状矿物连续定向排列，形成特征的千枚状构造（图5-216至图5-221）。

片状构造与千枚状构造的区别是：

片岩主要由鳞片状、柱状变晶矿物（粒度>0.1mm），或石英、长石和碳酸盐等粒状矿物组成，岩石中矿物已能用肉眼辨认（可借助放大镜）；

千枚岩主要矿物为粒径小于0.1mm的绢云母和绿泥石等片状矿物，矿物基本已重结晶，并呈定向排列，但鳞片状矿物的晶体轮廓常无法分辨。

（3）泥质板岩岩屑：简称泥板岩，其原岩大多是柔性的泥质岩、凝灰岩等，受到构造应力作用发生变质之后，形成板状构造，在显微镜下，泥质板岩中新生的变质矿物数量很少，有一些细小的云母类矿物和浅绿色绿泥石小片及黄褐色雏晶黑云母小片，有时可以有一些以石英为主的粉砂质。有时在泥质板岩中会有一些铁质和黑色的碳质组分，也有少量隐晶质的碳酸盐矿物。但在泥质板岩中还是以尚未变质的隐晶质黏土矿物较多，致使其结构大多为变余泥质结构或变余粉砂泥质结构（图5-222至图5-225）。

板状构造：岩石在应力作用下产生一组密集平行的破裂面（即劈理构造）。可伴有轻微的重结晶，但肉眼不能分辨出颗粒，因此劈理面常光滑平整。具变余结构。板岩是在温度不高但构造应力较强的作用力下形成的低级变质岩。

（4）变质砂岩、变质粉砂岩岩屑：具有变余砂状结构和变余粉砂结构，岩石中石英、长石和岩屑等砂粒的轮廓仍清晰可辨，而填隙物经变质作用形成绢云母（白云母）、绿泥石、石英、黑云母、方解石、白云石，有时可有红柱石、蓝线石、帘石类、透闪石和透辉石等，杂基中的细小石英、长石经重结晶作用粒径变大，与新生变质矿物一起定向排列，也有无方向分布。长石、石英的砂粒有时呈椭圆状，长轴定向分布与基质一致，但也有无定向分布的（图5-226、图5-227）。

大理岩岩屑见图5-228和图5-229。

图5-190　高级变质岩岩屑，岩石组分以长石为主，具交代净边结构、交代蚕食结构，正交偏光，三叠系延长组

图 5-191　高级变质岩岩屑，岩石组分以长石为主，少量云母，具交代蚕食结构，具定向构造，正交偏光，三叠系延长组

图 5-192　石英岩岩屑，晶粒间呈缝合线状接触，缝合线弯曲复杂，石英多成扁平伸长状，正交偏光，三叠系延长组

图 5-193 石英岩岩屑，岩石中石英晶体被压扁拉长，并定向排列，正交偏光，二叠系下石盒子组

图 5-194 变质石英岩岩屑，具不等粒结构，石英颗粒呈伸长状，颗粒接触边界复杂，正交偏光，三叠系延长组

图 5-195 片状石英岩岩屑，主要由石英组成，石英被压扁、拉长，具齿状粒状变晶结构，正交偏光，二叠系下石盒子组

图 5-196 细粒石英岩岩屑，由静态重结晶作用形成的石英颗粒边界规则，呈三边平衡结构，正交偏光，三叠系纸坊组

图 5-197 变质石英岩岩屑，具粒状变晶结构，石英颗粒之间可见三边平衡结构，正交偏光，三叠系延长组

图 5-198 细粒变质石英岩岩屑，具粒状变晶结构，石英颗粒间呈三边平衡结构，正交偏光＋云母试板，三叠系延长组

图 5-199 细粒石英岩岩屑，具粒状变晶结构，晶粒轮廓常为不规则几何多边形，彼此呈镶嵌接触，晶粒大小均一，石英颗粒之间具三边平衡结构，正交偏光，三叠系延长组

图 5-200 石英岩岩屑，主要由石英组成，石英晶体中普遍含蠕虫状绿泥石包裹体，具齿状粒状变晶结构，正交偏光，三叠系延长组

图 5-201　石英岩岩屑，岩石组分以石英为主，石英颗粒具带状、波状等
不均匀消光，具高温颗粒迁移重结晶现象，正交偏光，太原组

图 5-202　来自片岩的多晶石英—片状石英岩，石英颗粒中含定向分布
的针状矿物包裹体，具齿状粒状变晶结构，具定向构造，
正交偏光，三叠系延长组

图 5-203　石英岩岩屑，具不等粒结构，石英颗粒边界呈不规则齿状，消光不均匀，正交偏光，侏罗系

图 5-204　长英质变质岩岩屑，岩石组分以长石、石英为主，具不等粒变晶结构，正交偏光，三叠系延长组

图5-205 长英质变质岩岩屑,组分以长石、石英为主,长石大于25%,具不等粒变晶结构,正交偏光,侏罗系直罗组

图5-206 变质岩岩屑,可能为角岩岩屑,组分以长石、石英为主,具等粒变晶结构,正交偏光,白垩系

图5-207　变质岩岩屑，可能为角岩岩屑，组分以斜长石、石英为主，斜长石绢云母化普遍，具等粒变晶结构，正交偏光，延河剖面，三叠系延长组

图5-208　片岩岩屑，岩石主要由云母及石英组成，云母呈连续状定向排列，构成片状构造，正交偏光，侏罗系直罗组

图 5-209　与图 5-208 同视域，单偏光

图 5-210　片岩岩屑，主要由被压扁呈拉长状的石英和定向分布的云母组成，具片状粒状变晶结构，片状构造，正交偏光，三叠系延长组

图 5-211 片岩岩屑，岩石组分以石英与白云母为主，具片状构造，正交偏光，二叠系下石盒子组

图 5-212 片岩岩屑，具片状粒状变晶结构，绿泥石呈连续定向分布，构成片状构造，单偏光，三叠系延长组

图 5-213 片岩岩屑,由绿泥石等片状矿物与长石等粒状矿物构成,岩屑被挤压变形,单偏光,三叠系延长组

图 5-214 片岩岩屑,岩石组分以石英、白云母为主,具片状齿状变晶结构,片状构造,正交偏光,三叠系延长组

图 5-215　片岩岩屑，具片状、粒状变晶结构，白云母呈连续定向排列，正交偏光+云母试板，三叠系延长组

图 5-216　绢云母千枚岩岩屑，正交偏光，侏罗系延安组

图 5-217 千枚岩岩屑,由鳞片状云母及极细粒的碎屑组成,具千枚状构造,正交偏光,二叠系下石盒子组

图 5-218 绢云母千枚岩岩屑,主要由绢云母组成,具显微片状变晶结构,千枚状构造,正交偏光,三叠系崆峒山组

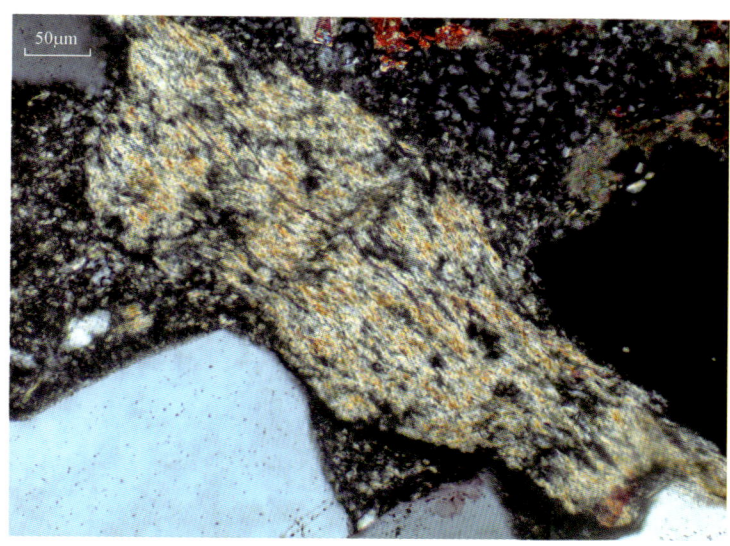

图5-219 绢云母千枚岩岩屑，主要由变质作用形成的绢云母组成，具鳞片变晶结构，定向构造，正交偏光，二叠系下石盒子组

图5-220 绢云母千枚岩岩屑，重结晶作用形成的绢云母含量大于50%，具定向构造，正交偏光，三叠系崆峒山砾岩

图 5-221　板状千枚岩岩屑，以重结晶作用形成的绢云母为主，尚有少量隐晶质黏土，正交偏光，二叠系下石盒子组

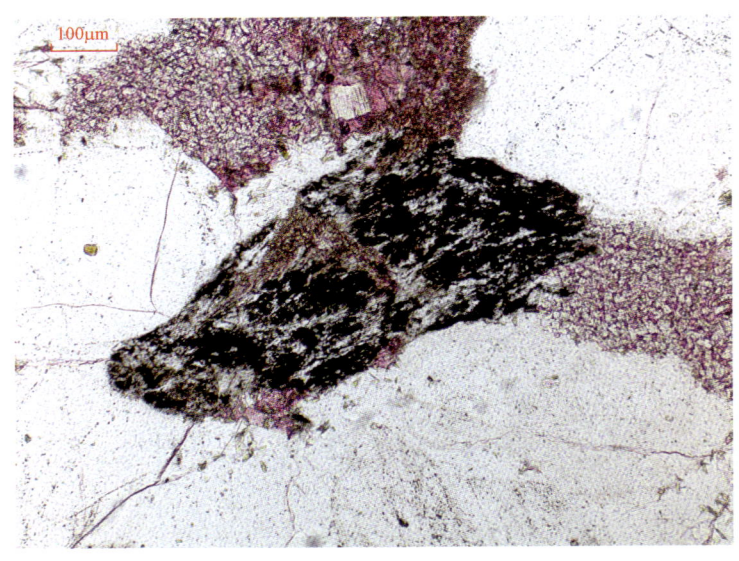

图 5-222　碳质板岩岩屑，主要由碳质与呈定向排列的绢云母等组成，具板状构造，单偏光，二叠系下石盒子组

图 5-223 泥质板岩岩屑，重结晶形成的绢云母含量低于 50%，具定向构造，正交偏光，三叠系延长组

图 5-224 斑点板岩岩屑，以黏土矿物为主，具斑点变晶结构，重结晶的绢云母含量较少，具定向构造，单偏光，三叠系延长组

图 5-225 与图 5-224 同视域,正交偏光

图 5-226 变质砂岩岩屑,具变余砂状结构,
正交偏光,三叠系延长组

图 5-227　变质砂岩岩屑，砂岩中的填隙物普遍发生重结晶形成鳞片状云母，并沿碎屑边缘发生交代，正交偏光，三叠系延长组

图 5-228　方解大理岩岩屑，由具有齿状边界的方解石晶粒组成，具齿状粒状变晶结构，正交偏光，二叠系下乌尔禾组

图 5-229　方解大理岩岩屑，方解石具机械双晶，双晶受挤压而发生扭曲，单偏光，奥陶系平凉组

3. 沉积岩岩屑

（1）泥岩岩屑：主要由黏土矿物及粒径小于 0.003mm 的泥级碎屑组成，表面污浊，呈土褐色，常有黑色碳质混入物。在正交偏光下由鳞片状绢云母及黏土矿物组成，干涉色低。页岩具微细层理构造（图 5-230 至图 5-233）。

（2）砂岩（粉砂岩）岩屑：具砂状结构，与变质砂岩的区别是填隙物没有发生重结晶，填隙物及碎屑清晰可辨（图 5-234 至图 5-238）。

（3）碳酸盐岩岩屑：主要有白云岩岩屑和石灰岩岩屑。与碳酸盐胶结物的区别是具明显的碎屑颗粒外形，常保留原岩的组构特征，石灰岩中有时可见残留的生物碎屑或隐藻结构等（图 5-239 至图 5-246）。

4. 蚀变碎屑

化学不稳定碎屑在成岩期间被碳酸盐、高岭石、浊沸石等矿物交代后无法识别时便视为蚀变碎屑。常见的蚀变碎屑有碳酸盐化碎屑、泥化碎屑、硅化碎屑等（图 5-247 至图 5-254）。

图 5-230 泥岩岩屑,以泥质为主,结构均匀,泥质由黏土矿物和泥级颗粒组成,正交偏光,三叠系延长组

图 5-231 泥岩岩屑,以黏土矿物为主,未见定向构造,单偏光,三叠系延长组

图 5-232　泥岩岩屑，由黏土矿物和少量尘状铁质组成，未见定向构造，单偏光，三叠系延长组

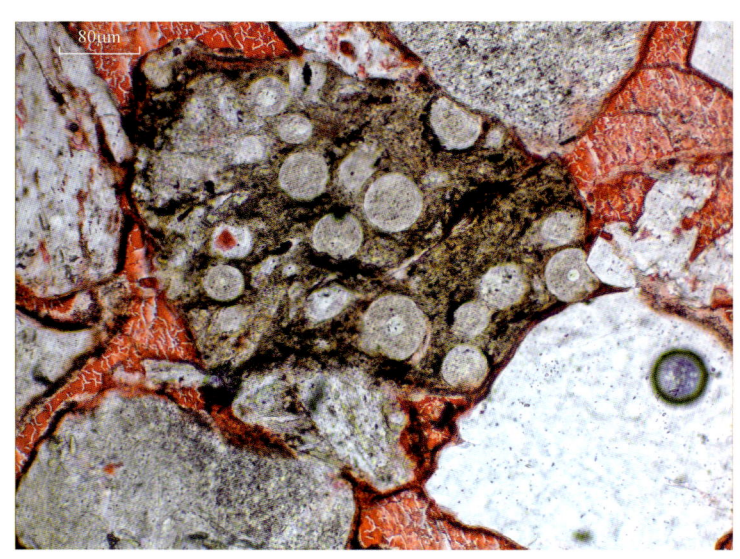

图 5-233　含生物泥岩岩屑，以黏土矿物为主，含大量圆形硅质生物化石及尘状不透明矿物，单偏光，三叠系延长组

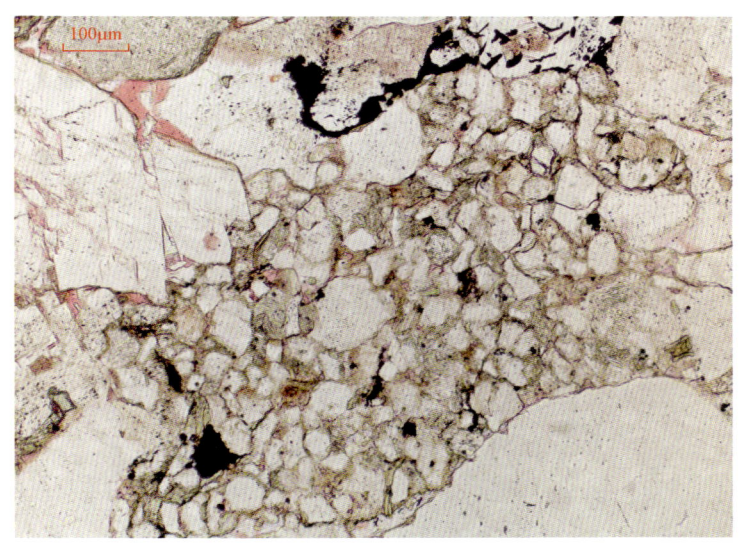

图 5-234　粉砂岩岩屑，具碎屑结构，碎屑大小不等，填隙物以杂基为主，单偏光，三叠系延长组

图 5-235　粉砂岩岩屑，具砂状结构，组分以石英为主，少量岩屑，未见重结晶现象，正交偏光，二叠系下石盒子组

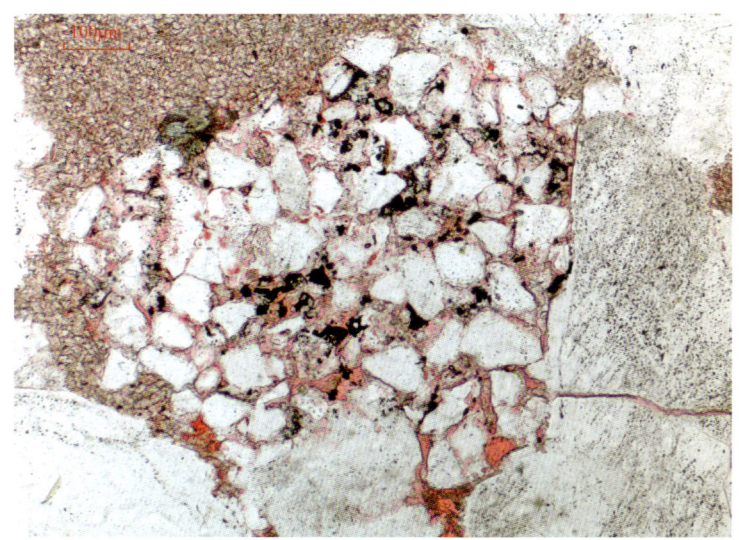

图5-236 与图5-235同视域,在单偏光下见粒间溶蚀孔,单偏光

图5-237 粉砂岩岩屑,砂岩填隙物以黏土矿物为主,具粒间溶孔,单偏光,二叠系下石盒子组

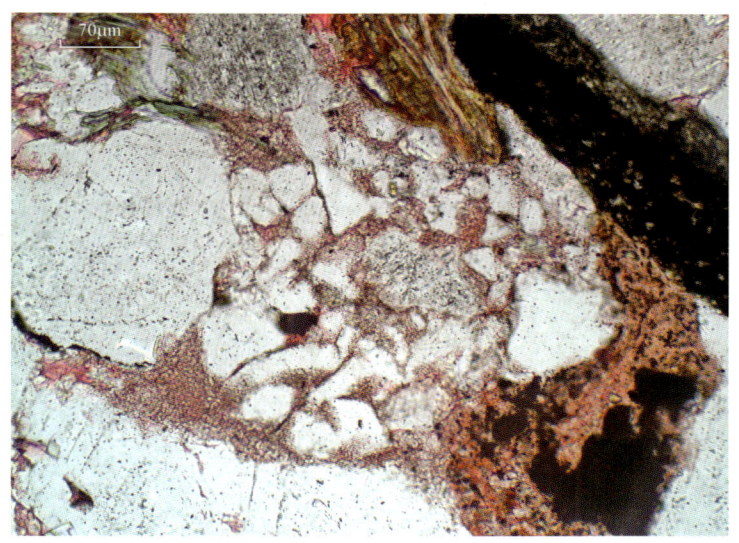

图 5-238 粉砂岩岩屑,具明显的砂状结构,
单偏光,三叠系延长组

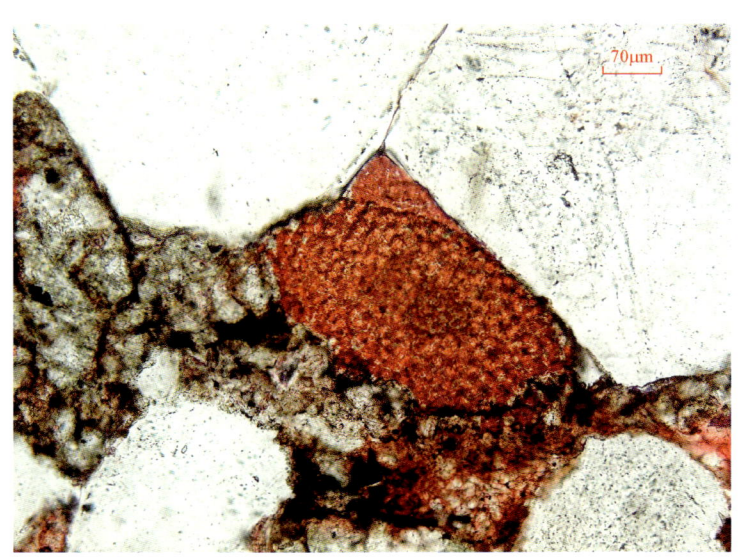

图 5-239 含棘皮类化石碎屑的石灰岩岩屑,
单偏光,三叠系延长组

图 5-240　含有残余鲕粒的白云岩岩屑，
正交偏光，三叠系延长组

图 5-241　白云石矿物碎屑，白云石解理发育，并具磨圆，
正交偏光，侏罗系芬芳河组

图 5-242　岩屑砂岩中的石灰岩岩屑，经染色后呈红色，岩屑内可见残留的原岩结构，正交偏光，侏罗系

图 5-243　白云岩岩屑，白云岩中的白云石经组合染色剂染色后不染色，正交偏光，三叠系延长组

图 5-244 石灰岩岩屑,石灰岩岩屑中的方解石经染色呈红色,单偏光,三叠系延长组

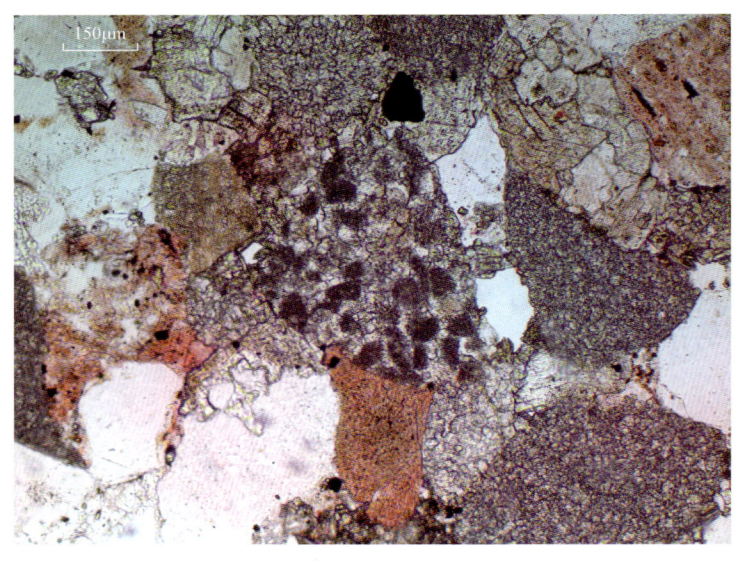

图 5-245 含残余砂屑的碳酸盐岩岩屑,单偏光,三叠系延长组

图 5-246　石灰岩岩屑，部分石灰岩岩屑中具藻纹层，单偏光，三叠系延长组

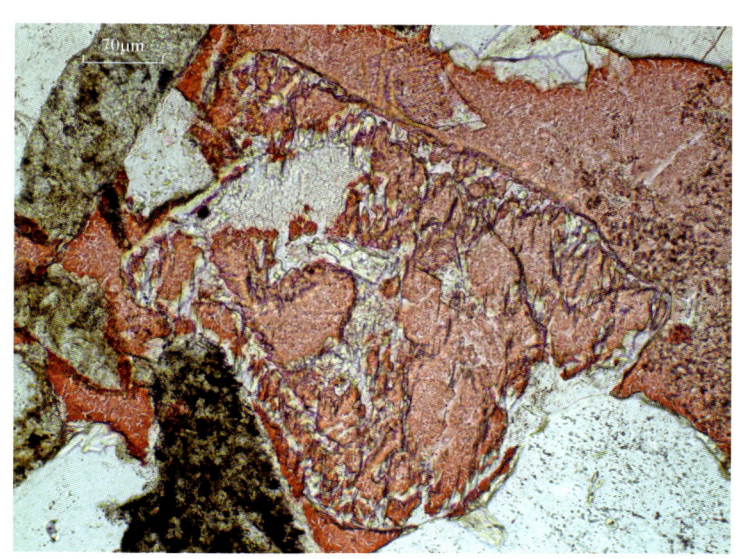

图 5-247　蚀变碎屑，碎屑颗粒被方解石和黏土矿物交代仅剩颗粒轮廓，单偏光，三叠系延长组

图 5-248　几乎被方解石全交代的碎屑——钙化碎屑，正交偏光，蓟县系

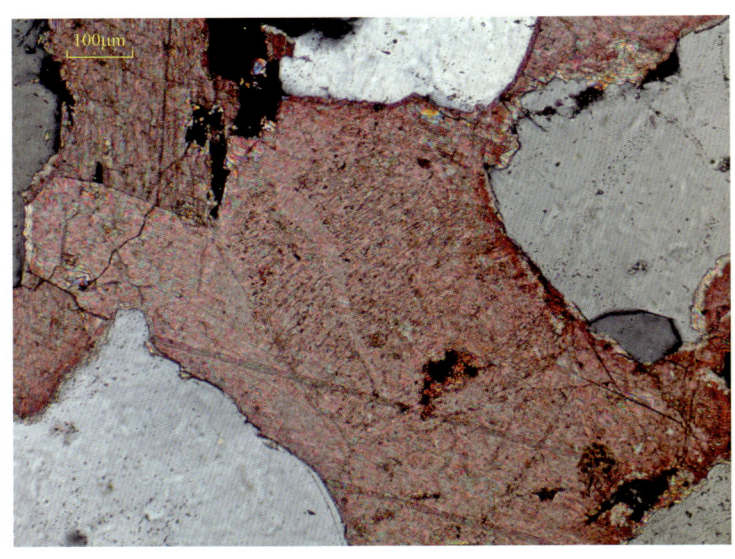

图 5-249　钙化碎屑，碎屑完全被方解石交代，仅见碎屑轮廓和残留解理缝，正交偏光，二叠系下石盒子组

图 5-250　完全被方解石交代的碎屑（可能是长石），
正交偏光，三叠系延长组

图 5-251　局部被铁白云石交代的碎屑，
单偏光，三叠系延长组

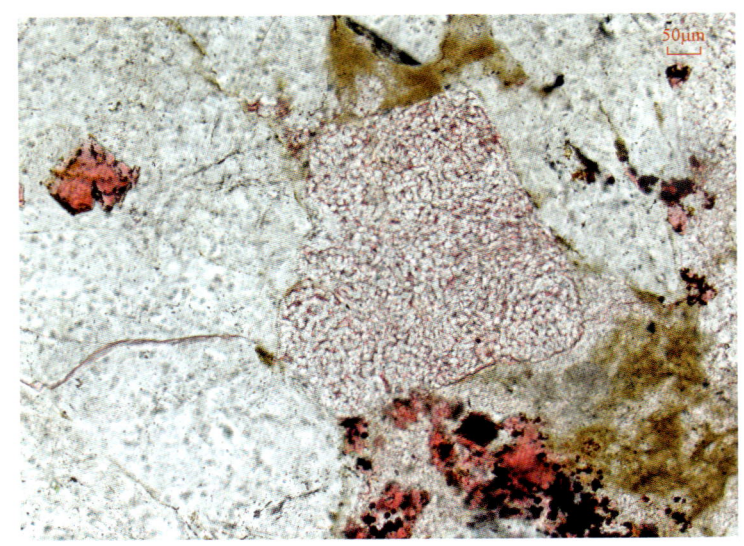

图 5-252 完全高岭石化的碎屑,仅剩板状碎屑轮廓,单偏光,二叠系山西组

图 5-253 正长石溶蚀后被相邻碎屑石英加大边所充填,仅剩长石碎屑假象,正交偏光,三叠系延长组

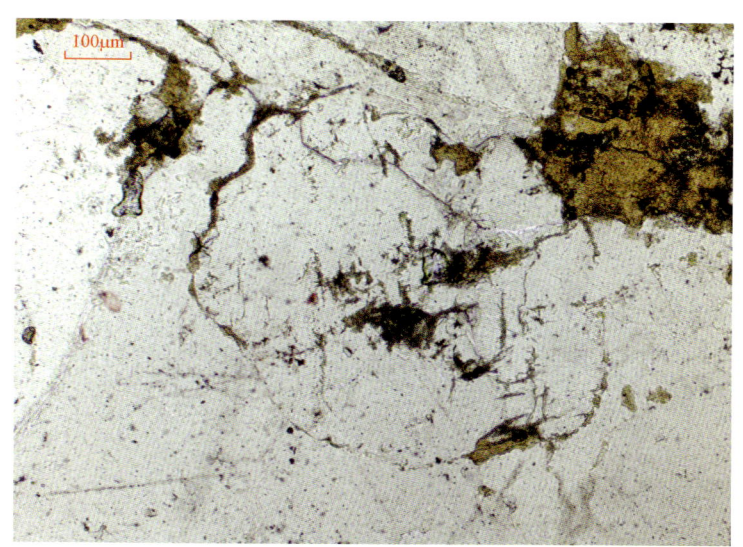

图 5-254 硅化蚀变碎屑，碎屑被硅质全交代，仅剩颗粒轮廓，沿解理缝见绿泥石化，单偏光，二叠系山西组

六、其他碎屑

其他碎屑包括泥、砂质团块或条带以及来自盆地内部同沉积期的泥灰岩碎屑等；原生生物碎屑，如鱼类、有孔虫、介形类等以及有机质（图 5-255 至图 5-273）。

（1）内源屑：为同沉积期来自沉积盆地内部弱固结或尚未固结的岩石碎屑。与陆源组分相比，盆内碎屑粒径粗，成分较单一，磨圆度不好。

（2）泥质、砂质团块及条带。

（3）碳质条带及植物碎屑。

（4）生物碎屑：指原地生长的生物碎屑或经过短距离搬运的盆内生物碎屑。

（5）次生矿物团块、结核。

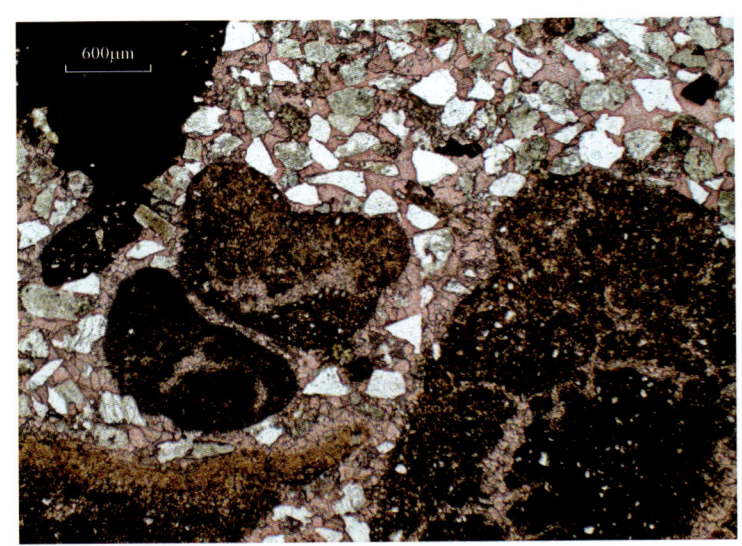

图 5-255 盆内泥灰岩碎屑,粒径比陆源碎屑大数倍,颗粒内发育收缩缝,单偏光,三叠系纸坊组

图 5-256 泥灰岩盆内碎屑(内碎屑),泥灰岩中普遍可见收缩缝,缝内充填自生方解石,表明盆内碎屑被携带入沉积盆地后尚未固结,其中含有大量水分,单偏光,三叠系纸坊组

图 5-257 泥晶灰岩盆内碎屑，粒径比陆源碎屑大数倍，单偏光，三叠系纸坊组

图 5-258 泥质团块和条带，变形强烈，外形不规则，表明成岩之前尚未固结，单偏光，三叠系延长组

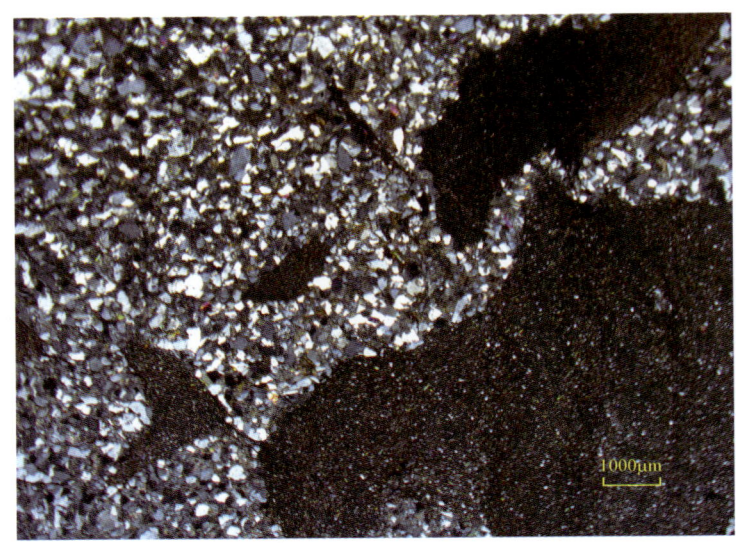

图 5-259　长石岩屑砂岩中含大量粉砂质泥岩内源屑（暗色部分），
内源屑大小不等，成分单一，外形不规则，正交偏光，
周至柳叶河剖面，三叠系延长组

图 5-260　炭化碎屑，呈撕裂状，在单偏光下不透明，
单偏光，三叠系纸坊组

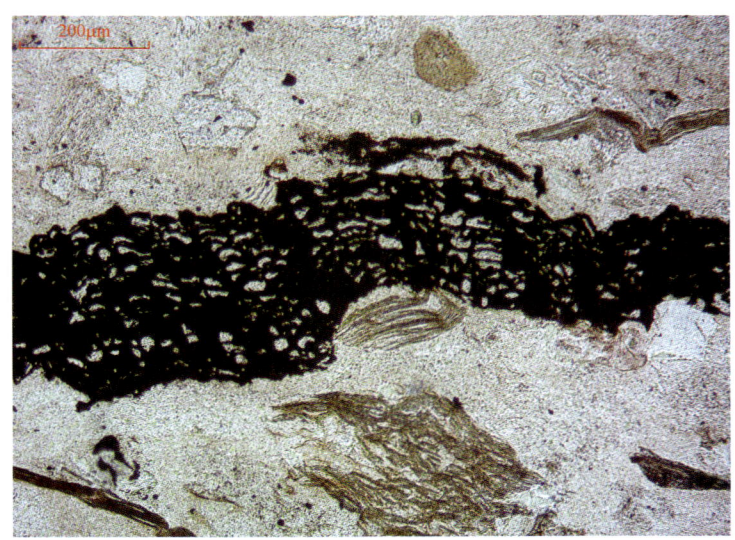

图 5-261 凝灰质砂岩中的炭化植物碎片，可见清晰的植物管状细胞，单偏光，三叠系延长组

图 5-262 炭化植物碎屑，具规则的生物结构，单偏光，二叠系山西组

图5-263 硅化木碎屑，成分以硅质为主，具清晰的生物结构，单偏光，二叠系山西组

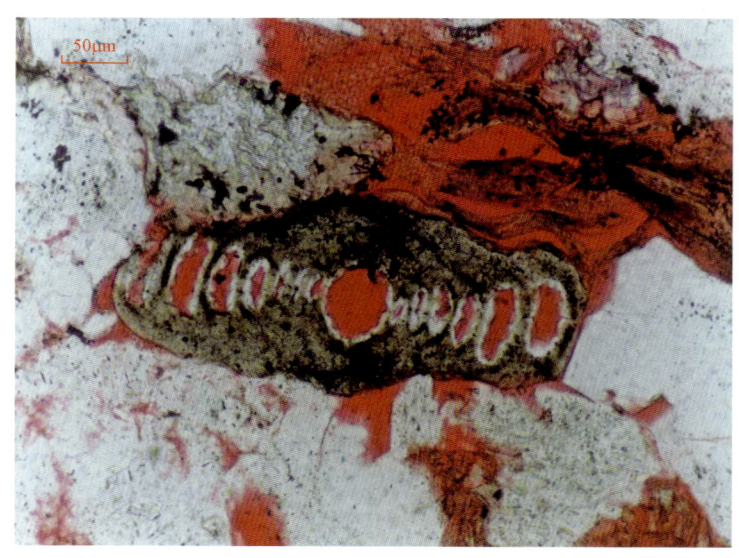

图5-264 陆相砂岩中的原地生长有孔虫，单偏光，侏罗系延安组

图 5-265 含生屑不等粒岩屑砂岩中含有孔虫及钙藻，具粒间孔及粒间溶孔，海相砂岩，单偏光

图 5-266 海相砂岩中原地生长的有孔虫，有孔虫体腔内充填有机质及铁质，正交偏光

图 5-267　湖相钙质砂岩中含鱼骨化石碎屑，单偏光，三叠系延长组

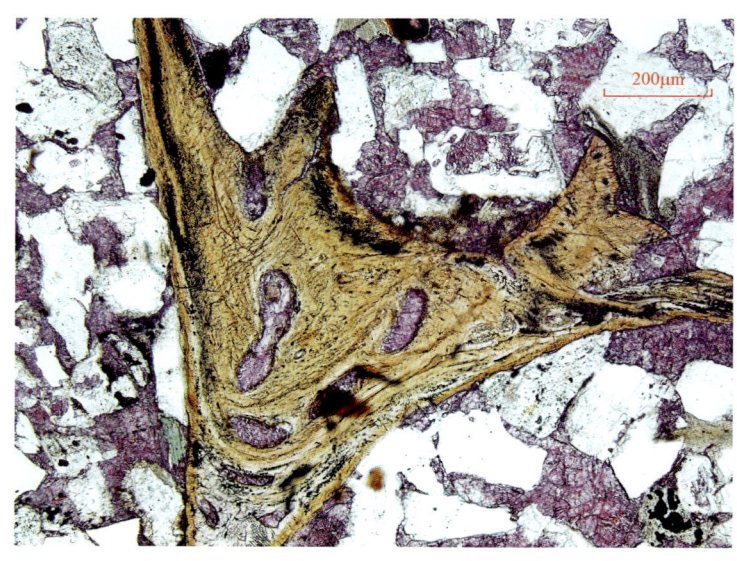

图 5-268　湖相砂岩中的鱼骨化石碎屑，单偏光，三叠系延长组

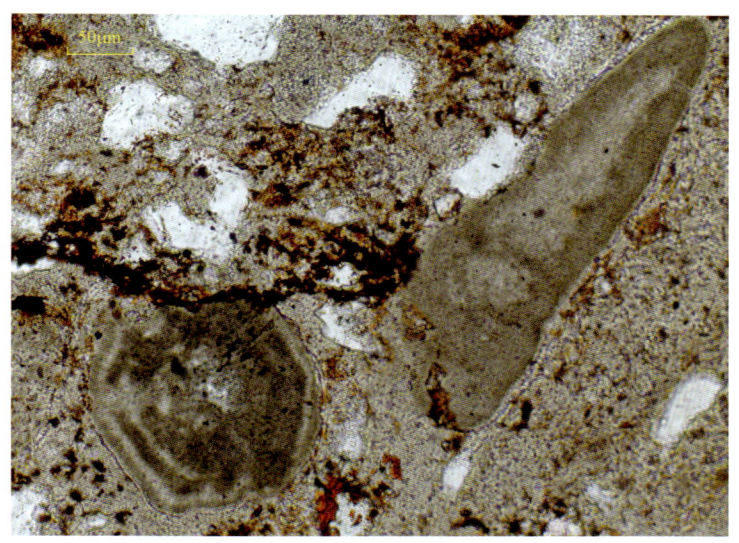

图 5-269　磷灰质砂岩中的胶磷质软舌螺化石，
单偏光，寒武系辛集组底部含磷层

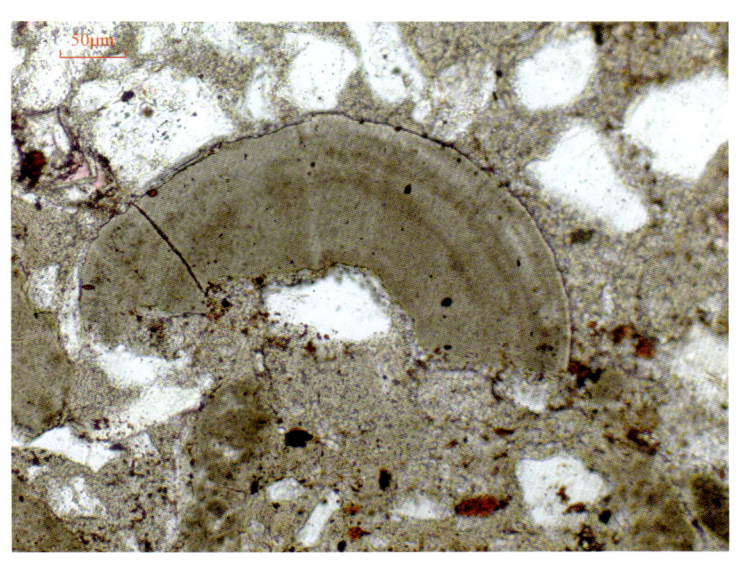

图 5-270　砂岩中磷酸盐质软舌螺口盖碎片的不同切面一，
单偏光，寒武系辛集组

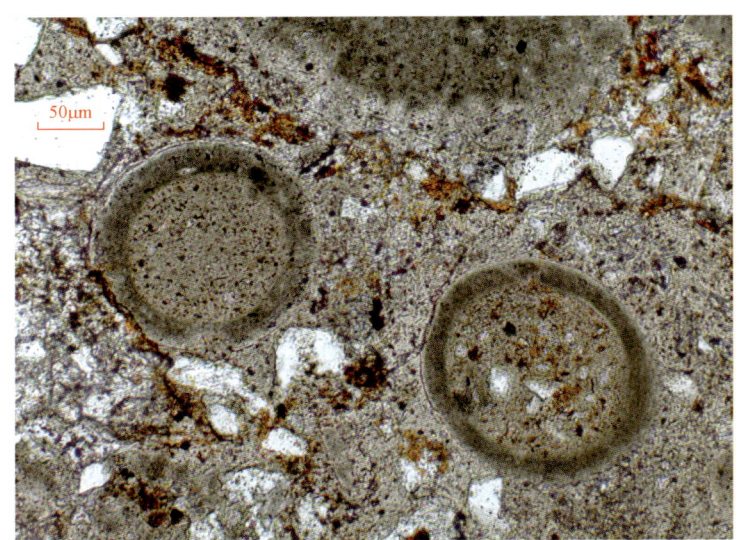

图 5-271 砂岩中磷酸盐质软舌螺口盖碎片的不同切面二，单偏光，寒武系辛集组

图 5-272 砂岩中的菱铁矿球粒，单偏光，二叠系山西组

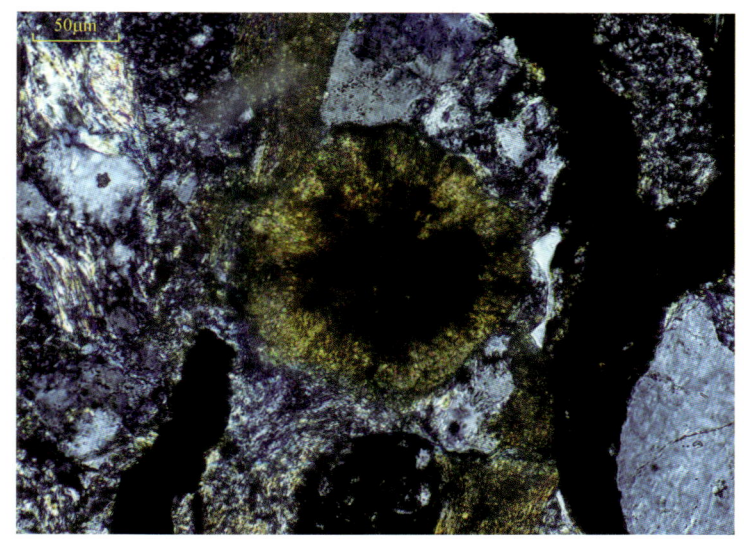

图 5-273　砂岩中的菱铁矿球粒，核部包裹泥质，具放射状结构，菱铁矿在正交偏光下具高级白干涉色，正交偏光，侏罗系

第三节　填隙物组分的识别

砂岩的填隙物主要由杂基、胶结物、凝灰质等组成，此外还有一些有机质也可成为填隙物，但一般不作为岩石组分进行统计。

一、杂基

杂基是碎屑岩中与粗碎屑一起由源区搬运并沉积下来的细粒沉积物。在砂岩中，杂基的粒度一般小于 0.03mm（或大于 5ϕ），它们是机械沉积产物而不是化学沉淀组分；而在砾岩中，杂基也相对变粗，除泥质以外可以包括粉砂甚至砂级颗粒。

杂基的成分多为黏土矿物，有时可见碳酸盐灰泥、云泥及一些细—粉砂颗粒。与自生黏土相比，杂基中的组分常不单一（图 5-274 至图 5-288）。

绢云母是一种细鳞片状的白云母。绢云母的成分基本上和白云母相同，但可能含 K_2O（氧化钾）略少，而含 H_2O（水）略多。薄片中，绢云母大部分都呈密集的鳞片状，往往分布在长石等矿物表面。绢云母的突起比长石略微显著一些，因此，即使在单偏光下也能辨出其分布轮廓。正交偏光间由于鳞片在薄片中的方位是形形色色的，因此呈现绚烂五彩类似织锦缎一般的干涉色，交织在一起，十分美观，凭借这一特征，可以在正交偏光间立即认出绢云母。但有些时候，由于绢云母鳞片非常薄而细小，正交偏光间也往往为一级灰干涉色（图 5-282 至图 5-288）。绢云母的光学性质与白云母没有差别。绢云母与滑石特别相似，当鳞片很细，无法找到清晰的干涉图时，在偏光显微镜下欲区别这两种矿物非常困难。绢云母在岩石中是一种分布很广的蚀变矿物，主要由岩石中的原生铝硅酸盐矿物分解而成。易发生绢云母化的矿物有：斜长石、钾长石、霞石、堇青石、蓝晶石、红柱石、黄晶、刚玉以及电气石、绿柱石、锂辉石、方柱石等。绢云母化大多是热水蚀变产物，其次是风化成因（王德滋，1974）。

图 5-274　陆源杂基充填了大部分孔隙，微孔隙发育，单偏光，三叠系延长组

图 5-275 浊积砂岩中的杂基，由黏土矿物和细粒碎屑组成，并含大量尘状铁质，单偏光，灵山岛白垩系

图 5-276 以杂基为主胶结的砂岩，单偏光，古窑子剖面上三叠统安口组

图 5-277 由小于 0.03mm 的隐晶—微晶状长英质及黏土矿物组成的杂基，正交偏光，潼骊山剖面侏罗系

图 5-278 含泥含砾不等粒岩屑石英砂岩，填隙物以水云母、绢云母等黏土矿物为主，正交偏光，二叠系山西组

图 5-279 填隙物主要由水云母杂基与石英加大边组成，正交偏光，太阳山剖面，二叠系上石盒子组

图 5-280 填隙物以碳酸盐灰泥为主，局部为晶粒状碳酸盐，正交偏光，侏罗系安定组

图 5-281　砂岩的填隙物以碳酸盐灰泥为主，正交偏光，侏罗系安定组

图 5-282　绢云母填隙物，正交偏光，陇县剖面，侏罗系

图 5-283　填隙物由水云母及绢云母等组成，正交偏光，太阳山剖面，二叠系下石盒子组

图 5-284　填隙物主要由水云母及绢云母组成，正交偏光，太阳山剖面，二叠系下石盒子组

图 5-285　泥质细—中粒岩屑砂岩，填隙物以水云母杂基及绢云母为主，
　　　　　正交偏光，二叠系下石盒子组

图 5-286　填隙物以水云母杂基为主，正交偏光，
　　　　　安口剖面，三叠系延长组

图 5-287　填隙物以水云母杂基为主，正交偏光，三叠系纸坊组

图 5-288　绢云母，呈细小鳞片状集合体充填孔隙，晶粒略大时可见二级干涉色，正交偏光，二叠系下石盒子组

二、胶结物

胶结物一般指在成岩过程中化学沉淀的物质。常见胶结物包括自生黏土矿物和自生矿物两大类。

1. 自生黏土矿物

自生黏土矿物有高岭石、伊利石、绿泥石以及混层黏土等。需要指出的是，混层黏土的成因较为复杂，但根据其镜下特征，一种可能为成岩期间新生成的，另一种可能为经成岩转化或重结晶生成，在薄片鉴定过程中可根据其产状酌情处理。

（1）高岭石：单偏光下无色—淡黄色，低正突起，结晶稍粗者在高倍镜下可见高岭石呈鳞片状，具有假六方形外形，有时鳞片相互叠置。集合体呈弯曲的蠕虫状或扇状、书页状。正交偏光间，干涉色为一级灰白色，当见到解理时呈平行消光（图5-289至图5-292）。

一般认为高岭石是酸性介质条件下的产物，代表氧化环境，是潮湿气候、贫碱的条件下各种硅酸盐类矿物分解的产物。在砂岩中，有充填孔隙状高岭石、碎屑蚀变高岭石和火山物质蚀变成因的高岭石等。

（2）绿泥石：碎屑岩中的自生绿泥石常见颗粒包膜、孔隙衬里、孔隙充填等多种产状。在单偏光下，绿泥石一般呈绿色、淡绿色和淡黄色。碎屑岩中的自生绿泥石有多种不同类型，单晶绿泥石常具低—中正突起，具假六方形外形，多呈鳞片状、叶片形状集合体产出。大部分绿泥石为二轴晶正光性矿物，具负延性符号。少数绿泥石为二轴晶负光性矿物，具正延性符号（图5-293至图5-304）。

自生薄膜状绿泥石多分布在杂基含量低、渗流条件较好的砂体中。人们曾认为其分期生长的习性也许可不断增加岩石的机械压实强度，并平衡不断增加的上覆地层压力，使砂岩的原生粒间孔隙和次生孔隙得以保存。其实，自生绿泥石膜的生长速度很慢，只有在具好的渗流条件及稳定的成岩环境下才能形成。因此，应该说自生薄膜状绿泥石具有一定的孔隙性砂体指向性。

在富含火山物质的碎屑岩中，还常见自生叶片状、放射状、蠕虫状绿泥石集合体。

绿泥石的分布受铁镁物质来源、孔隙流体性质、温度、砂岩成分和结构等因素控制，且不同产状的绿泥石具不同的空间分布规律。颗粒包膜绿泥石主要由沉积环境控制，孔隙衬里绿泥石受砂岩中富含铁镁的岩屑和黑云母等的分布约束，孔隙充填绿泥石受砂岩结构影响，蜂窝状绿泥石取决于外来流体的渗流特征。

（3）水云母：也叫水白云母或伊利水云母。与白云母在成分上略有不同，是介于白云母与高岭石及微晶高岭石之间的中间矿物，其成因是多方面的：① 由长石和云母风化分解而来；② 胶体沉淀再结晶；③ 由微晶高岭石随着埋深的增加，水介质变得偏碱性和富钾离子转变而形成等。水云母在单偏光下无色，有时带淡绿色或淡黄褐色。低正突起，晶体粗大的单晶水云母的晶形很特别，常呈具有弯曲轮廓的片状，并带有垂直于叶片长边的横纹理。水云母常和高岭石交织产出。正交偏光间干涉色达二级顶部，但由于鳞片细而薄，干涉色常略低（图 5-305 至图 5-308）。

（4）网状黏土：是在显微镜下无法识别的过渡黏土或一些不确定的混层黏土的总称。据部分对应样品分析，碎屑岩中呈网状产出的黏土可能为伊/蒙混层，也可能属绿/蒙混层或黑云母与蛭石的混层。在单偏光下，部分网状黏土无色，而部分网状黏土则呈淡绿色或浅褐色。部分网状黏土呈丝网状相互交织，而部分则呈粗大的鳞片状集合体充填孔隙并交代长石等碎屑，甚至可以被溶蚀（图 5-309 至图 5-316）。

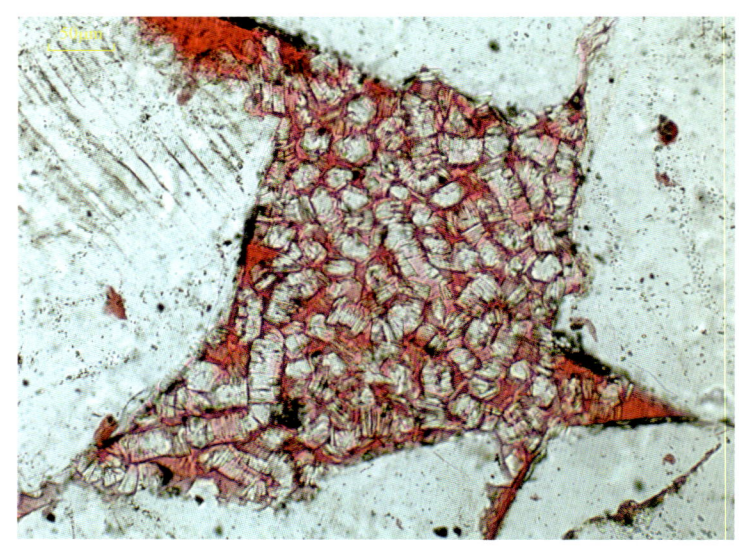

图 5-289　自生高岭石,在单偏光下无色,集合体呈书页状、蠕虫状,具发育的晶间孔,单偏光,侏罗系延安组

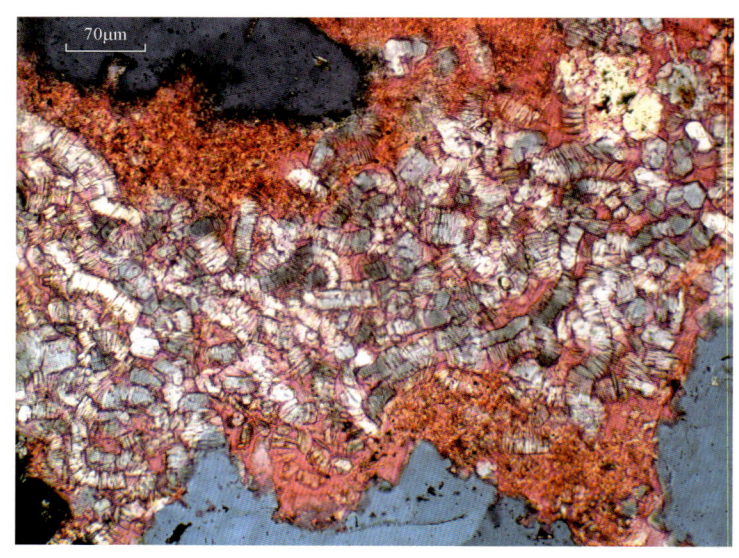

图 5-290　自生高岭石,具假六方形外形,集合体呈蠕虫状,具发育的晶间孔,正交偏光间具一级灰白干涉色,侏罗系延安组

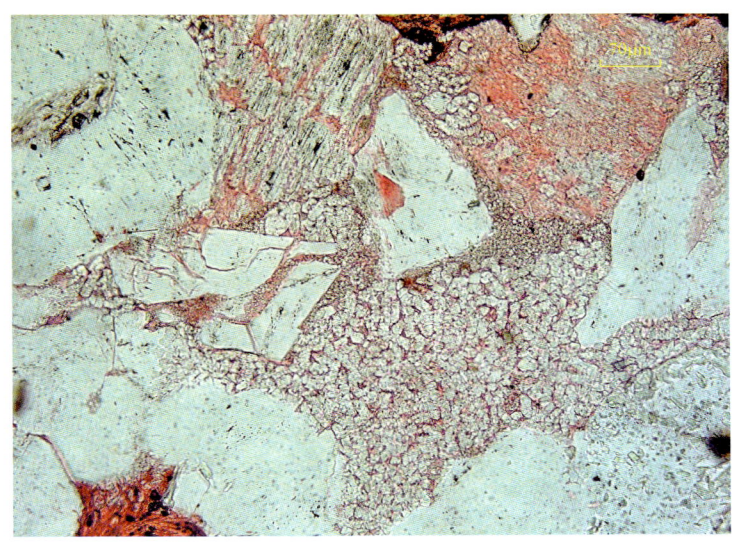

图 5-291　不同成岩期次形成的高岭石，晶粒大小和结晶程度不同，
单偏光，三叠系延长组

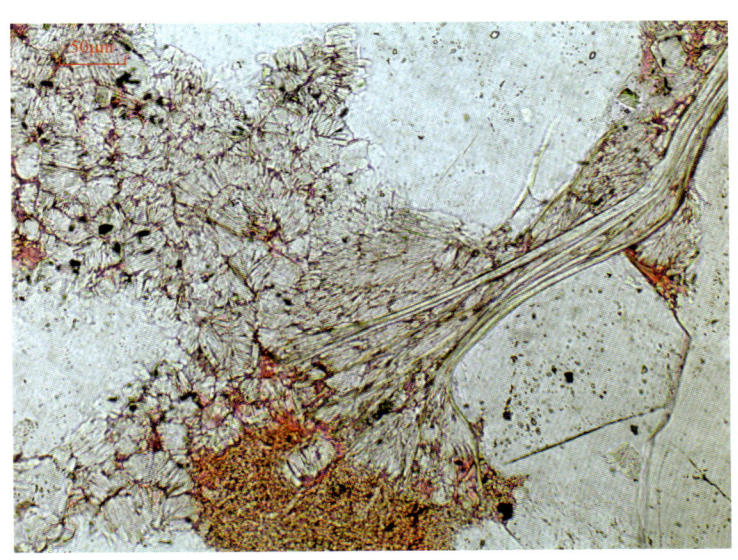

图 5-292　自生高岭石充填孔隙或沿白云母解理缝生长，
单偏光，二叠系山西组

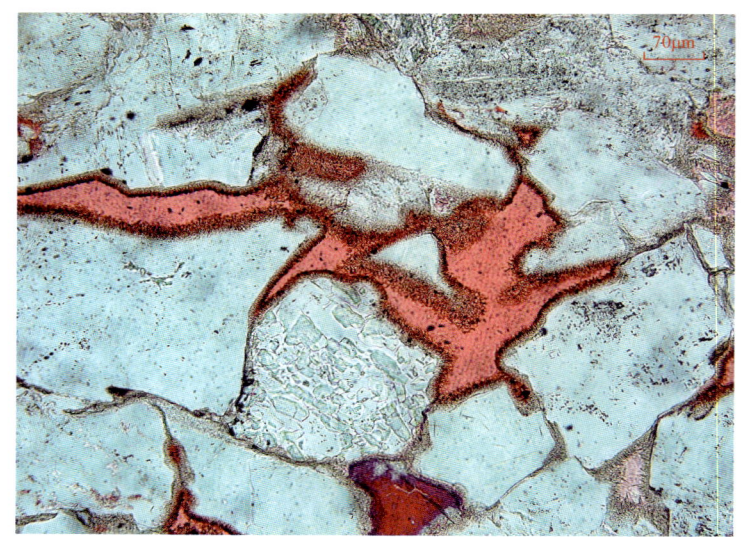

图 5-293 自生绿泥石呈垂直颗粒表面等厚的薄膜状，单偏光，三叠系延长组

图 5-294 自生绿泥石膜为主胶结，粒间孔壁见自生石英晶体生长，正交偏光+云母试板，三叠系延长组

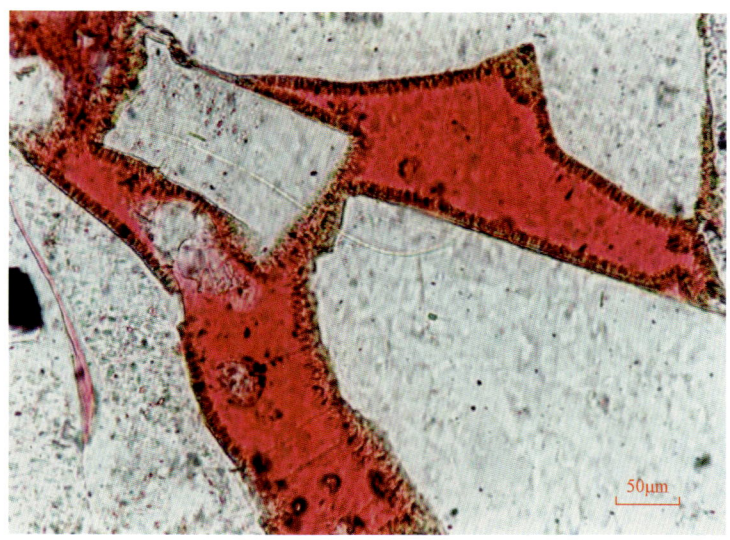

图 5-295 自生绿泥石沿碎屑颗粒边缘垂直生长形成近于等厚的包膜，单偏光，三叠系延长组

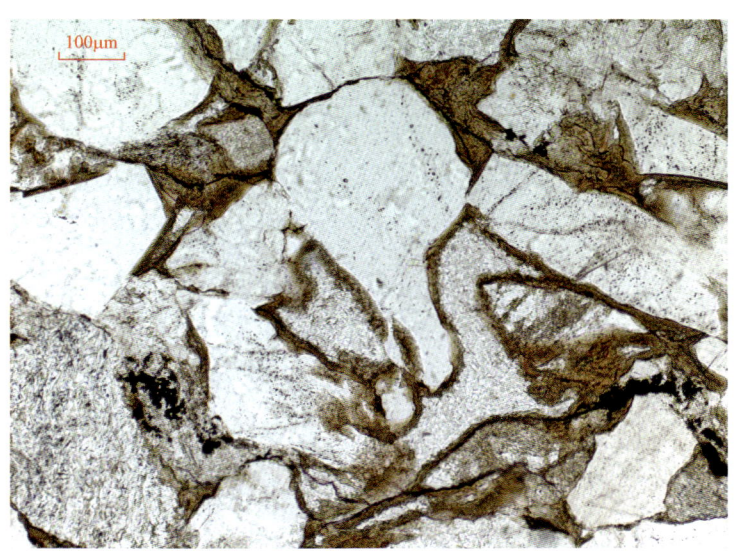

图 5-296 绿泥石呈碎屑包膜状，高岭石充填孔隙，单偏光，二叠系下石盒子组

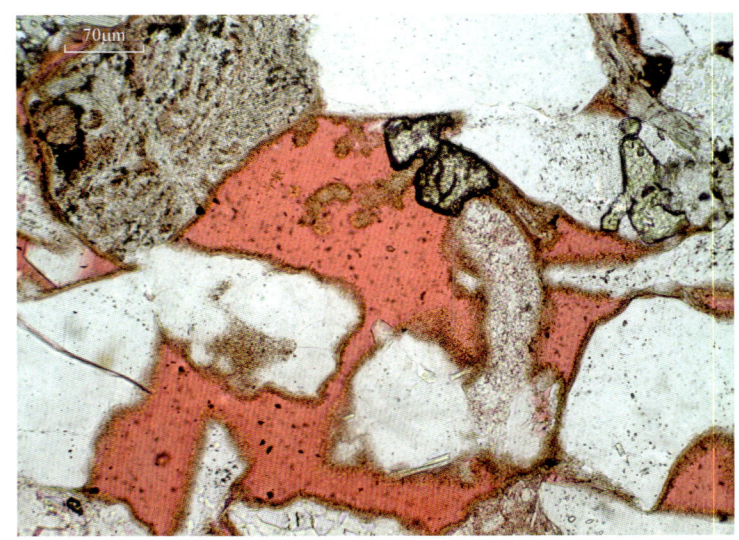

图 5-297 自生绿泥石呈薄膜状及绒球状，单偏光，三叠系延长组

图 5-298 绒球状绿泥石，正交偏光 + 云母试板，三叠系延长组

图 5-299 自生绿泥石呈孔隙衬里状,沿绿泥石膜边缘生长自生石英,自生石英生长期间曾被绿泥石膜所包裹,稍晚期生长的石英将绿泥石膜包裹,单偏光,三叠系延长组

图 5-300 自生绿泥石沿正长石颗粒边缘及长石裂缝生长,表明绿泥石膜的生长作用晚于长石颗粒的破裂作用,单偏光,三叠系延长组

图 5-301　自生绿泥石充填孔隙，单偏光，蓟县系

图 5-302　自生叶片状绿泥石，集合体呈束状或放射状，
　　　　　单偏光，二叠系下石盒子组

图 5-303　自生蠕虫状绿泥石，单偏光，新疆二叠系下乌尔禾组

图 5-304　蚀变成因的蠕虫状绿泥石，局部包裹少量片沸石（红褐色），
单偏光，新疆二叠系下乌尔禾组

图 5-305 沿粒间孔壁生长的自生伊利石薄膜，正交偏光，三叠系延长组

图 5-306 形成于绿泥石膜（暗色）之后的自生伊利石膜（浅色），正交偏光，三叠系延长组

图 5-307 垂直颗粒表面呈包膜状产出的自生伊利石膜,在长石粒内缝的缝壁发育自生伊利石膜,说明伊利石膜的形成是在压实作用开始之后,正交偏光,三叠系延长组

图 5-308 自生绒球状伊利石,正交偏光+云母试板,三叠系延长组

图 5-309　网状黏土，经 X 衍射分析为伊/蒙间层黏土，正交偏光，三叠系延长组

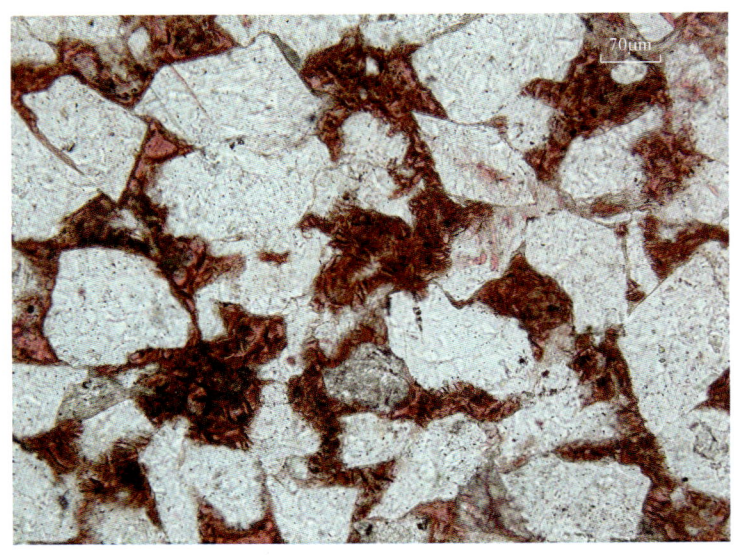

图 5-310　可疑混层黏土，矿物晶片粗大呈交织状，单偏光，三叠系延长组

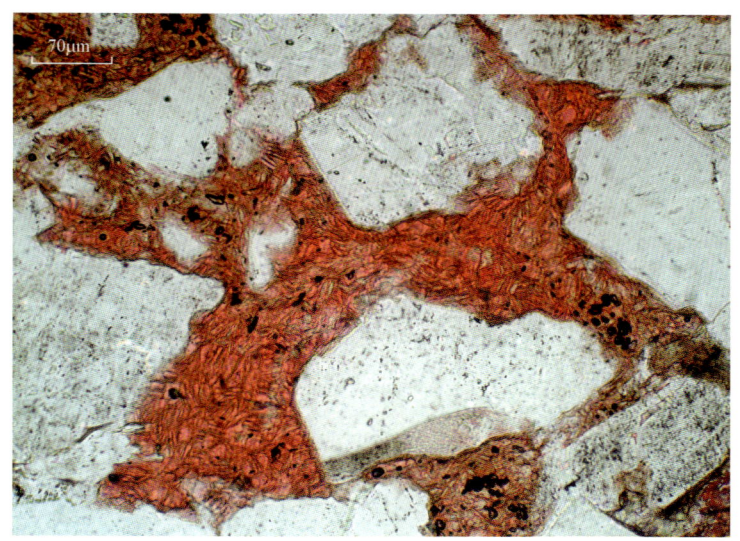

图 5-311 晶粒较粗的鳞片状网状黏土充填孔隙，单偏光，三叠系延长组

图 5-312 丝网状黏土矿物，单偏光，三叠系延长组

图 5-313　充填于粒间孔的丝网状黏土，
单偏光，三叠系延长组

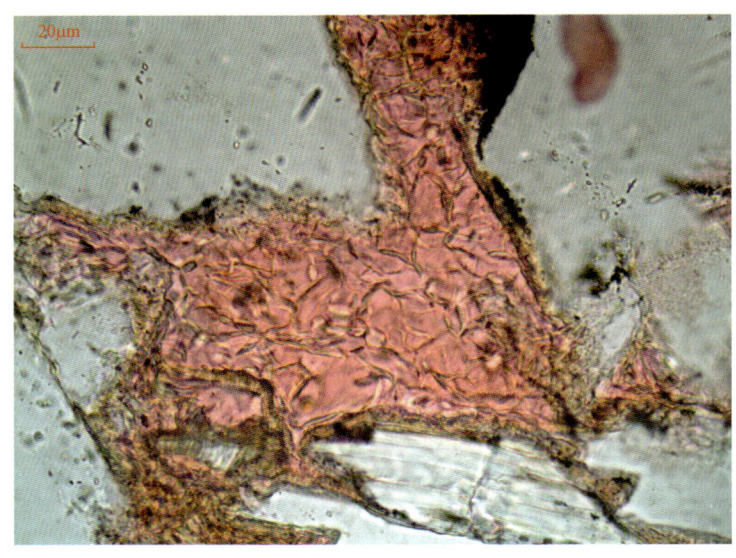

图 5-314　呈丝网状的可疑混层黏土，
单偏光，三叠系延长组

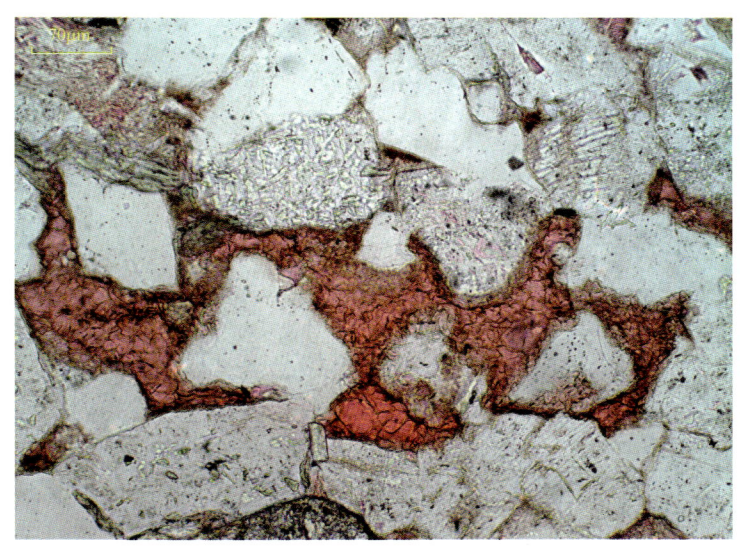

图 5-315　晶片偏细的丝网状黏土，
单偏光，三叠系延长组

图 5-316　晶片粗大的网状黏土，正交偏光 + 云母试板，
三叠系延长组

2. 常见的成岩自生矿物（胶结物）

常见的成岩自生矿物主要有硅质、长石质、碳酸盐类、硫酸盐类、沸石类等，另外还有部分黄铁矿、褐铁矿、黄钾铁矾也可以作为砂岩的填隙物，甚至一些重矿物如石榴子石、榍石、绿帘石等也可以自生加大边或充填孔隙的形式出现在砂岩的孔隙中。

（1）硅质：砂岩中硅质胶结物以沿碎屑石英边缘再生长形式最常见，还可以成为非晶质的蛋白石、纤维状玉髓等。光性特征与碎屑石英基本相同（图5-317至图5-329）。一般认为砂岩成岩作用期间孔隙水中溶解的SiO_2有不同的来源：① 硅质生物骨骼的溶解；② 火山玻璃的蚀变和土壤水；③ 黏土矿物转变；④ 硅酸盐类溶解；⑤ 压溶作用。

（2）长石质：碎屑岩中的自生长石一般以钠长石为主，少量斜长石。自生长石的出现意味着具有一定数量的覆盖，而且是由较高温度引起的，沉淀出长石的溶液曾经必定是弱碱性的（图5-330至图5-335）。

图5-317　石英加大边状自生硅质，正交偏光+云母试板，100×，三叠系延长组

图 5-318　以石英加大边为主胶结的石英砂岩，正交偏光，蓟县系

图 5-319　石英及石英岩岩屑中的石英再生长现象，正交偏光+云母试板，二叠系下石盒子组

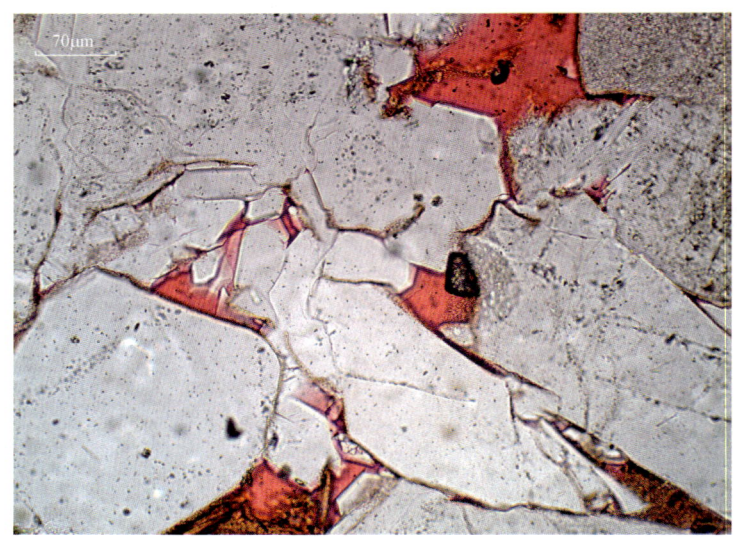

图 5-320　沿粒间孔壁垂直生长的自生晶粒状石英，
单偏光，三叠系延长组

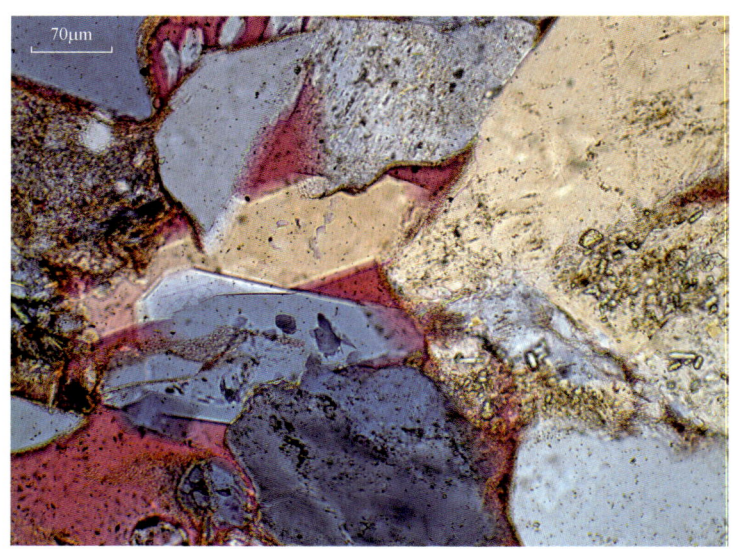

图 5-321　沿粒间孔生长的自生晶粒状石英，正交偏光+云母试板，
三叠系延长组

图 5-322　砂岩具极薄的自生伊利石膜，隐晶—微晶状自生石英充填孔隙，
正交偏光，口镇剖面，二叠系下石盒子组

图 5-323　自生石英呈晶粒镶嵌状沿粒间孔壁向内生长，
正交偏光，三叠系延长组

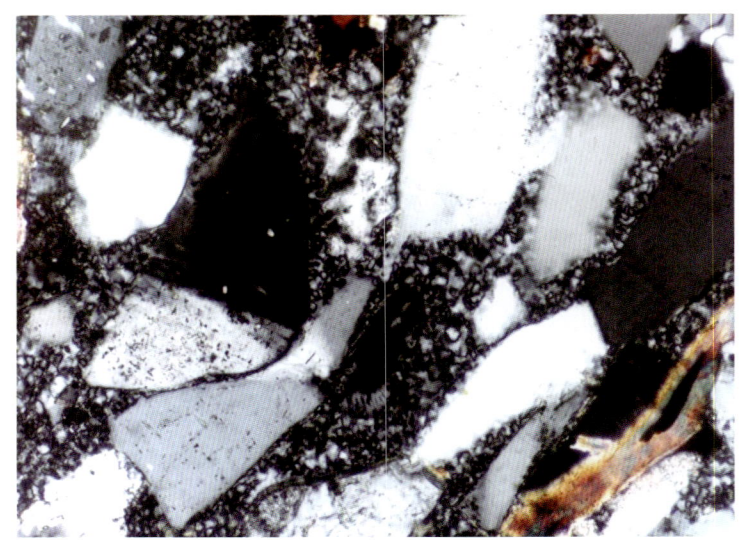

图 5-324　呈微晶集合体状充填孔隙的自生硅质，正交偏光，250×，三叠系延长组

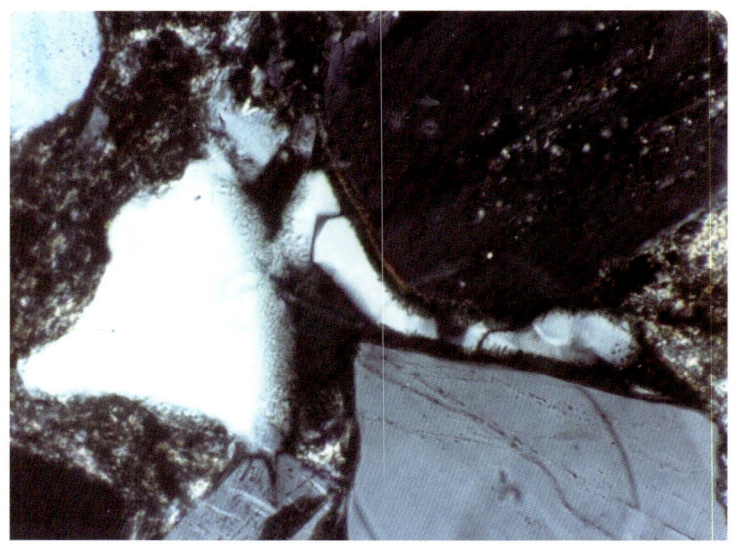

图 5-325　自生石英呈晶粒镶嵌状充填孔隙，正交偏光，250×，三叠系延长组

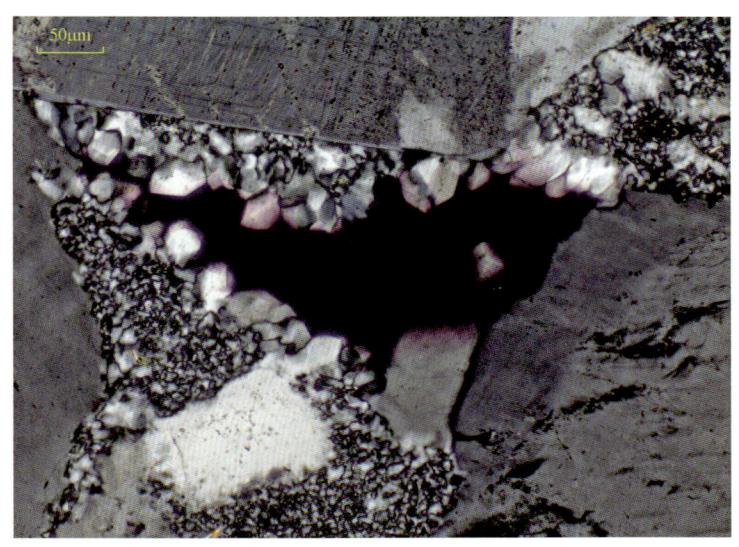

图 5-326 呈齿状沿孔隙壁垂直生长的自生微晶石英，
正交偏光，临潼骊山剖面，侏罗系

图 5-327 沿黏土膜呈孔隙衬里状生长的自生隐晶—微晶石英，
正交偏光，薛峰川剖面，二叠系下石盒子组

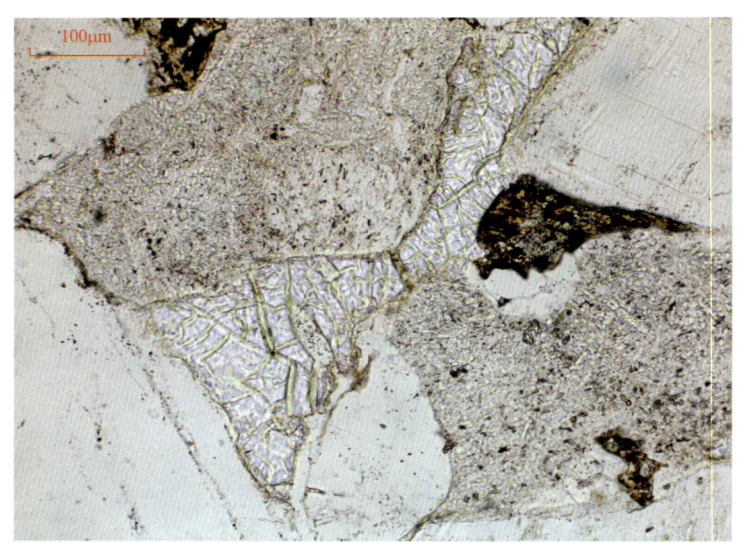

图 5-328 蛋白石单偏光下无色，具显著的负突起、发育的裂理，单偏光，侏罗系延安组

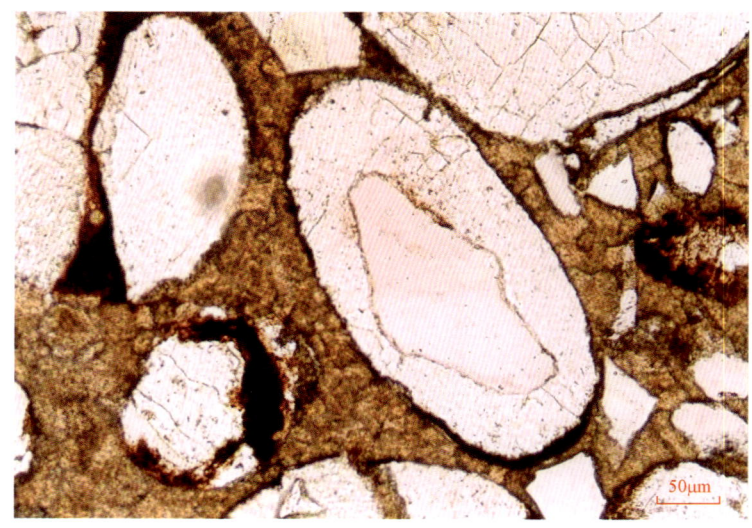

图 5-329 交代碎屑状蛋白石，单偏光下无色，具显著的负突起，正交偏光间全消光，具发育的裂理，单偏光，侏罗系延安组

图 5-330 沿粒间孔壁生长的自生长石，正交偏光，160×，三叠系延长组

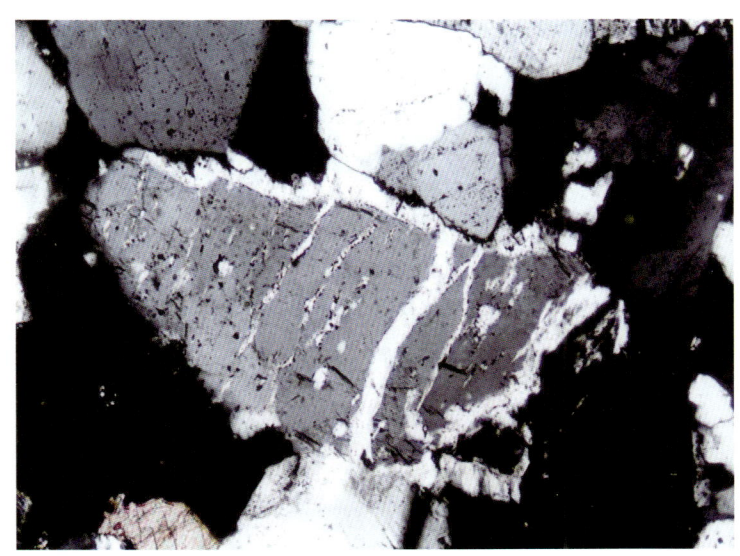

图 5-331 条纹长石中的斜长石部分发生再生长，再生长部分与主晶光性方位一致，与客晶的光性方位一致，正交偏光，100×，侏罗系延安组

图 5-332　沿斜长石再生长的自生长石，正交偏光+云母试板，100×，三叠系延长组

图 5-333　沿碎屑边缘近垂直生长的自生长石，部分粒间孔被晶粒镶嵌状自生长石全充填，连晶状方解石将自生长石形成的剩余粒间孔全充填，正交偏光，侏罗系

图 5-334　钾长石的再生长，加大边为钠长石，与钾长石的光性方位一致，正交偏光，三叠系延长组

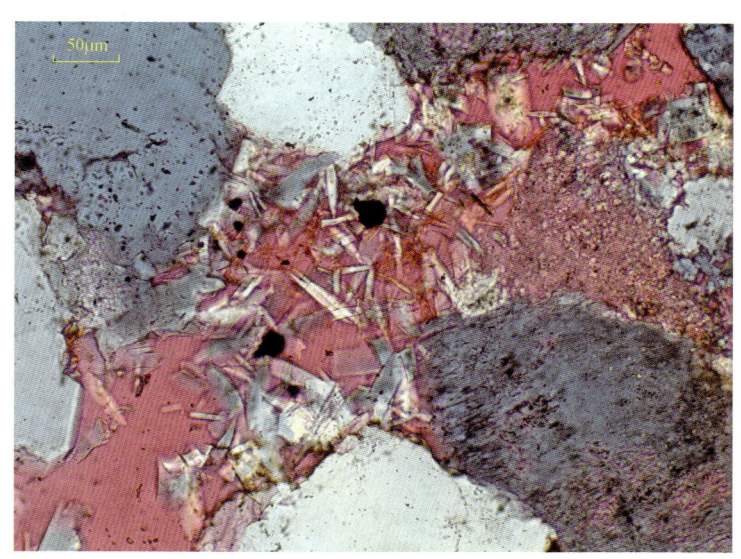

图 5-335　自生板条状斜长石，正交偏光 + 云母试板，侏罗系延安组

（3）碳酸盐矿物：砂岩中的碳酸盐类矿物以方解石、含铁方解石、白云石、含铁白云石及菱铁矿较为常见。

① 方解石：在单偏光下无色，具闪突起，很少见到自形轮廓，大多数呈粒状，薄片中很少呈菱形（不同于白云石），也有呈球粒状、鲕状，菱面体解理清楚；正交偏光间呈现类似珍珠晕彩的高级白色，聚片双晶常见，双晶带与菱形的长对角线平行（白云石的双晶带则与菱面体短对角线平行）（图5-336至图5-344）。在薄片鉴定过程中，为了更正确地区分方解石与白云石，往往利用染色法，经过组合染色剂染色后，方解石被染成红色，含铁方解石被染成紫色，白云石不染色，含铁白云石被染成蓝色。

碎屑岩中自生方解石的产出状态一般有连晶状、多晶集合体状、垂直颗粒壁微晶状等。其中连晶状和垂直颗粒壁状方解石的生长时间可能略长，生长时的孔隙空间可能略大，晶体生长得相对粗大，多晶状（也叫嵌晶状）方解石则结晶速度较快，单晶体小，晶形差。在碎屑岩成岩作用过程中，方解石的生成一般可分几期，较早期形成的方解石一般不含铁，常形成于近地表、浅埋藏的条件下。因方解石对pH值的变化极为灵敏，比石英易溶得多，而且随着埋藏深度的增加，方解石的溶解度降低，致使孔隙水中大量钙质析出形成钙质富集层。

② 白云石：在单偏光下无色透明，有时呈混浊的灰色；常具自形菱形切面，并具环带构造；当与方解石见于同一块薄片中时，白云石呈自形，而方解石呈他形；闪突起很显著，常见两组交叉的解理缝；正交偏光间白云石的干涉色为类似珍珠晕彩的高级白色；聚片双晶不及方解石常见，如果出现，其双晶带或与菱形的短对角线平行（图5-345至图5-351）。

碎屑岩中的白云石以含铁的白云石较为常见。形成铁白云石的条件是要求溶液中的Fe^{2+}/Mg^{2+}比值上升。铁白云石中铁离子和镁离子的来源除与碎屑蒙皂石向自生伊利石的转化及铁镁矿物的蚀变有关，还与沉积物中富含白云岩岩屑有关。

图 5-336 方解石胶结物，经组合染色剂染色后呈红色，部分切面可见菱面体解理，单偏光，三叠系延长组

图 5-337 早期成岩阶段形成的无铁方解石，正交偏光，三叠系延长组

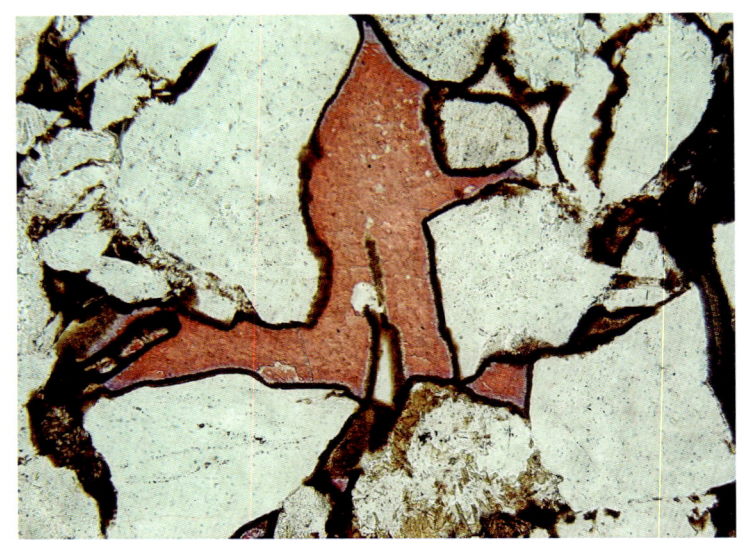

图 5-338 微含铁的方解石，经组合染色剂染色后略带紫色，形成于绿泥石膜之后，单偏光，200×，三叠系延长组

图 5-339 呈连晶状充填孔隙的方解石（染色效果不好），正交偏光，宜川剖面，三叠系延长组

图 5-340　呈连晶状充填孔隙的含铁方解石，正交偏光，太阳山剖面，二叠系下石盒子组

图 5-341　含铁方解石胶结物，方解石形成于绿泥石膜之后，单偏光，三叠系延长组

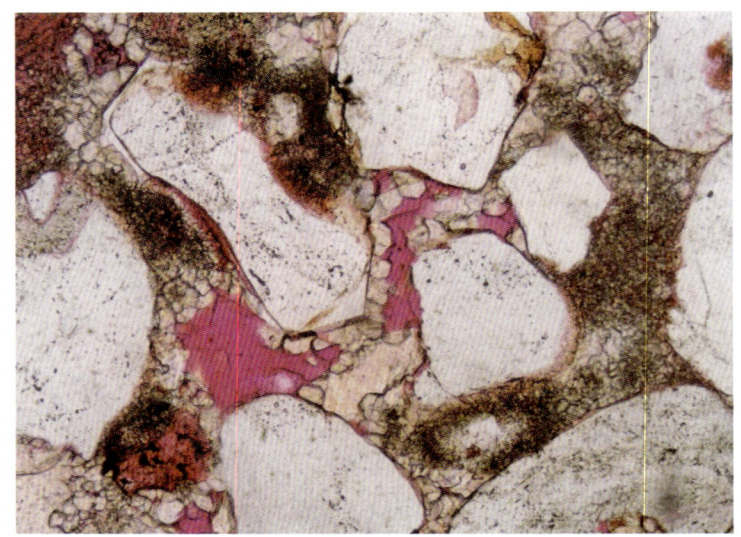

图 5-342 沿颗粒壁呈栉壳状生长的方解石，单偏光，200×，西杏子河剖面，侏罗系直罗组

图 5-343 呈半自形粉晶粒状沿粒间孔壁生长的方解石，单偏光，韩城剖面，二叠系石千峰组

图 5-344 呈嵌晶状充填孔隙的方解石，单偏光，三叠系延长组

图 5-345 呈嵌晶状充填孔隙的白云石胶结物，正交偏光，侏罗系延安组

图 5-346 晶粒状白云石充填孔隙,正交偏光,马峡剖面,蓟县系

图 5-347 自生白云石呈自形、半自形晶粒状充填于岩屑砂岩粒间孔,正交偏光,侏罗系

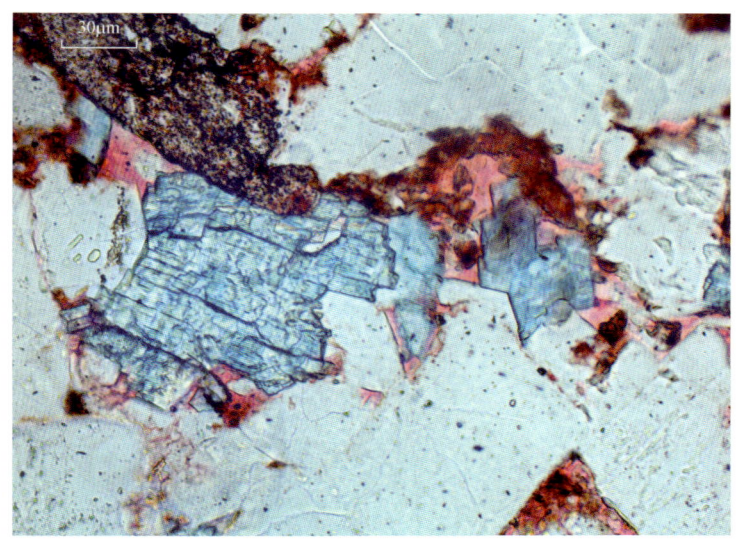

图 5-348　自生铁白云石，经组合染色剂染色后呈蓝色，充填于石英再生长边形成后的剩余粒间孔，单偏光，三叠系延长组

图 5-349　自生铁白云石充填孔隙并交代碎屑，单偏光，三叠系延长组

图 5-350　铁白云石充填孔隙并沿着碎屑边缘交代，
单偏光，二叠系山西组

图 5-351　沿白云岩岩屑边缘生长的铁白云石，
单偏光，三叠系延长组

图 5-365　成岩较晚期形成的自生浊沸石，充填于长石溶孔中，
正交偏光 + 云母试板，三叠系延长组

图 5-366　生长于绿泥石膜之后剩余粒间孔内的自形晶粒状浊沸石，
正交偏光 + 云母试板，三叠系延长组

图 5-363 自生浊沸石充填于粒间孔,未被浊沸石充填的剩余粒间孔中绿泥石膜相对较发育,并生长自生石英,
单偏光,三叠系延长组

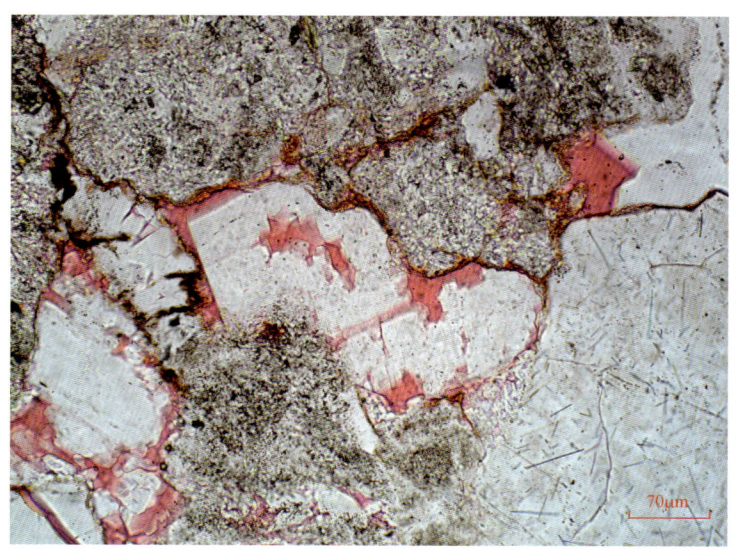

图 5-364 浊沸石充填孔隙式胶结,溶蚀普遍,
单偏光,三叠系延长组

图 5-361　浊沸石胶结型致密砂岩，浊沸石呈连生状充填大部分剩余粒间孔，
正交偏光，清涧玉家沟剖面，三叠系延长组

图 5-362　浊沸石充填式胶结，溶蚀普遍，形成发育的浊沸石溶孔，
正交偏光＋云母试板，三叠系延长组

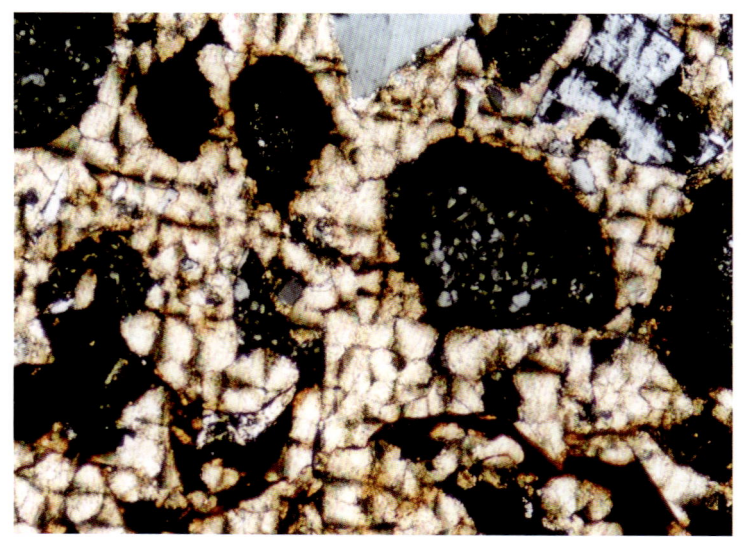

图 5-359 花瓣状自生菱铁矿，具十字消光，正交偏光，100×，侏罗系延安组

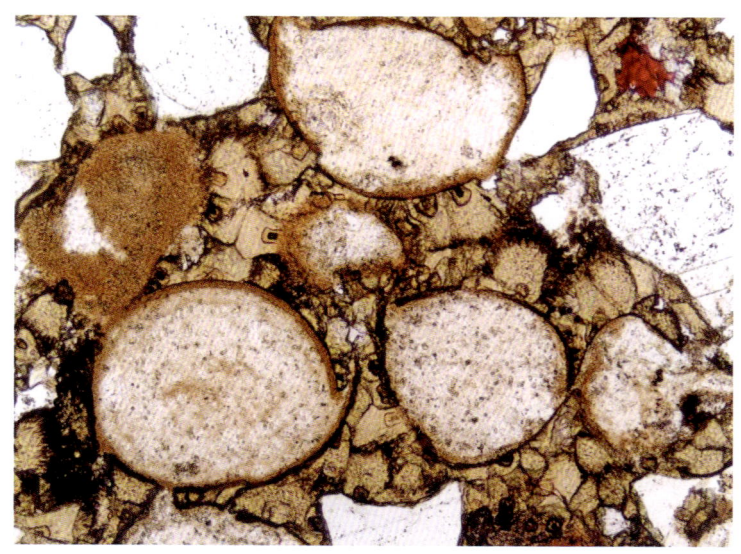

图 5-360 呈扇状集合体的自生菱铁矿，单偏光，100×，侏罗系延安组

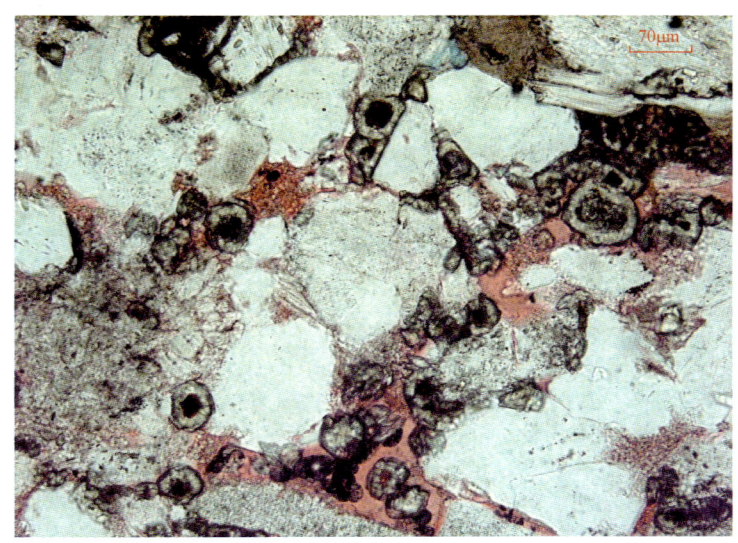

图 5-357　砂岩粒间孔中沿核心呈球粒状生长的菱铁矿，单偏光，三叠系延长组

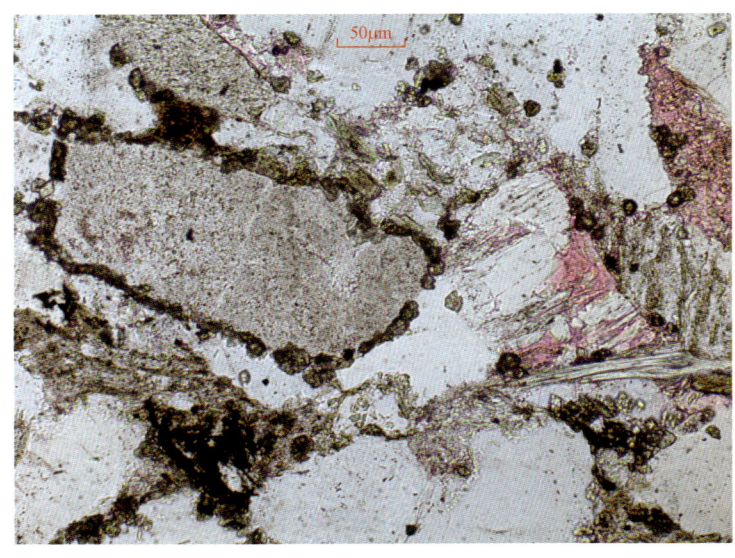

图 5-358　沿碎屑周缘分布的粉晶状菱铁矿，单偏光，三叠系延长组

图 5-355　自形—半自形粉晶状菱铁矿与硬石膏充填孔隙，正交偏光+云母试板，侏罗系延安组

图 5-356　隐晶状菱铁矿沿碎屑周缘分布，粉晶状菱铁矿呈交织状充填孔隙，单偏光，侏罗系延安组

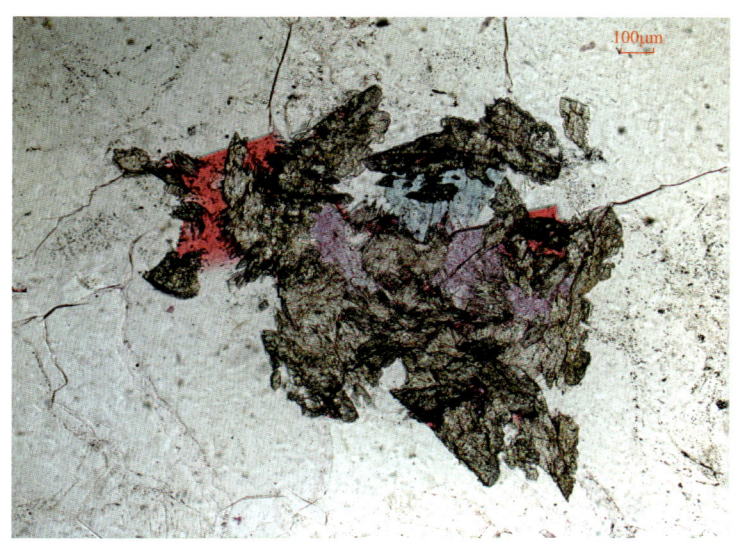

图 5-353　菱铁矿胶结物，具自形或半自形菱面体晶形，呈浅褐色，具中—高正突起，闪突起不明显，糙面显著，单偏光，二叠系下石盒子组

图 5-354　与图 5-353 同视域，正交偏光间具高级白干涉色，正交偏光

③ 菱铁矿：单偏光下无色或灰色，含铁时往往呈浅褐色；自形菱形切面或半自形粒状，在边缘或解理缝附近由于风化的缘故，往往出现黄色锈斑；菱铁矿的两个主折射率均高于树胶，这是与方解石族矿物的不同之处；中—高正突起，正交偏光间干涉色为高级白色，双晶少见，对于解理缝呈现对称消光；常存在于粒间孔中，作为胶结物存在堵塞孔隙喉道，并交代其他矿物（图 5-352 至图 5-360）。菱铁矿多为成岩早期胶结物，偶尔可出现在成岩晚期。形成的必要条件是足够的含碳物质，其仅仅出现在还原条件下。在砂岩中菱铁矿虽然不丰富，但很常见，常与煤共生，在延长组上部地层的砂岩中，云母的菱铁矿化非常普遍。

（4）沸石类矿物：中国各油区各时代储层中均有分布。常见矿物类型有浊沸石、方沸石、斜发沸石、丝光沸石、片沸石、辉沸石等。

① 浊沸石：单偏光下无色，具低负突起，正交偏光间干涉色为一级黄色，斜消光，最大消光角30°，在｛100｝面上为平行消光，正延性；二轴晶负光性，光轴角中等，见｛100｝双晶（图 5-361 至图 5-366）。与辉沸石的区别在于浊沸石为正延性；辉沸石为负延性。根据浊沸石具较小的光轴角、较大的消光角及负光性可与中沸石、杆沸石、钠沸石区分。

图 5-352　菱铁矿胶结物，呈放射球粒状，具圈层结构，在正交偏光下具高级白干涉色，轮流消光，正交偏光，上古生界

在碎屑岩埋藏成岩作用的温度和压力条件下，更多的浊沸石可能是通过斜长石的蚀变形成的。斜长石蚀变形成浊沸石（同时有水和石英参与）的温度只要在30℃以上就可以了，因而不应将其作为成岩作用与变质作用的界限处理。浊沸石通常被认为是埋藏变质作用的产物，因而砂岩中的自生浊沸石也被认为是埋藏成岩作用与变质作用的界限。但随着研究发现，浊沸石的形成温度范围很宽，可以在87~160℃之间，有的研究者甚至认为，在温度低于50℃的条件下，就可有浊沸石形成。

② 方沸石：为均质体矿物，常作为自生胶结物出现在碳酸盐岩及碎屑岩的孔隙中，为碱性条件下沉积而成；薄片中常呈六边形、八边形，有时也呈放射状集合体，具不完全解理；在单偏光下无色透明，具低的负突起，在正交偏光下全消光；有时具有弱的干涉色，可看到聚片双晶；常与石膏、硬石膏、钠沸石、氯化钠盐类矿物共生；易与火山玻璃、萤石及蛋白石相混淆（图5-367至图5-370）。与萤石相比方沸石具四角三八面体晶形，而萤石的晶形多呈立方体或八面体，可见完全解理；与玻璃质及蛋白石相比，方沸石具解理，而火山玻璃及蛋白石没有解理，而发育裂理。

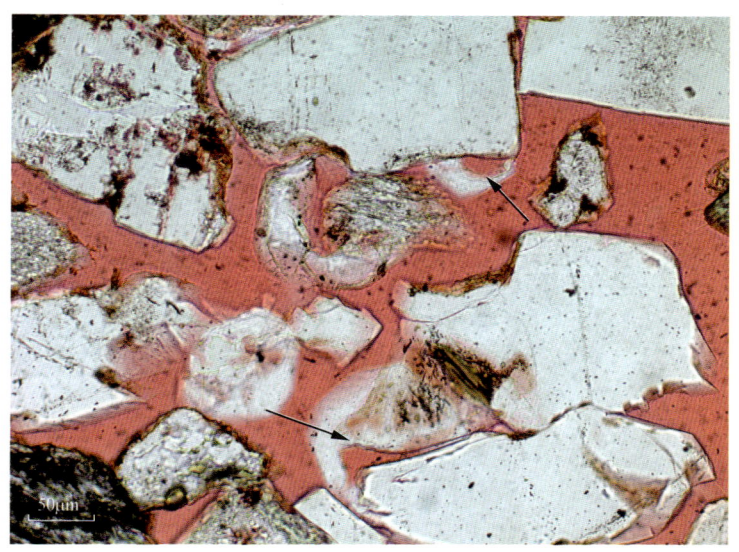

图5-367　生长于粒间孔内的自生晶粒状方沸石，单偏光，白垩系华池组

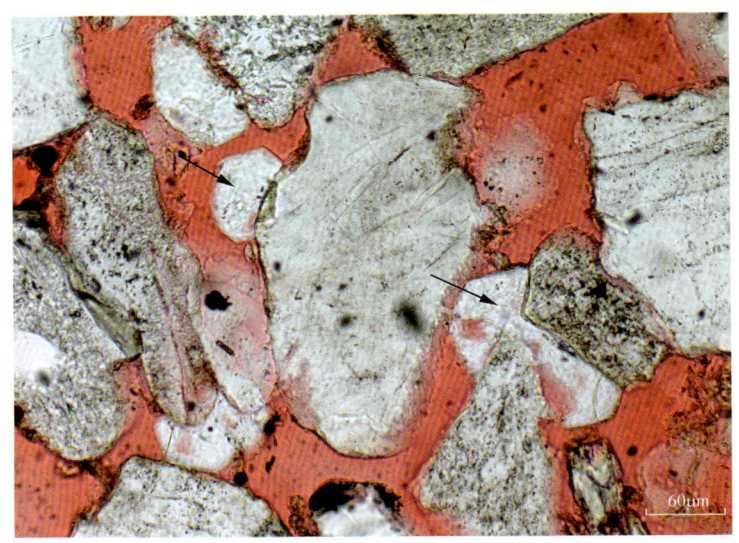

图 5-368 生长于粒间孔内的自形晶粒状方沸石,具轻微溶蚀现象,单偏光,白垩系华池组

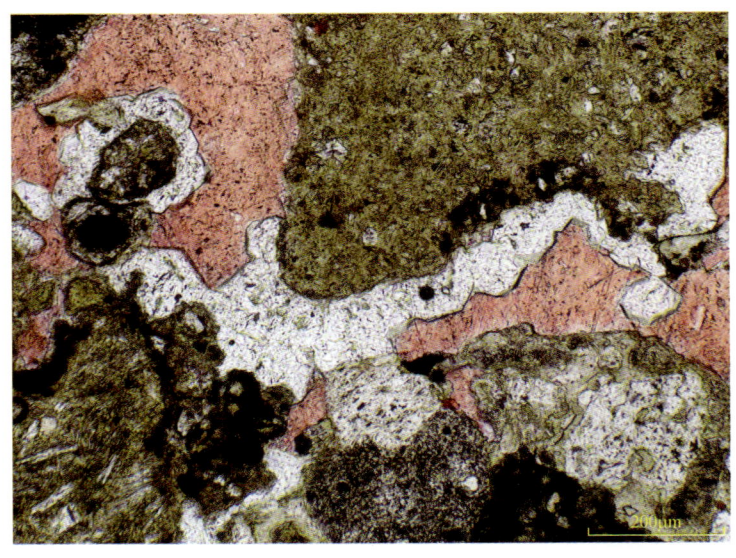

图 5-369 方沸石,在单偏光下无色,具显著负突起,呈自形六边形晶粒状沿碎屑边缘生长,方解石(染色后呈红色)充填于方沸石形成后的剩余粒间孔,单偏光,二叠系

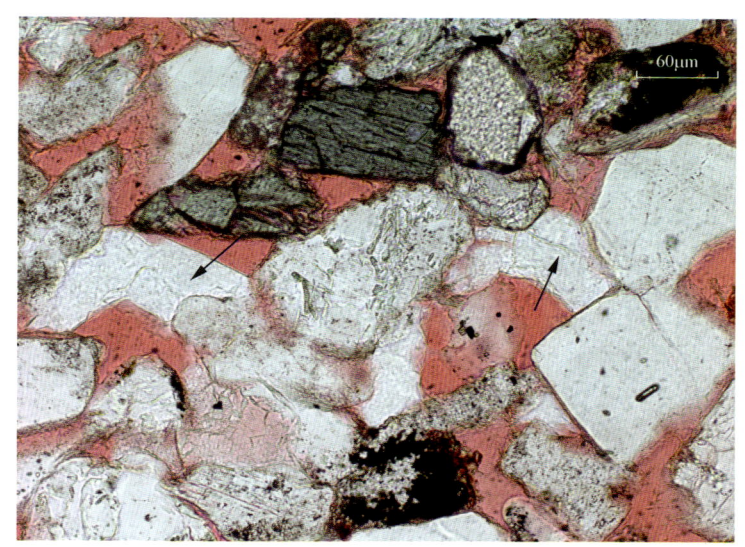

图 5-370　生长于粒间孔内的自形晶粒状方沸石，
单偏光，白垩系环河组

③ 菱沸石：单斜（假三方）晶系，薄片中无色，砂岩中的菱沸石具高负突起，一级灰干涉色，对称消光，常见穿插双晶，一轴晶，光性有正有负，具菱面体解理（图 5-371 至图 5-374）。菱沸石产于火山岩，特别是玄武岩、安山岩等的气孔裂隙中，有时在中酸性岩蚀变带也可见到，也见于结晶灰岩和片岩的裂隙中，由热液分解钙硅酸盐而成；在一些新生界沉积岩、凝灰岩中有时可大量产出；在某些温泉口也可见到，属富钙类沸石。

④ 辉沸石（束沸石）：晶体常呈板状、片状，有时呈粒状，常见特征的束状、放射状集合体；{010} 解理完全；薄片中无色，低负突起，糙面不显著；干涉色一级黄白色—黄色；长条形切面具低角度斜消光，负延性；在垂直 {010} 的纵切面上为平行消光，有时具波状消光；常呈十字穿插双晶和扇形双晶。

⑤ 片沸石：产于砂砾岩的孔隙中，在部分玄武岩气孔和其他岩性的裂隙中也常见；在粒间孔中呈半—全充填，在碎屑岩中可与方沸石、绿泥石共生。光性特征：单偏光下无色或淡黄色，具明显的负突起；正交偏光间干涉色为一级灰白色；垂直解理的切面具平行消光，负延性；斜交解理的切面，有时为平行消光，有时为斜消光，

消光角小，延性可正可负；在平行解理的切面上，可见⊥Bxa切面干涉图，并见清楚的交叉色散；为二轴晶正光性矿物（图5-375至图5-378）。与钙沸石的区别在于片沸石的折射率小，突起略低；与浊沸石及柱沸石的区别是片沸石的双折射率小，干涉色偏低；与辉沸石的区别是辉沸石为负光性矿物，且双折射率高（干涉色略高）。

⑥ 斜发沸石：属火山玻璃的蚀变产物，常产于中生界、新生界中酸性火山岩、火山凝灰岩、火山碎屑岩中，常与蒙皂石和丝光沸石共生，结晶好的斜发沸石呈板状；单偏光下无色透明，含铁时呈浅黄褐色，具中—低负突起，正交偏光间具一级暗灰—灰干涉色，一般为斜消光，消光角 $C \wedge N_g$ 不小于15°，有时近平行消光，正延性；二轴晶负光性（图5-379至图5-382）。斜发沸石与片沸石的区别主要是延性，片沸石延性可正可负。

⑦ 丝光沸石：晶体呈细小的长柱状、针状、丝状、纤维状、花束状、放射状、球粒状、扇状或致密状集合体；单偏光下无色透明，含 Fe_2O_3（氧化铁）时呈红色，具中—低负突起；正交偏光间为一级灰干涉色，平行消光（有时可有小的消光角，<4°），负延性，二轴晶，光性可正可负，光轴角大（图5-383和图5-384）。

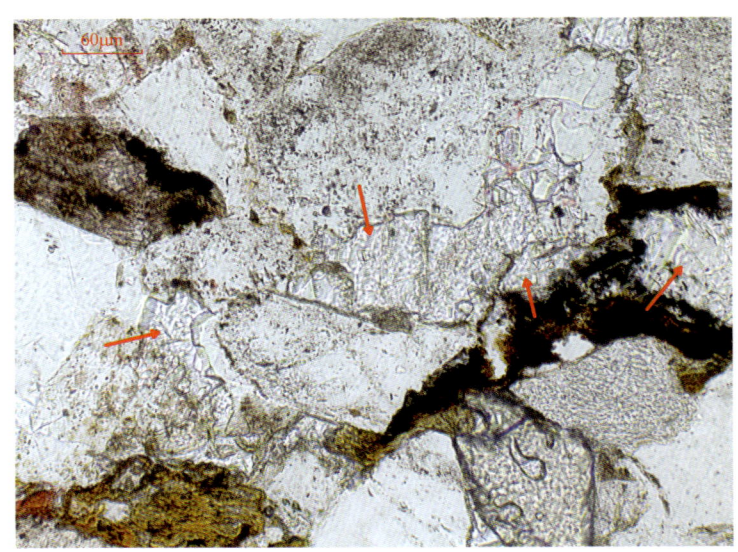

图5-371　于长石、石英再生长边形成之后充填孔隙的自生菱沸石（箭头所示），单偏光下具显著负突起，无色，单偏光，三叠系延长组

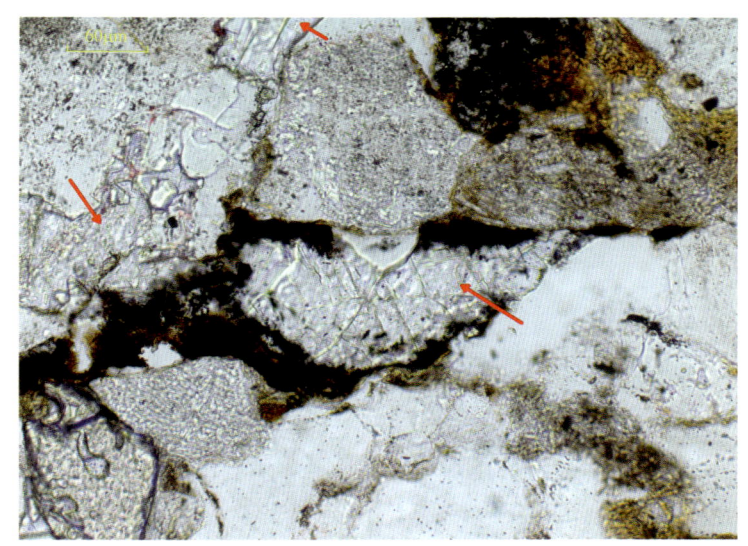

图 5-372 砂岩中的自生菱沸石,单偏光下无色,具低负突起,具菱形解理(箭头所示),单偏光,三叠系延长组

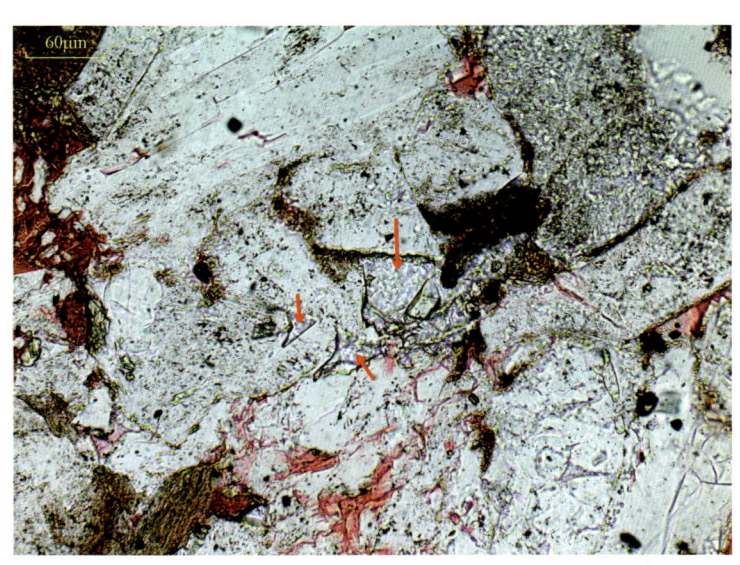

图 5-373 自生菱沸石胶结物,充填于绿泥石膜及长石再生长边形成后的剩余粒间孔(箭头所示),具显著负突起,无色,单偏光,三叠系延长组

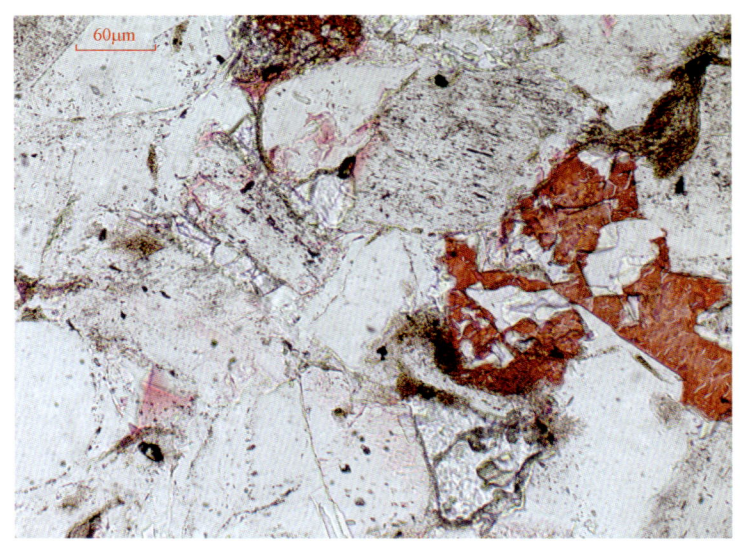

图 5-374　自生菱沸石、方解石充填孔隙，交代碎屑，
单偏光，三叠系延长组

图 5-375　沿粒间孔壁近垂直生长的自形板状片沸石，因含微量铁而呈橘红色，
被稍晚形成的绿泥石包裹，单偏光，二叠系

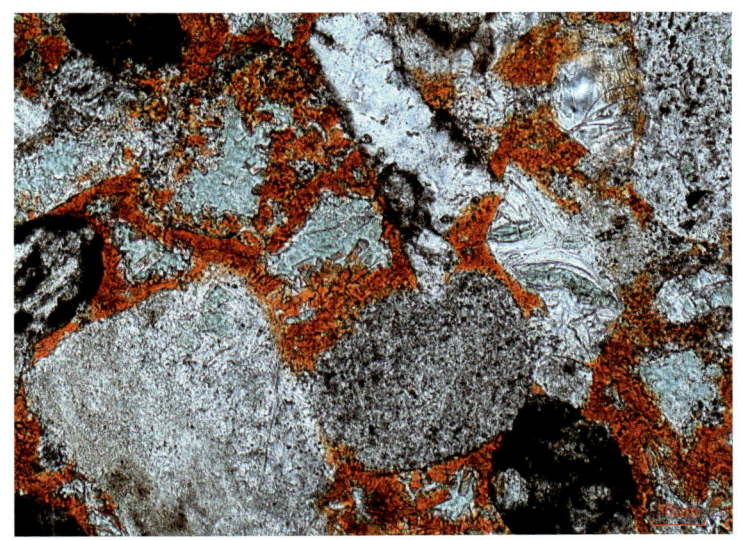

图 5-376 片沸石呈自形或半自形粉晶粒状沿粒间孔壁生长,因含铁而呈橘红色,片沸石形成后的剩余孔隙充填绿泥石,单偏光,二叠系

图 5-377 充填孔隙的自生片沸石,单晶呈板状或近菱面体状,单偏光下无色或淡黄色,具低负突起,单偏光,佳县剖面,三叠系延长组

图 5-378　与图 5-377 同视域，垂直解理的切面具平行消光，负延性；斜交解理的切面，有时为平行消光，有时为斜消光，消光角小，延性可正可负，正交偏光间具一级灰干涉色，正交偏光

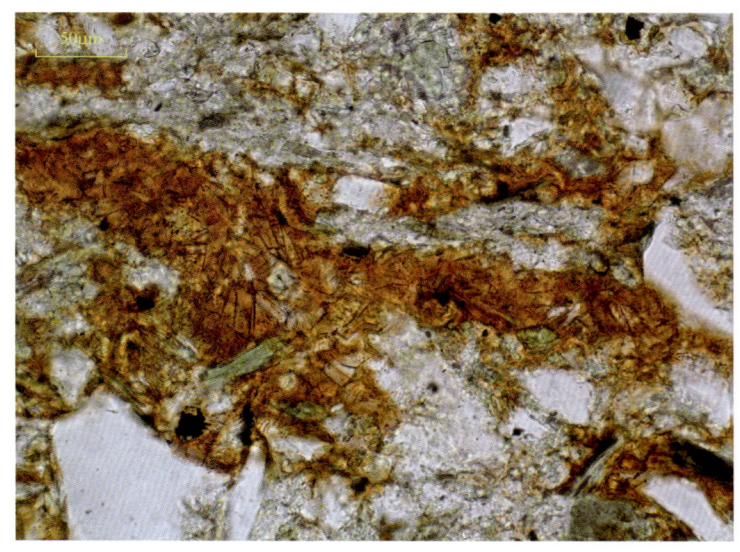

图 5-379　斜发沸石，单偏光下因含氧化铁而呈褐黄色，因晶体细小在偏光显微镜下不易测定，需要借助 X 衍射分析，单偏光，窟野河剖面，三叠系延长组

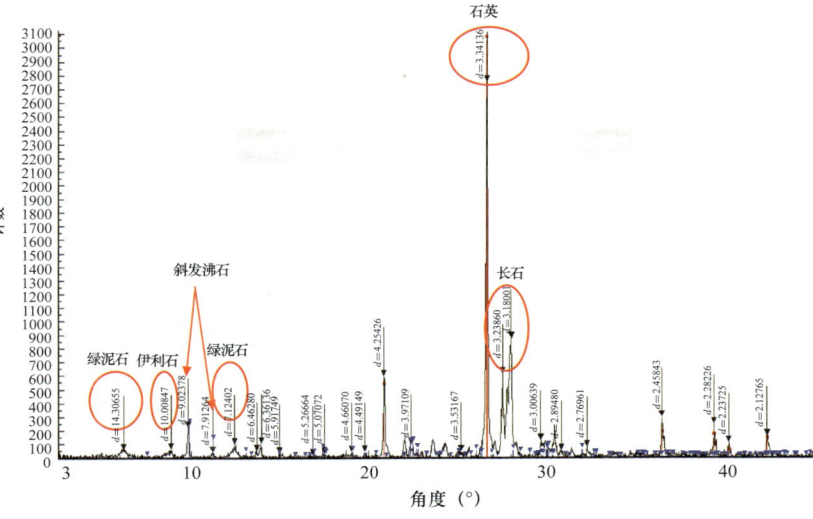

图 5-380 窟野河剖面延长组斜发沸石 X 衍射谱图

图 5-381 斜发沸石，单偏光下无色，正交偏光间具一级
灰干涉色，单偏光

图 5-382　斜发沸石，与图 5-381 同视域，正交偏光，窟野河剖面，三叠系延长组

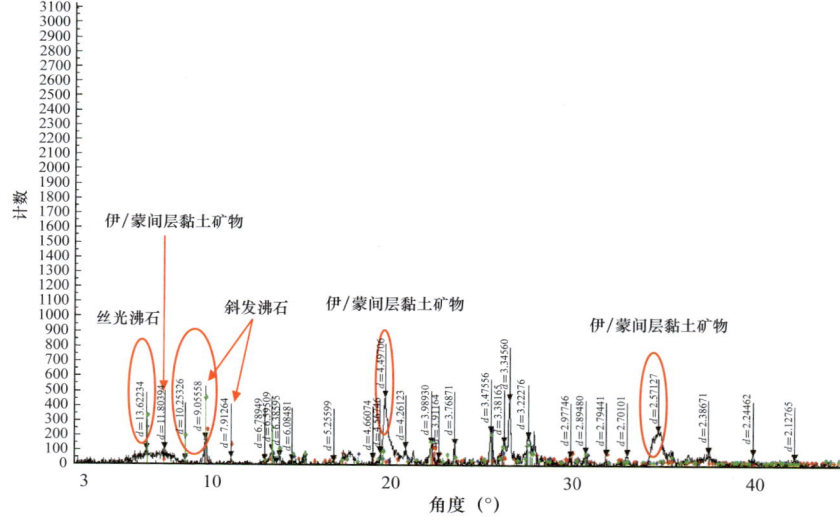

图 5-383　佳县延长组剖面含丝光沸石砂岩 X 衍射谱图

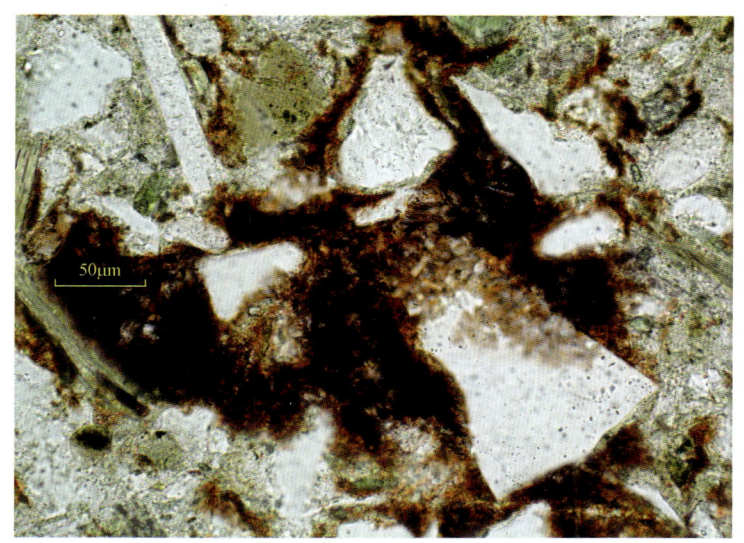

图5-384 含丝光沸石和斜发沸石砂岩单偏光下特征,因含氧化铁而呈褐红色,二者密切共生,在偏光显微镜下较难分辨,单偏光,三叠系延长组

（5）砂岩中常见的硫酸盐类矿物有石膏、硬石膏和重晶石,偶尔可见沿裂缝充填的天青石。在鄂尔多斯盆地侏罗系及延长组部分砂岩中,硫酸盐矿物较常见,它是蒸发环境的产物。在新地层中以石膏为主,在老地层中则以硬石膏为主,有时可见石膏与硬石膏的过渡——半水石膏。

① 石膏：在单偏光下无色透明,低负突起,具不显著的糙面；呈充填孔隙状产出,晶形常呈柱状、纤维状和不规则粒状,具一组明显的解理；正交偏光间具一级灰色—黄白色的干涉色,在解理最清晰的切面上呈平行消光,在平行解理的切面上则具斜消光,具负延性符号；常见｛100｝双晶,可呈聚片双晶（图5-385至图5-388）。其形成常与蒸发环境有关,或与热液活动有关。

② 硬石膏：在单偏光下无色透明,有时可呈浅粉红色或浅蓝色,中正突起；自形晶的切面形态呈矩形或不规则的粒状,经常可见相交成直角的解理缝。紫色的硬石膏在单偏光下具多色性：N_p、N_g—紫色,N_m—无色。正交偏光间硬石膏双折射率相当高,干涉色

可达三级绿色；平行消光；可见聚片双晶或简单双晶（图5-389至图5-392）。硬石膏遭受水化后即变为石膏。

鉴定特征：在碎屑岩中常呈连生状充填孔隙。硬石膏和石膏的区别在于硬石膏具较高的折射率和双折射率，假立方解理亦可作为硬石膏的特征之一。

③重晶石：在单偏光下无色透明，具中正突起。自形重晶石的切面常呈柱状、板状和粒状，其上发育一至二组解理缝；有时可呈鲕状、豆状或结核状。在碎屑岩中重晶石常充填孔隙或裂缝，当生长空间较大时，可形成自形晶体；在正交偏光间最高干涉为一级黄色；对于{001}解理缝，切面呈平行消光；具正延性；有时可见聚片双晶（图5-393至图5-398）。

鉴定特征：重晶石与天青石非常相似，区别在于比天青石突起高，干涉色略低（图5-399和图5-400）；重晶石也易与硬石膏混淆，但重晶石的突起比硬石膏略高，干涉色比硬石膏低很多。

图5-385 砂岩中呈连生状充填孔隙的石膏，单偏光下无色，具一组明显的解理，负突起显著，单偏光，侏罗系安定组

图 5-386　呈连生状充填孔隙的石膏，正交偏光间具一级灰白干涉色，
正交偏光，侏罗系直罗组

图 5-387　呈纤维状充填孔隙的石膏，正交偏光间具一级灰—灰白干涉色，
正交偏光，侏罗系延安组

图 5-388　石膏局部脱水，向硬石膏转化，正交偏光间石膏具一级灰白干涉色，硬石膏具二级干涉色，正交偏光，侏罗系延安组

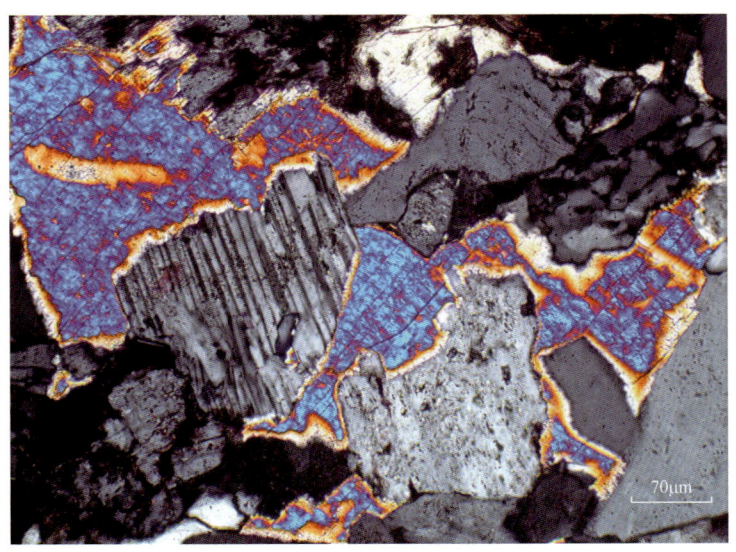

图 5-389　呈连生状充填孔隙的硬石膏，具鲜艳的二级蓝干涉色，正交偏光，三叠系延长组

图 5-390　硬石膏呈连生状充填孔隙并交代碎屑，具鲜艳的二级橙干涉色，正交偏光，三叠系延长组

图 5-391　不同切片方位的硬石膏干涉色有差异，近于垂直锐角等分线切面的硬石膏干涉色较低，正交偏光，三叠系延长组

图 5-392　充填孔隙状的硬石膏，具三级蓝紫干涉色，见近直交的解理，正交偏光，三叠系延长组

图 5-393　呈连生状充填孔隙的自生重晶石，正交偏光，三叠系延长组

图 5-394　具波状消光的自生重晶石，
正交偏光，侏罗系富县组

图 5-395　重晶石充填孔隙，单偏光下无色，具中正突起，两组解理
近于直交，单偏光，三叠系延长组

图 5-396　充填于石英加大之后的重晶石，正交偏光间具一级灰干涉色，正交偏光，三叠系延长组

图 5-397　自生的长柱状重晶石，正交偏光间具一级灰干涉色，正交偏光，100×，侏罗系富县组

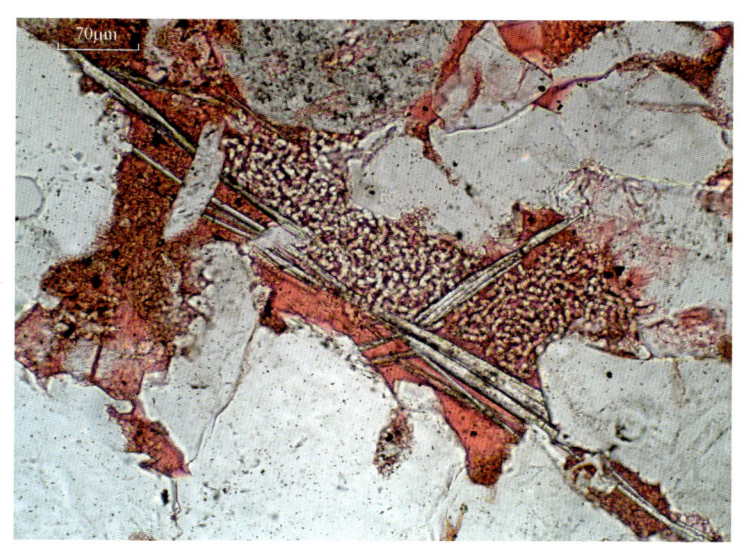

图 5-398　自生的针状重晶石，与自生高岭石共生，
　　　　　单偏光，侏罗系延安组

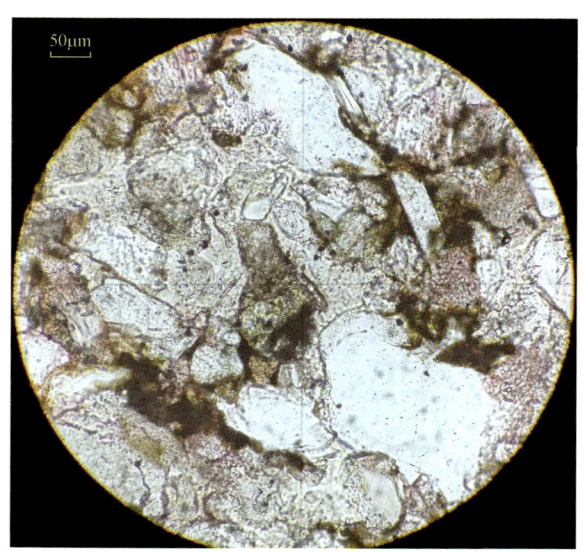

图 5-399　充填孔隙状天青石，在单偏光下无色，具中正突起，
　　　　　宁夏水井子沟剖面，单偏光，三叠系延长组

图5-400 与图5-399同视域,正交偏光间具一级灰白干涉色,天青石与重晶石的光性非常相似,天青石的突起较重晶石偏低,干涉色略高于重晶石,在偏光显微镜下几乎无法分辨,只有通过X衍射才能将二者区分开来,正交偏光

（6）其他胶结物。

除上述自生胶结物外,在碎屑岩中黄铁矿、黄钾铁矾、绿帘石、自生重矿物、火山灰等也可作为填隙物出现。

① 黄铁矿：薄片中不透明；常呈正方形、长方形、三角形和五角形断面,也呈不规则的粒状；反射光下具金属光泽,呈浅黄铜色。由于容易氧化,薄片中常见其被红色和褐色的含水氧化铁（褐铁矿、针铁矿）和水绿矾包围,有时全部氧化,仅保留黄铁矿的晶形（图5-401至图5-404）。

② 黄钾铁矾：单偏光下呈黄色,具多色性,N_o=金黄色、N_e=淡黄色—无色；正突起很高,糙面显著；自形晶体横切面呈方形、斜方形或长方形,有时呈隐晶—微晶集合体状充填于孔隙或裂缝之中；正交偏光间干涉色为高级白色（由于被自身颜色干扰而常呈黄色调）；平行消光或对称消光,为一轴晶负光性矿物；易变化为褐铁矿；常见于硫化物矿床氧化带或与热液活动有关；有时可作为金矿床的指示矿物（图5-405至图5-410）。

图 5-401　自生黄铁矿，具立方体晶形，单偏光下不透明，反射光下具亮黄色金属光泽，单偏光，侏罗系延安组

图 5-402　与图 5-401 同视域，反射光照片

图 5-403　黄铁矿，在砂岩中充填孔隙并交代碎屑，单偏光下不透明，单偏光，三叠系延长组

图 5-404　与图 5-403 同视域，反射光照片，反射光下具亮黄色金属光泽，反射光

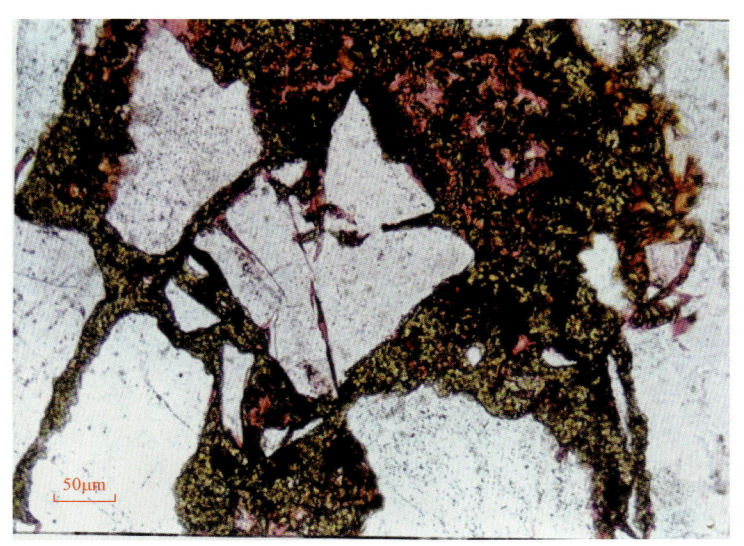

图 5-405　充填于孔隙及裂缝中的黄钾铁矾，单偏光下呈黄色，正突起很高，糙面显著，正交偏光间干涉色为高级白色，但受本身颜色干扰而带黄色调，易变化为褐铁矿，单偏光，六盘山盆地侏罗系石硯子组

图 5-406　黄钾铁矾，在单偏光下呈金黄色，隐晶集合体状，正突起很高，单偏光，三叠系延长组

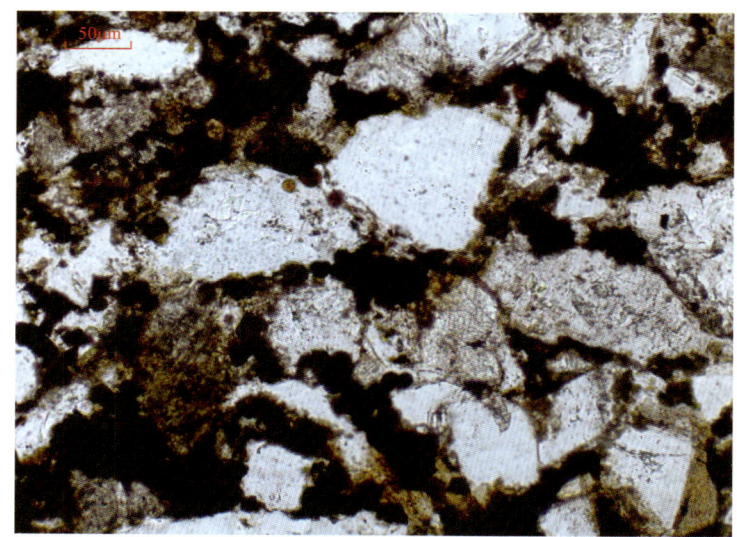

图 5-407 黄钾铁矾,呈球粒状,正突起很高,部分已褐铁矿化呈褐色,单偏光,三叠系延长组

图 5-408 与图 5-407 同视域,黄钾铁矾在反射光下具亮黄色反光,反射光

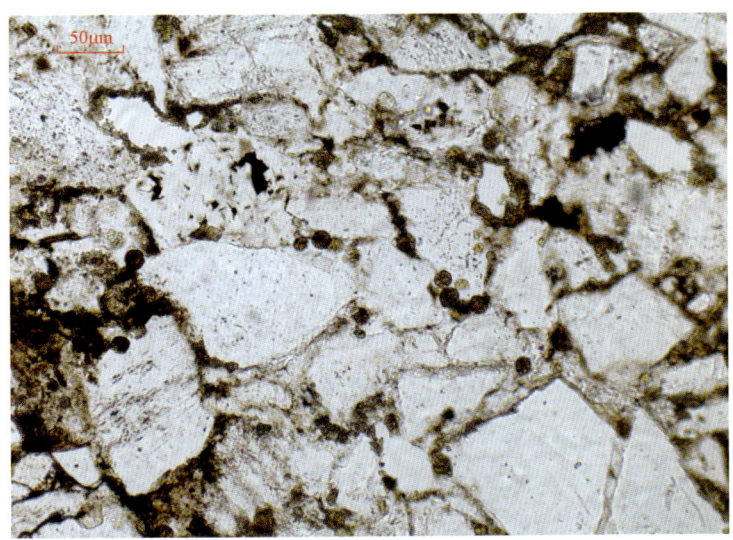

图 5-409　球粒状黄钾铁矾，集合体呈微粒状，单偏光下呈金黄色，具极高的正突起，单偏光，三叠系延长组

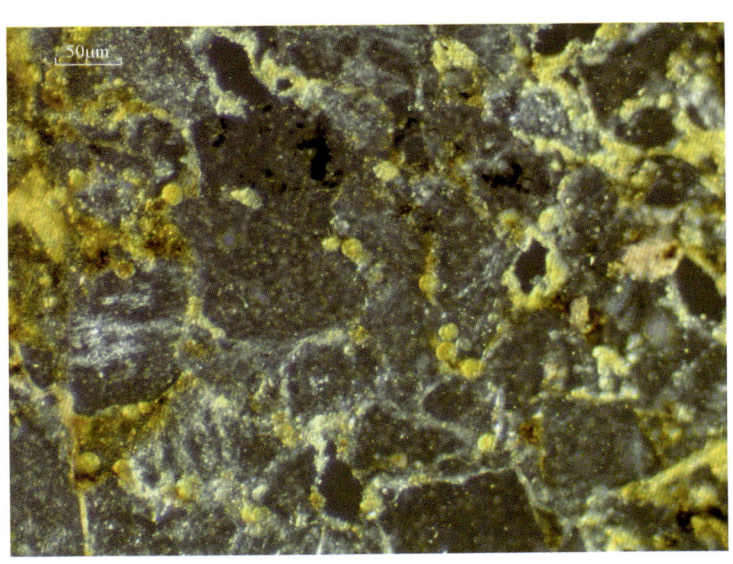

图 5-410　与图 5-409 同视域，在反射光下具亮黄色反射光，反射光

③ 自生重矿物：阶梯状石榴子石是一种常见的重矿物，是在成岩晚期沿陆源石榴子石边缘经再生长所形成。石榴子石可以分为两大类：铝质石榴子石（镁铝榴石、铁铝榴石、锰铝榴石）及钙质石榴子石（钙铝榴石、钙铁榴石、钙铬榴石）。加大形成的阶梯状石榴子石均属铝质石榴子石，成分与铁铝榴石及锰铝榴石相似，形成温度低于100℃，可作为地质温度计。据介绍，自生榍石、绿帘石一般分布于晚成岩阶段，其形成温度大于130℃（陈丽华等，1994）。

榍石可以作为主要的火成矿物，形成于火成岩冷却期间，也可以作为变质矿物。榍石的沉淀需要Ca（钙）和Ti（钛），如果沉积物成分足够，在成岩环境中也可以形成自生榍石。

自生重矿物见图5-411至图5-430。

④ 钛铁质：包括钛铁矿和白钛矿。钛铁矿为不透明矿物，在砂岩中常呈不规则粒状，极薄的晶体边缘呈微透明的暗褐色，反射光下为褐黑色，光泽较磁铁矿及赤铁矿暗淡；表面常覆有白色不透明的白钛矿，有时可以看到白钛矿环绕钛铁矿颗粒形成一个外壳，有时整个颗粒均变为白钛矿集合体，因此，反射光下经常看到的是白色。白钛矿是钛铁矿或其他含钛矿物（如榍石、金红石、锐钛矿、板钛矿）的分解物，部分黑云母、凝灰质以及绿泥石黏土膜发生蚀变后也可析出白钛矿。白钛矿常呈隐晶质，反射光下呈白色棉絮状，不透明（图5-431和图5-432）。

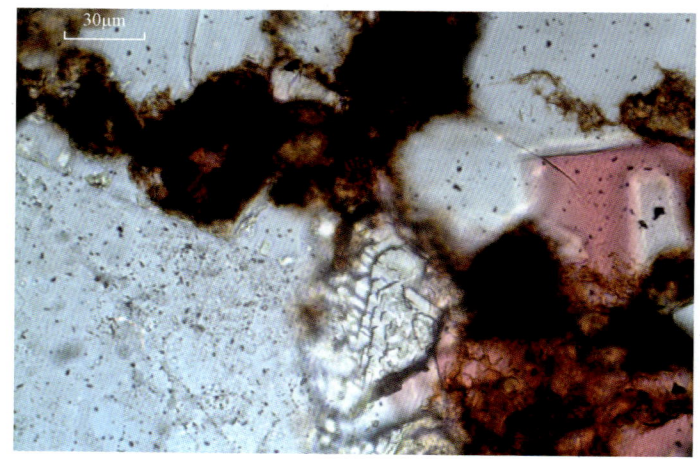

图5-411　沿碎屑石榴子石再生长形成的阶梯状石榴子石，单偏光，三叠系延长组

图 5-412　阶梯状铁铝榴石，电镜扫描，500×，胜利油田古近—新近系

图 5-413　沿碎屑榍石边缘再生长的自生榍石，与碎屑相比，颜色偏淡，
　　　　　单偏光，三叠系延长组

图 5-414　沿碎屑榍石边缘再生加大状及充填孔隙状自生榍石，单偏光，三叠系延长组

图 5-415　碎屑榍石与充填孔隙状自生榍石，在正交偏光间具高级白干涉色，正交偏光，三叠系延长组

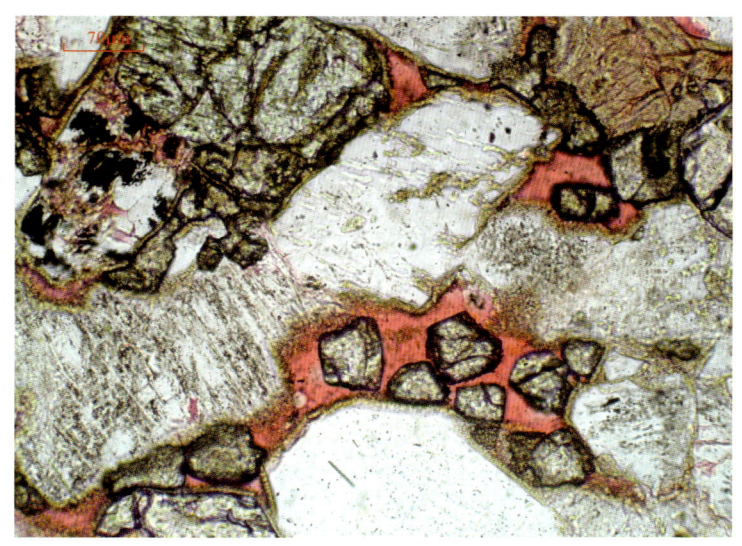

图 5-416 砂岩粒间孔内的自形多边形粒状自生榍石,在单偏光下具极高的正突起,呈淡棕色,单偏光,三叠系延长组

图 5-417 生长于剩余粒间孔内的自生帘石,晶粒细小,具极高的正突起,干涉色可达二至三级,正交偏光+云母试板,三叠系延长组

图 5-418　沿粒间孔壁生长的自生帘石，具三级干涉色，干涉色不均一，正交偏光+云母试板　三叠系延长组

图 5-419　沿热液脉两侧充填于砂岩孔隙中的自生晶粒状绿帘石，单偏光下为淡黄绿色，单偏光，三叠系纸坊组

图 5-420　与图 5-419 同视域，在正交偏光间具二至三级鲜艳的干涉色，正交偏光

图 5-421　充填孔隙状自生闪锌矿，具极高的正突起，半透明，裂理发育，单偏光，三叠系延长组

图 5-422　为图 5-421 局部放大后特征，单偏光

图 5-423　砂岩中的金红石（Rt），单偏光下为褐色、黄色，具极高的正突起，
　　　　　单偏光，二叠系下石盒子组

图 5-424 与图 5-423 同视域，正交偏光间干涉色最高可达高级白色，但由于矿物颜色深，干涉色常被矿物颜色所掩盖，平行消光，正延性，正交偏光

图 5-425 围绕钛铁矿周缘生长的自生金红石，在反射光下金红石具亮黄色玻璃光泽，反射光，二叠系下石盒子组

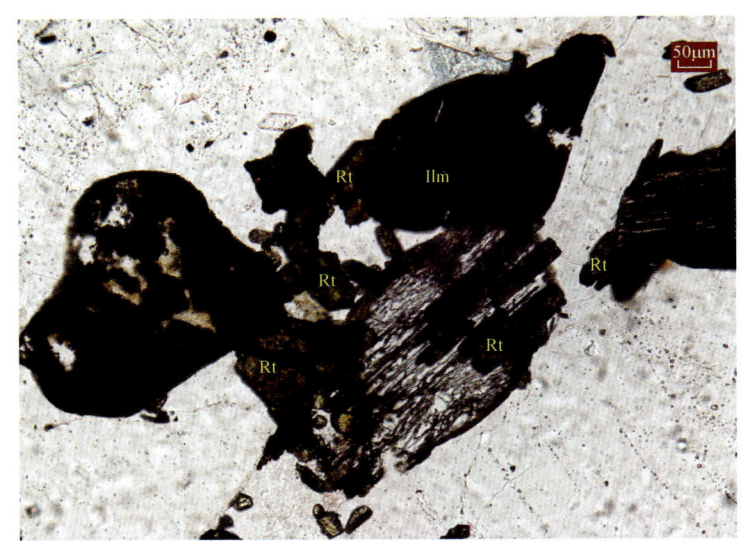

图 5-426　与钛铁矿（Ilm）密切共生的金红石（Rt），具自形柱状晶形，在单偏光下为黄褐色，具极高的正突起，单偏光，二叠系下石盒子组

图 5-427　与图 5-426 同视域，与钛铁矿（Ilm）密切共生的自生金红石（Rt），在正交偏光间干涉色最高可达高级白色，但常被矿物颜色所掩盖，正交偏光

图 5-428 与图 5-427 同视域，反射光照片，在反射光下，金红石具亮黄色玻璃光泽，反射光

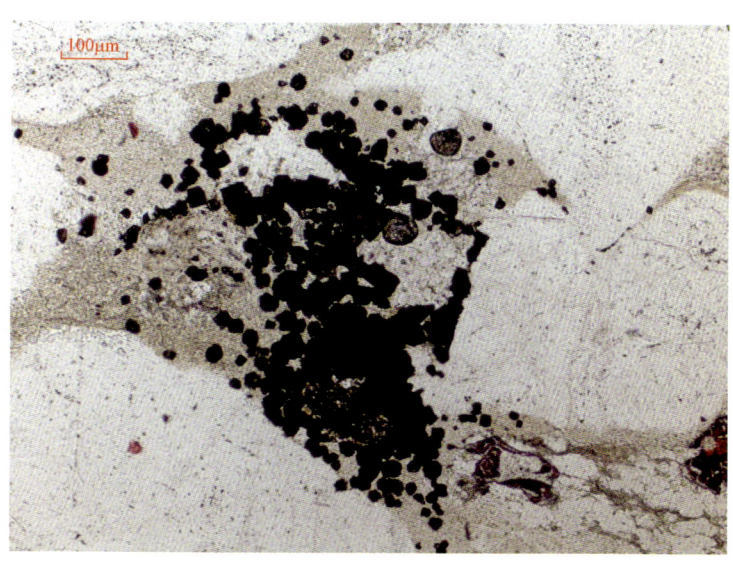

图 5-429 含蚀变凝灰质岩屑砾状砂岩中的自生粉晶状钛铁矿，单偏光下不透明，单偏光，二叠系下石盒子组

图 5-430 与图 5-429 同视域,反射光照片,钛铁矿转变为白钛矿,在反射光下具白色反射光,反射光

图 5-431 沿碎屑边缘分布的薄膜状钛铁质,可能为绿泥石膜蚀变所形成,单偏光,二叠系下石盒子组

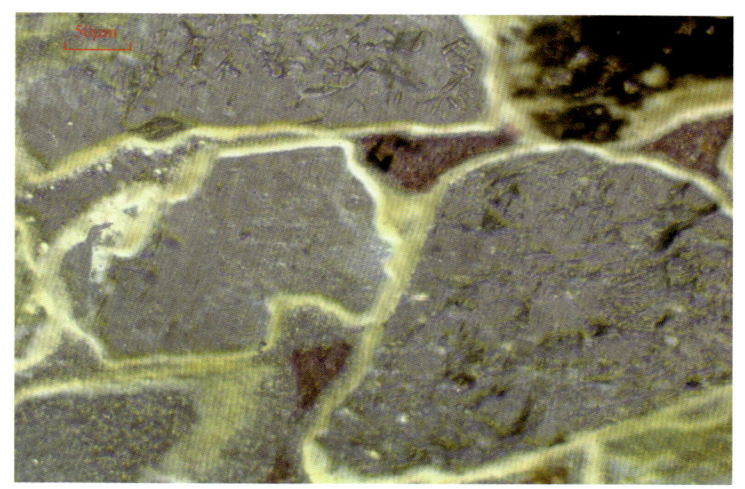

图 5-432　与图 5-431 同视域，在反射光下具浅黄白色反射光，反射光

三、其他填隙物

（1）凝灰质：在正常沉积的碎屑岩中，作为填隙物的凝灰质以火山灰为主。碎屑岩填隙物中的凝灰质，一部分是由蚀源区凝灰岩母岩经风化剥蚀搬运而来，而另一部分凝灰质则可能是在沉积物搬运过程中由于同沉积期火山喷发，大量火山灰从天空飘移、降落或随沉积物经过流体搬运后进入沉积盆地，最终成为碎屑岩的填隙物。大量实例表明，砂岩中火山灰一旦出现往往含量很高，甚至填满所有的孔隙，而且常伴有部分火山石英（晶屑）。因而，当碎屑岩中以凝灰质为主胶结时，这时的凝灰质不应作为陆源杂基，即含有凝灰质的碎屑岩中凝灰质的含量与沉积物搬运过程中的水动力条件无关。

火山灰在镜下的特点：粒径极细小，一般小于 0.01mm，常呈集合体状产出，无固定外形，高倍镜下无晶面、晶棱，不显或微显光性；来自高温火山口的凝灰质，进入同沉积期因温度等条件的急剧变化，其组分往往变得极不稳定，因此，碎屑岩中的凝灰质蚀变现象非常普遍；火山灰脱玻化后常呈似霏细质点，具一级灰—白干涉色（图5-433 至图 5-449）。这些特点有别于泥质填隙物（泥质多为极细小的纤维状或鳞片状，干涉色较高），以此又可区别于泥质填隙物的沉积。

（2）有机质：指充填于碎屑岩孔隙及裂缝内的有机物质（图 5-450 至图 5-453）。

图 5-433 填隙物以凝灰质为主,凝灰质失水收缩呈丝网状、发丝状,形成大量收缩孔、缝,单偏光(蓝色为孔隙),新疆二叠系

图 5-434 蚀变凝灰质(可能以硅化为主),正交偏光,中卫老圈沟,二叠系山西组

图 5-435　充填孔隙状的蚀变凝灰质，已脱玻化向黏土矿物转变，
　　　　　具波状消光，正交偏光，二叠系山西组

图 5-436　充填孔隙状的凝灰质，已脱玻化转变成黏土矿物，局部已经向
　　　　　白云母转变，正交偏光，二叠系山西组

图 5-437　充填孔隙状的蚀变火山灰，部分已脱玻化形成黏土矿物，单偏光，二叠系下石盒子组

图 5-438　充填孔隙状的蚀变火山灰，部分已转变为铁白云石（染色后呈蓝色），单偏光，二叠系山西组

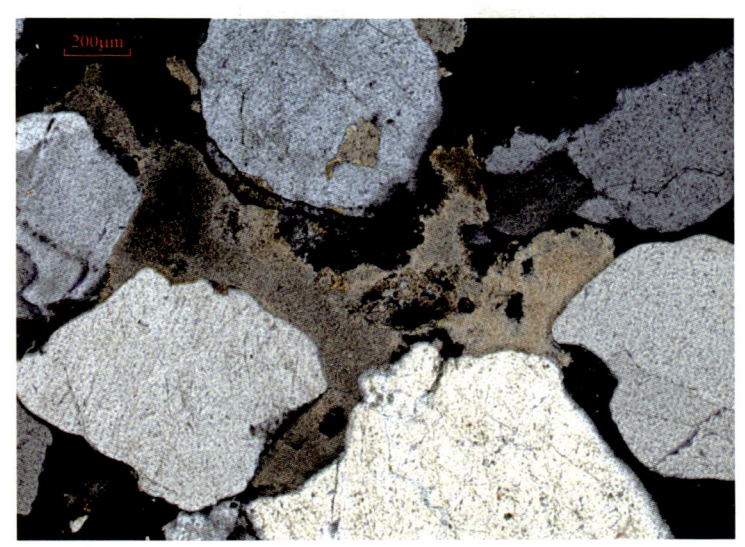

图 5-439　凝灰质蚀变形成泥晶状含铁白云石，含铁白云石在正交偏光下呈高级白干涉色，正交偏光，二叠系山西组

图 5-440　凝灰质蚀变形成的富钛铁质黏土膜，在孔隙狭窄部位因为孔隙水活动受限，蚀变作用无法进行而未形成黏土膜，孔隙中央的凝灰质已经脱玻化成为黏土矿物，而孔隙变窄部位的凝灰质脱玻化不明显，单偏光，二叠系山西组

图 5-441　与图 5-440 同视域，在正交偏光下未蚀变的凝灰质光性较弱，而孔隙中央的凝灰质已经转变为绢云母或水云母等黏土矿物，具一级黄干涉色，正交偏光

图 5-442　含蚀变凝灰质岩屑砾状砂岩，填隙物为绿泥石化蚀变火山灰，局部脱玻化成为绿泥石，部分碎屑被绿泥石全交代成为泥化碎屑，单偏光，二叠系山西组

图 5-443　砂岩中的填隙物由同沉积期形成的凝灰质及自生高岭石组成，高岭石充填于不规则状凝灰质收缩孔中，凝灰质蚀变后析出少量钛铁质（黑色），单偏光，二叠系

图 5-444　同沉积期形成的凝灰质，呈隐晶状，蚀变后析出大量黑色钛铁质，个别石英加大边内包裹蚀变凝灰质，单偏光，三叠系延长组

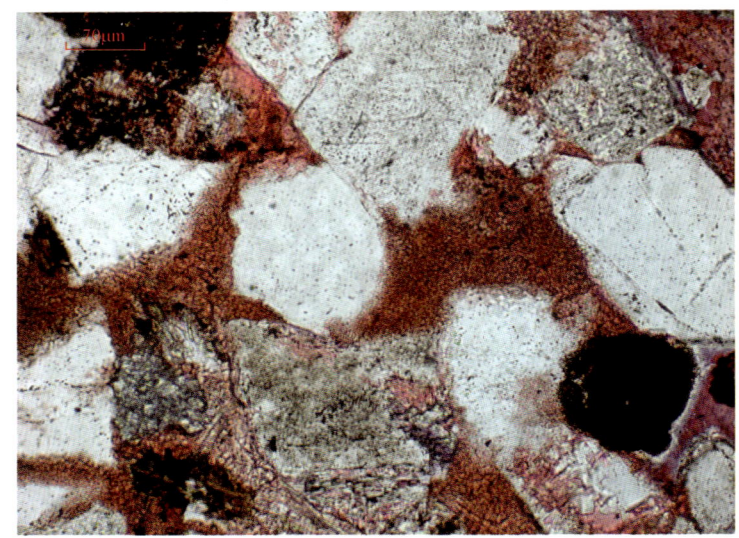

图 5-445　蚀变凝灰质，部分转变为高岭石，单偏光，三叠系延长组

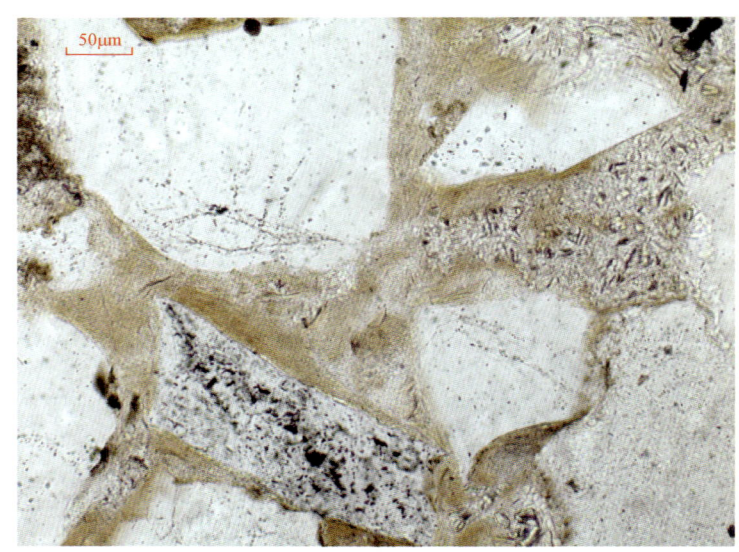

图 5-446　凝灰质脱玻化向黏土矿物转化，蚀变形成的黏土矿物结晶程度不均一，孔隙中央结晶明显较粗，单偏光，二叠系下石盒子组

图 5-447　与图 5-446 同视域，蚀变形成的黏土矿物具轮流消光，正交偏光

图 5-448　蚀变凝灰质，蚀变后形成浊沸石及伊/蒙混层黏土，正交偏光，口镇剖面，二叠系石千峰组

图 5-449 蚀变凝灰质，凝灰质蚀变后形成浊沸石及伊/蒙混层黏土（分布于粒缘），部分浊沸石发生溶蚀，正交偏光+云母试板，口镇剖面，二叠系石千峰组

图 5-450 石英粒内缝中充填有机质，单偏光，二叠系下石盒子组

图 5-451 粒间孔充填重质沥青，部分碎屑被有机质浸染，单偏光，三叠系延长组

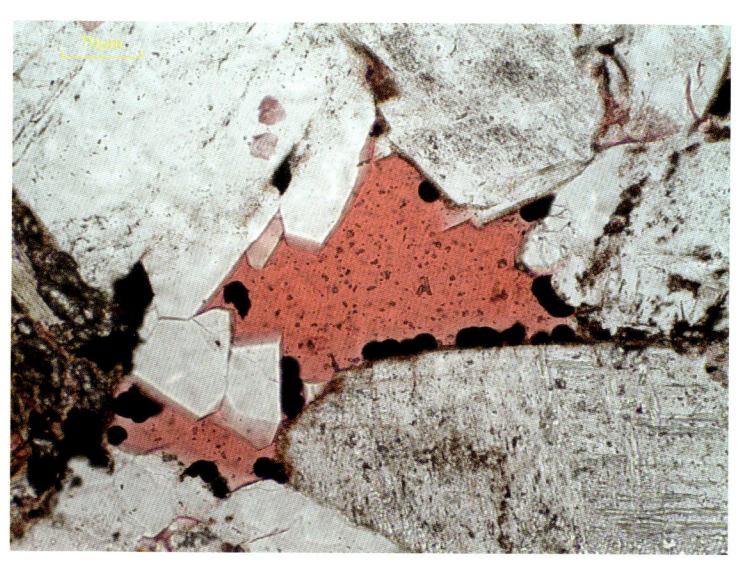

图 5-452 微粒状沥青质，易附着在不光滑的绿泥石孔隙衬里上，单偏光，三叠系延长组

图 5-453 微粒状沥青质,石英加大边中包裹沥青质,其充填时间在绿泥石膜形成之后,单偏光,三叠系延长组

第四节 碎屑岩组分的统计方法

一、砂岩组分的统计方法

砂岩组分统计是确定岩石类型、沉积物母岩组合、研究源区古气候、古环境等信息的主要方法之一。

目前砂岩组分统计常常采用的方法有:目估法、面积法、直线法(或叫线测法)和点计法。

1. 目估法

目估法是使用一套标准矿物含量图案(图 5-454)作为对比标准,在偏光显微镜下,用肉眼近似地估计出各种矿物的百分含量。该方法主观性强,碎屑组分含量估计不够准确,但是特别省时,如果工作要求精度不高,可采用该方法。

2. 面积法

面积法是根据岩石薄片中各种矿物所占的面积百分比,近似于

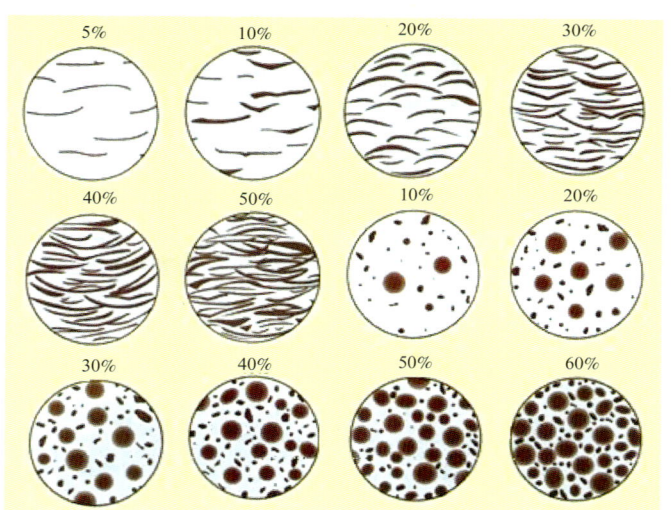

图 5-454 用于估测薄片、揭片、照片或数字图像中某组分含量的视觉比较图
（据 Baccelle 和 Bosellini，1965）

矿物在岩石中所占的体积百分比。具体是根据各种矿物在显微镜视域中所占方格数或拼接的面积，确定出每种矿物所占面积的百分比。该方法精度较高，但比较耗时。

测定时，利用目镜方格网（图 5-455）与机械台（图 5-456）配合进行。

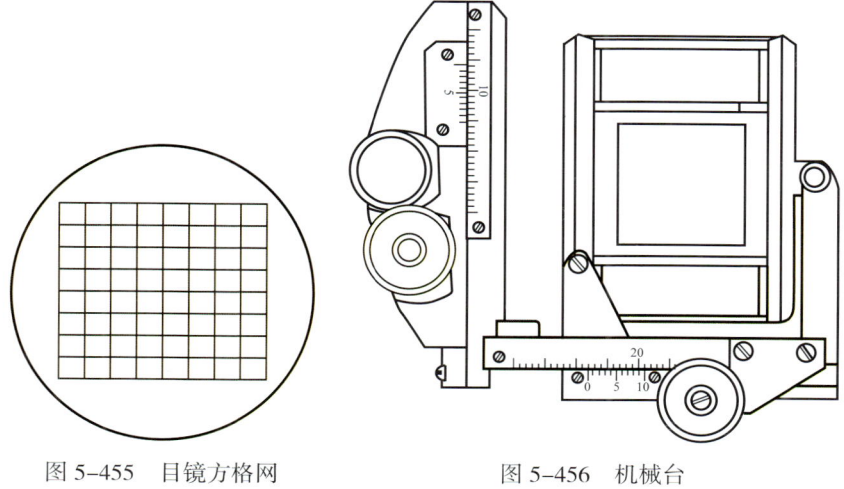

图 5-455　目镜方格网　　　　图 5-456　机械台

目镜方格网通常是在目镜成像平面中安装一块圆形玻璃片，其上刻有方格网，方格网的每边有固定长度，分为若干等分，每个方格代表着等大的面积，可根据不同组分所占方格数之比，计算出各组分的相对百分含量。

机械台有固定螺钉，可将其安装在载物台上，机械台的两边有移动螺旋，可以使薄片前后左右移动。

测定步骤：

（1）把目镜方格网安置在目镜中，将机械台安置在显微镜载物台上，并使载物台固定。把岩石薄片放在机械台上。

（2）准焦后，轻轻转动机械台螺旋，移动薄片，使岩石薄片左上边缘与目镜方格网的边部一致。

（3）计算整个视域中每种矿物所占的方格数。在组分边缘往往只截取小方格的一部分，此时可以将所有不满的小方格部分估计折合为整的小方格计数，把各种组分所占小方格数记录于表5-2中。

（4）第一视域计算完后，扭动机械台的水平螺旋，使薄片向右移动一部分，按上述方法计算各种组分所占小方格数，记录于表5-2中。

表5-2 方格网统计表

视域	组分所占的小方格数				
	第一种组分	第二种组分	第三种组分	第四种组分	…
1					
2					
3					
4					
…					

（5）第一条测区计算完后，转动机械台上的垂直螺旋，使薄片向下移动，测定第二条测区中各视域。

如此左右上下，连续测完整个薄片。分别计算每一种组分所占方格数之和。设各种组分所占总方格数为100%，再计算出每种组分所占面积百分比。

岩石粒度、结构、构造均能影响计算的准确性，一般是粒度愈大，结构愈不均匀，测量的视域愈多。测定粗粒岩石常用低倍物镜；细粒岩石用中倍物镜，总之以每个碎屑不超过目镜微尺 3～5 小格为宜。

在薄片鉴定过程中，除了用目镜网格法进行面积统计以外，通常将目估法和面积法相结合进行含量统计。常用的方法有：拼面积法和数单位颗粒法。

3. 拼面积法

步骤大致如下：

（1）先将单个视域内的面积视为 100%，显微镜目镜中的十字丝将视域分割成四个象限，即每个象限的面积为 25%，1/2 象限面积为 12.5%，1/4 象限面积为 6.3%（图 5-457）。

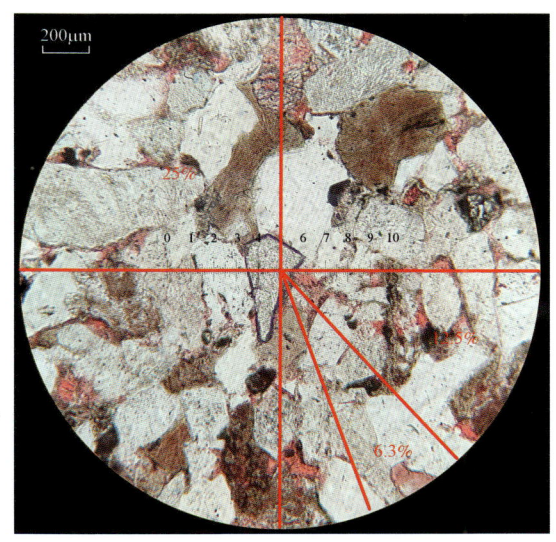

图 5-457　目估法与面积法相结合的统计方法示意图

（2）然后将视域内出现的各种组分分别进行面积拼接，大致得出其相对含量，并记录下来。

（3）换另一具代表性的视域进行面积估算，并记录。一般至少需要统计三个以上视域，将含量进行平均，计算出岩石中主要组分的相对百分比。

4. 数单位颗粒法

步骤大致如下：

（1）在视域内选一个能代表平均粒径的碎屑作为单位颗粒（如图5-458中蓝色圆圈内颗粒）。

（2）以所选单位颗粒为参考，分别数出视域内不同组分所占的单位颗粒，铸体薄片可包括孔隙在内。

（3）计算各组分的相对百分含量。

数单位颗粒时，遇到粒径较大的碎屑，可以将其分割后进行统计；遇到粒径小于单位颗粒的碎屑，可以用拼接法来统计。

以图5-458为例，蓝色圆圈选定的颗粒即为该砂岩的单位颗粒，经用等大圆圈拼图测试后，视域中每一个象限的面积大致为9个单位颗粒的大小（其中一个圆为拼接起来的），一个视域内大致有36个单位颗粒大小，即：36个单位颗粒=100%，一个单位颗粒的含量大约为2.8%。

图5-458　数单位颗粒法示意图

数单位颗粒法实例：

如图5-458所示，该视域内，石英碎屑约占23个单位颗粒，即石英在该视域内的含量约为23×2.8=64.4%；长石碎屑约占4个单位颗粒，含量约为 11%；其他组分的面积约占 1 个单位颗粒，含量约为 2.8%；孔隙所占面积约为 8 个单位颗粒，面孔率约为 22.4%。

注意：这只是一个视域内组分的大致含量，一般至少需要数三个以上视域，并将几个视域的统计结果进行平均，才能保证含量的相对准确，统计的视域数量愈多，含量愈准确。此外，当包括孔隙在内时，定名时需重新计算岩石组分的相对百分含量。

5. 直线法（即线测法）

基本原理是根据岩石薄片中各种矿物颗粒分别所占长度之和与测量总长度比值，近似于它们各自的体积与岩石总体积之比。即只要测定出薄片中各种矿物颗粒的长度之和，就可换算出它们的体积百分比。通常认为，直线法的测线总长度必须至少为岩石粒径平均值的一百倍以上。

基本操作过程如下：

（1）将机械台安装于载物台上，再将薄片固定在机械台上，转动载物台的纵横轨道分别与目镜十字丝平行并固定载物台，转动机械台上旋钮使岩石薄片上方一侧的矿物颗粒边缘与目镜微尺一端重合。

（2）在第一测线的第①视域中分别统计微尺上各种矿物颗粒所占长度的小格数，并记录于表 5-3 中。

（3）每统计完一个视域，再旋转机械台的横向螺旋向一侧移动至第②视域，保证前后两个视域首尾端相接。用相同方法统计第②视域微尺上每个矿物所占长度的小格并记录。继续移动薄片至第③视域、第④……视域并逐一统计各视域内各种矿物颗粒在微尺上的长度，至微尺贯穿整个薄片即完成第一测线的统计。

（4）用机械台的纵向与横向轨道调节旋钮将薄片移至第二条测线的起始端，用相同方法逐一统计各视域微尺上各个矿物颗粒所占的长度，并记录。而后再进行第三条测线、第四条测线的统计，直到扫描完整个薄片或达到应有的颗粒数目为止。

（5）最后，按记录统计各矿物颗粒的累计长度小格数和所有测线的总长度（用小格数表示），二者的比值即为该矿物在薄片中的百分含量，也即该矿物在岩石中的近似含量。

表 5-3　直线法统计原始记录表

线数	视域	各组分所占刻度数				
		第一种组分	第二种组分	第三种组分	第四种组分	…
第一线	①	17	4	10	18	
	②	30	12	11	13	
	③	5	8	15	9	
	④	15	3	9	6	
	⑤	20	5	8	12	
第二线	①					
	②					
	③					
	④					
	⑤					
第三线	①					
	②					
	③					
	④					
	⑤					
第四线	①					
	②					
	③					
	④					
	⑤					
…						

直线法的精度符合统计学原理，微尺测量过的为颗粒样本，薄片中的全部颗粒为总体，样本愈大即统计的颗粒数目愈多测线愈长，精度愈高误差愈小，相应其工作量愈大。对于一般薄片研究而言，统计颗粒总数达200～300时即可满足精度要求。对于要求精度高者颗粒总数相应增多。

测线间距和显微镜的放大倍数对测量精度也有影响，间距过大和放大倍数过小时，粒径小的矿物出现的概率将会降低或难以识别；放大倍率过大又增加了统计的工作量。一般测线间距与薄片中矿物的平均粒径相当为宜，放大倍率需保证小粒径矿物不小于微尺一小格，一般以每视域微尺穿过10～20个颗粒为宜（图5-459）。

图5-459　单个视域照片，线测法就是要逐个统计一条测线上每个视域中与目镜微尺截切的组分所占的刻度数

6. 智能化电子颗粒计数器统计法

其原理是统计岩石中各组分在平面内出现的频率百分比。由两个主要部分组成：一部分为脉冲驱动的机械台，可安装在显微镜载物台上；另一部分为自动控制的计数器，其上有16个计数按键及16个操作键，每个计数键可代表岩石中的一种组分。机械台与计数器由电缆线相连，每按动一次计数键，可使薄片沿测线水平等间距移动一次，并自动记录在计数器中（图5-460）。

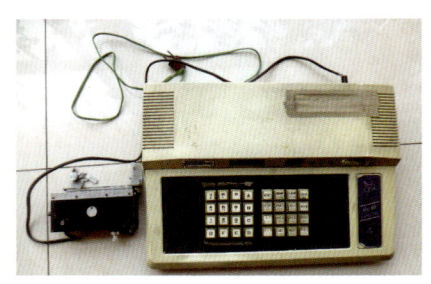 

图 5-460　智能化电子颗粒计数器

测定步骤大致如下：

（1）将矿片固定在计数器专用的机械台上，根据岩石中组构特征选择合适的点间距及测线间距。使用水平和垂直移动螺旋及拉杆，使矿片移至边缘准备进行测试。

（2）通过显微镜下观察，确定矿片中位于十字丝交叉点组分的类型，在计数器数字键上找到与之对应的键并用手指轻轻按压，此时在计数器显示屏上可见与该组分对应的数字显示，同时，机械台上的薄片等间距向前移动至下一个交叉点位置，并继续进行统计，依次测定测线内每一个与十字丝中心相交的组分，至第一测线完毕。

（3）随后，旋转垂向移动旋钮，按已经确定好的测线间距将样品垂直移动至第二条测线，再拉动机械台上的水平移动拉杆将样品移至该测线的起点继续进行统计。如此第三测线……依次测定，直至达到所需点数。

（4）通过按键操作，依次读取每个数字键所代表组分的百分含量，记录在原始记录中（图 5-460）。

为了确保含量较少的组分不被遗漏，可将样品从机械台中取出，放在载物台上，对岩石薄片进行全面浏览，检查统计结果是否有漏项，对分布不均匀的组分含量进行微调。

颗粒计数器的测定依然遵循直线测量的原理，其测线及测点间距的确定可随岩石组分均一程度及粒级进行调整。一般与直线法相同，即测线间距取平均粒径的两倍，测点的间隔不能大于粒状矿物的平均粒径，以免使细粒较小组分被漏掉，统计点数一般不低于 300 个点。统计的点数愈多，统计结果愈准确。与线测法不同的是，用计数器统计时，只需准确识别视域中心十字丝交叉点处的组分，因此，在统计时使用略高倍物镜更有利于对测点中岩石组分的准确识别。

用直线法和点计法统计组分时，在统计的基础上，还需要结合对整个样品的镜下观察，对分布不均一及含量较少矿物的含量进行微调，尽量避免漏项及减少统计误差。对裂缝面积（面缝率）的统计则可用裂缝总面积与岩片面积之比求得，即测量出裂缝平均宽度和裂缝长度，代入公式：

$$M = \frac{L \cdot b}{A}$$

式中　M——面缝率，%；
　　　L——裂缝平均长度，mm；
　　　b——裂缝平均宽度，mm；
　　　A——岩片面积，mm^2。

二、粉砂岩组分的统计方法及微观特征描述

粉砂岩由于组分细小，受偏光显微镜分辨率的限制而难以分辨。所以，中华人民共和国石油天然气行业标准 SY/T 5368—2016 中不要求对粉砂岩的组分作出统计。而且大部分粉砂岩与泥岩、页岩呈过渡状产出，在成分上也介于砂岩和页岩之间，常富含石英及云母。在粉砂岩岩石薄片鉴定过程中，其组分虽不要求进行百分含量的统计，但可在中—高倍镜下对其主要组分进行详细描述及大致的含量统计，组分的统计方法可参考砂岩的统计方法（图 5-461 至图 5-463）。

（1）当粉砂岩中含有砂级碎屑时，可对其中所含砂级碎屑的组分及含量分别进行统计。

（2）当粉砂岩中不含砂级碎屑时，可对其中所含不同粒级的组分进行大致统计并描述，如其中粗粉砂、细粉砂、黏土矿物所占比例以及主要组分特征。

（3）当粉砂岩中含有其他组分（如生物化石、碎片等）时，可对其进行描述。

（4）粉砂岩中往往具较发育的交错层理或同沉积构造，可对观察到的沉积构造现象进行描述。

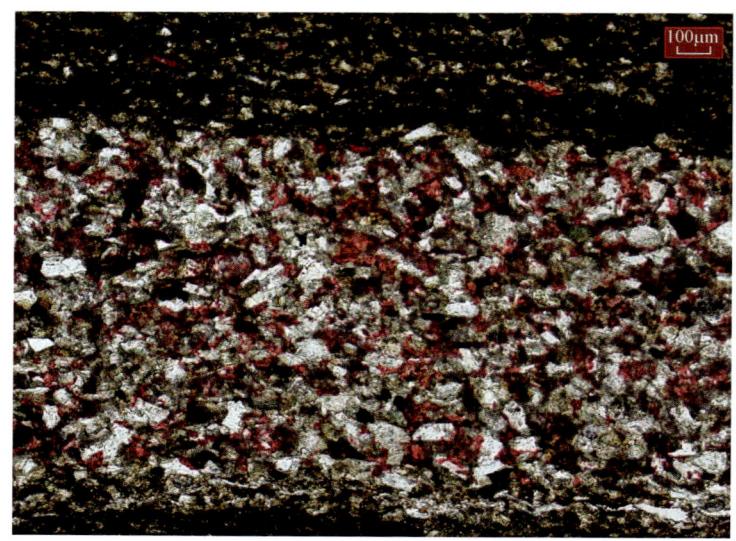

图 5-461 与泥岩间互产出的钙质粉砂岩薄层，单偏光，三叠系延长组

图 5-462 粉砂岩，含大量顺层分布的黑云母，单偏光，三叠系延长组

图 5-463　粉砂岩，含顺层分布的极细砂团块，其中含有白云岩岩屑，正交偏光，三叠系延长组

三、砾岩岩石薄片中组分的统计方法

砾岩中，粒径大于 2.0mm 的碎屑含量大于 50%，因此，对砾岩组分的鉴定主要依靠野外露头、钻井取心或手标本进行。与粉砂岩相反，砾岩则是由于碎屑粒径偏大，岩石薄片无法全面反映岩石的组分及结构特征而使薄片鉴定工作受到一定的限制。对于砾径偏细的细砾岩，建议磨制面积稍大的薄片（图 5-464），在偏光显微镜下进行组分统计，统计方法可参考砂岩组分的统计方法，一般以拼面积和数单位颗粒法较为适合。

在进行细砾岩岩石薄片的组分统计时，先分别统计岩石中砾石、砂级碎屑及填隙物的百分含量，再分别统计砾石及砂级碎屑中各类碎屑的百分含量（图 5-465、图 5-466）。如表 5-4 某含砂岩岩屑细砾石组分统计实例表所示。

图 5-464　对砾岩进行岩石薄片研究时可用如图所示直径约 5cm 的大薄片

图 5-465　砂质细砾岩，具粒度双峰结构，中—粗粒砂级碎屑填隙于砾石间，单偏光，二叠系

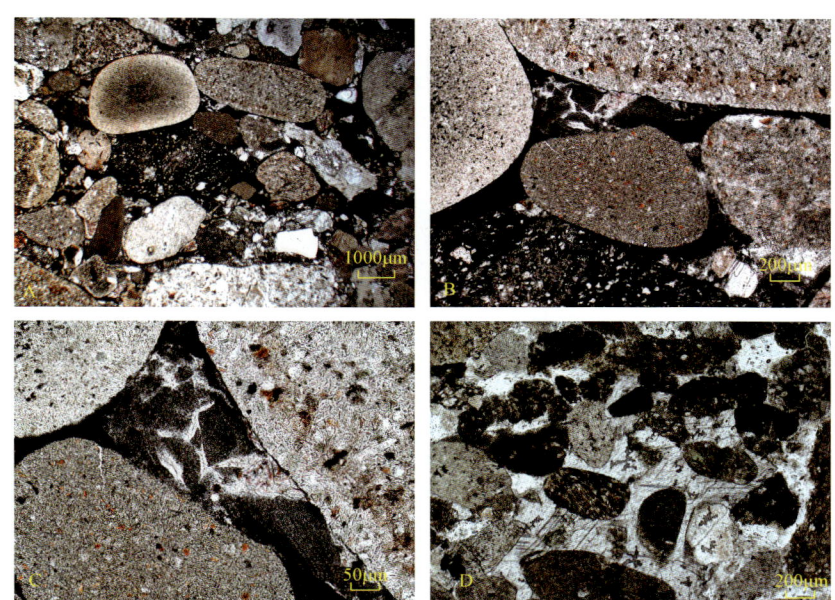

图 5-466 砾岩成分统计过程示意：A. 在低倍镜下统计砾石、砂级碎屑、填隙物的相对含量；B. 在中—低倍镜下观察砾石组分，并统计含量；C. 中倍镜下仔细观察填隙物组分，并统计其含量；D. 在中倍镜下观察所含砂级碎屑组分特征，并统计其含量

表 5-4 某含砂岩岩屑细砾石组分统计实例

砾石	含量（%）	砂级碎屑	含量（%）	填隙物	含量（%）
石英	1	石英	3	绿泥石	1
硅质岩	22	凝灰岩岩屑	8	浊沸石	4
霏细岩	23	霏细岩岩屑	2	方解石	1
凝灰岩	16	变质砂岩岩屑	1	硅质	1
变质砂岩	5	安山岩岩屑	1	伊利石	2
板岩	8	花岗岩岩屑	1		
总量	75	总量	16	总量	9

思 考 题

1. 岩石薄片鉴定前需要对岩石标本进行哪些方面的肉眼观察？
2. 偏光显微镜下碎屑石英与钠长石的主要区别有哪些？
3. 如何通过简单光性特征区分碎屑岩中的钾长石与斜长石？
4. 为什么在细粒砂岩中很少出现花岗岩岩屑呢？
5. 在碎屑岩薄片鉴定过程中通过什么特征来鉴定岩石碎屑？
6. 杂基与自生黏土有何不同？在镜下如何区分？
7. 如何区分碳酸盐矿物？
8. 选择线测法统计时，测线间距和放大倍率如何确定比较好？
9. 选择点计法统计时，统计的点数一般不能低于多少点？
10. 在细砾岩岩石薄片的鉴定中，应如何进行统计？

第六章
碎屑岩结构参数的获取

第一节 粒 度

（1）最大粒径：岩石薄片面积内最大粒状碎屑的直径（图6-1）。粒状碎屑：一般指长/宽小于3的碎屑。

图6-1 最大粒径的测量：选岩样面积中长径最大的粒状颗粒（长径与短径之比小于3），正交偏光+云母试板，三叠系延长组

（2）粒度区间：即能够代表岩石整体粒度的粒度范围。当分选较好时，可分别选取岩石中能代表粒度下限及上限的粒状碎屑直径进行测量，作为粒度区间；当碎屑岩分选不好时，可大致统计岩石中不同粒级所占的百分比，选择粒度区间（图 6-2 和图 6-3）。

图 6-2　具双粒度结构，以细粒碎屑为主，粉砂充填于细粒碎屑粒间，单偏光，三叠系延长组

图 6-3　砂岩具双粒度结构，细—粉砂填充于中—粗砂之间，单偏光，侏罗系富县组

碎屑岩的最大粒径一般仅作参考，而粒度区间要参加岩石定名，测量时应该严谨认真。在砂岩薄片鉴定过程中，对所含砾石进行单独的含量统计及成分描述，写入描述栏，而不参加岩石组分统计。

在 SY/T 5368—2016 中华人民共和国石油天然气行业标准《岩石薄片鉴定》中，将碎屑岩的粒级划分进行了调整，取消了巨砂，将巨砂合并放入粗砂之中（见表 5-1）。

第二节 分 选 性

碎屑岩的分选性指砂级碎屑的分选程度共分好、中、差三级，当粒径跨粒级而主要粒径又接近粒级界限时仍以"好"或"中"表示分选（图 6-4 至图 6-7）。

分选好：同一粒级含量占碎屑总量的 75% 以上。

分选中：同一粒级含量占碎屑总量的 50%～75%。

分选差：碎屑粒级集中趋势不明显。

图 6-4 砂岩分选好，同一粒级含量占碎屑总量的 75% 以上，正交偏光，富平将军山剖面，二叠系山西组

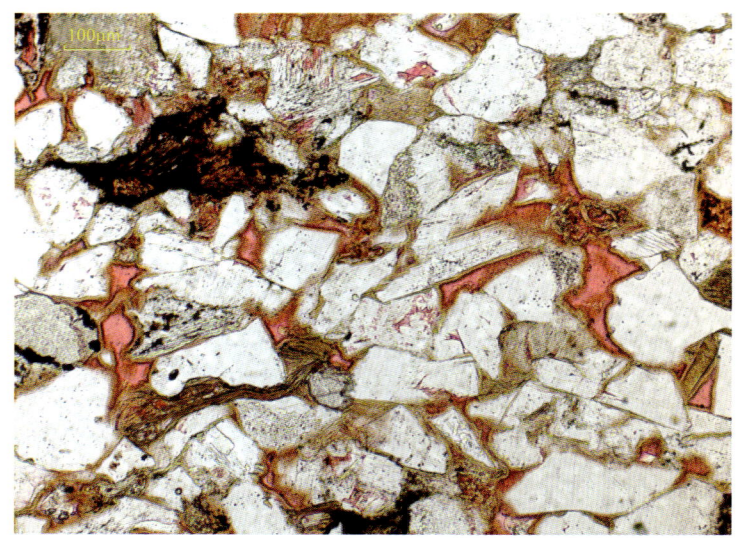

图 6-5　碎屑分选中等，同一粒级含量占碎屑总量的 50%～75%，单偏光，三叠系延长组

图 6-6　碎屑磨圆及分选中—差，局部极细砂、粉砂相对富集，单偏光，三叠系延长组

图 6-7 碎屑分选差：碎屑粒级不集中，缺乏占优势粒级，砂级颗粒与泥质混杂产出，碎屑略显定向排列，单偏光，三叠系延长组

第三节 磨 圆 度

碎屑岩的磨圆度划分为五级（图 6-8）。

（1）棱角：完全未磨圆的碎屑（图 6-9）。

（2）次棱：棱角只轻微磨圆（图 6-10 和图 6-11）。

（3）次圆：棱轻微磨去，还可以见直线状边（图 6-12）。

（4）圆：滚圆良好的、只保存原始轮廓的痕迹（图 6-12 和图 6-13）。

（5）极圆：理想滚圆的，其表面的滚圆度均匀而且一致（图 6-12）。

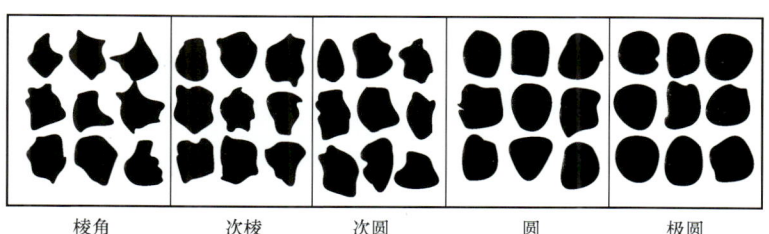

棱角　　　　次棱　　　　次圆　　　　圆　　　　极圆

图 6-8　碎屑颗粒磨圆度示意图

图 6-9 碎屑呈棱角状，大小混杂，单偏光，
铜川剖面三叠系延长组

图 6-10 碎屑大小不等，磨圆度呈次棱—棱角状，
单偏光，白垩系罗汉洞组

图 6-11 碎屑磨圆度呈次棱角状，单偏光，三叠系延长组

图 6-12 磨圆度：次圆状—圆—极圆，正交偏光，寒武系

图 6-13　磨圆度：圆，正交偏光，山西柳林剖面，长城系霍山组

第四节　支撑类型

（1）杂基支撑型：碎屑颗粒彼此不接触而呈漂浮状，碎屑颗粒间充填大量杂基（图 6-14 至图 6-17）。

（2）颗粒支撑型：碎屑颗粒彼此接触，形成支架结构（图 6-14、图 6-17）。

第五节　接触关系

（1）未接触：颗粒呈漂浮状，相互之间不接触。
（2）点接触：颗粒之间呈点状接触（图 6-18）。
（3）线接触：颗粒之间呈线状接触（图 6-19）。
（4）凹凸接触：颗粒之间呈曲线状接触（图 6-20、图 6-21）。
（5）缝合线接触：颗粒之间呈缝合线状接触并具压溶作用（图 6-22 至图 6-24）。

支撑类型	连接方式	胶结类型	颗粒接触性质	
杂基支撑	胶结物连接	基底式	（颗粒不接触）漂浮状	
颗粒支撑		孔隙式	点接触	
		接触式	线接触	
			凹凸接触	
	颗粒连接	无胶结物	缝合线接触	

（左侧：杂基减少 ↓；右侧：压固及压溶作用强度增加 ↓）

图 6-14 支撑类型、胶结类型与颗粒接触性质示意图

图 6-15 支撑类型：杂基支撑，含"再旋回"石英，碎屑颗粒彼此不接触而呈游离状，正交偏光，阴石峡剖面寒武系

图 6-16　支撑类型：以杂基支撑为主，单偏光，
三水河剖面延长组

图 6-17　支撑类型：颗粒支撑，正交偏光＋云母试板，
三叠系延长组

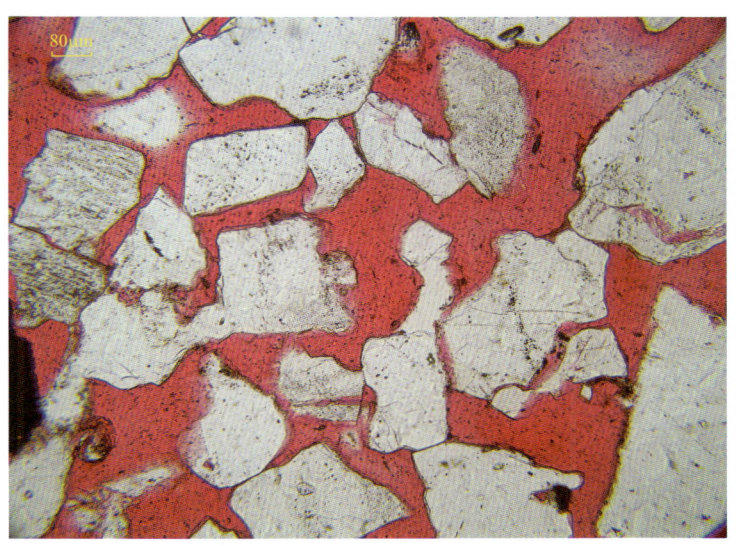

图 6-18 颗粒间呈点接触（红色为孔隙），填隙物含量很少，仅部分颗粒接触部位可见少量填隙物，单偏光，白垩系

图 6-19 碎屑颗粒间呈线接触，正交偏光，山西柳林剖面，长城系霍山组

图 6-20 碎屑间呈凹凸状接触，正交偏光，三叠系延长组

图 6-21 颗粒间接触方式以凹凸状为主，接触界面呈弯曲状，正交偏光，侏罗系

图 6-22 颗粒间呈凹凸—缝合线状接触，正交偏光，古窑子剖面，三叠系延长组

图 6-23 碎屑颗粒间呈凹凸—缝合线状接触，接触界面呈波状弯曲或锯齿状，具显著的压溶现象，单偏光，上古生界

图6-24 颗粒具缝合线状接触,压溶现象明显,正交偏光,三叠系延长组

第六节 胶结类型

胶结类型是由填隙物(胶结物和杂基)在岩石中的分布、自身的结构差异及其与颗粒间的关系所表现的特征。在中华人民共和国石油天然气行业标准SY/T 5368—2016中,将碎屑岩的常见胶结类型划分为9种(图6-25)。

(1)基底型:碎屑颗粒呈漂浮状分布于填隙物中,互不接触,粒间填隙物含量一般大于25%。这里的填隙物多半是和碎屑同时沉积的杂基,或为泥晶、连晶状碳酸盐矿物(图6-26)。

(2)孔隙型:碎屑颗粒呈支架状接触。填隙物分布在颗粒间的孔隙中,填隙物含量一般为5%~25%(图6-27)。

(3)接触型:碎屑颗粒之间呈支架状接触。填隙物分布在颗粒接触处,其含量一般小于5%(图6-28)。

(4)压嵌型:碎屑颗粒呈凹凸状或缝合线状接触,是一种被改造的颗粒支撑结构。颗粒周边有2/3为凹凸状或缝合线状镶嵌,填隙物含量往往很少,且常分布于未被嵌合的部位(图6-29)。

（5）连晶型：胶结物呈大片状连晶结构，胶结物的晶粒比碎屑粒径大，即胶结物中每单个晶粒内可以包含多个碎屑颗粒。因晶粒较大，在手标本上可以分辨，如碳酸盐和硫酸盐等（图6-30）。

（6）晶粒镶嵌型：胶结物的晶粒比碎屑小，胶结物呈多晶粒状充填孔隙，即一个孔隙中可有数个晶体相互嵌合生长（图6-31）。

（7）薄膜型：胶结物呈薄膜状沿碎屑颗粒周缘分布，薄膜的厚度较为均一。如绿泥石、伊利石及微晶石英常呈薄膜状产出（图6-32和图6-33）。

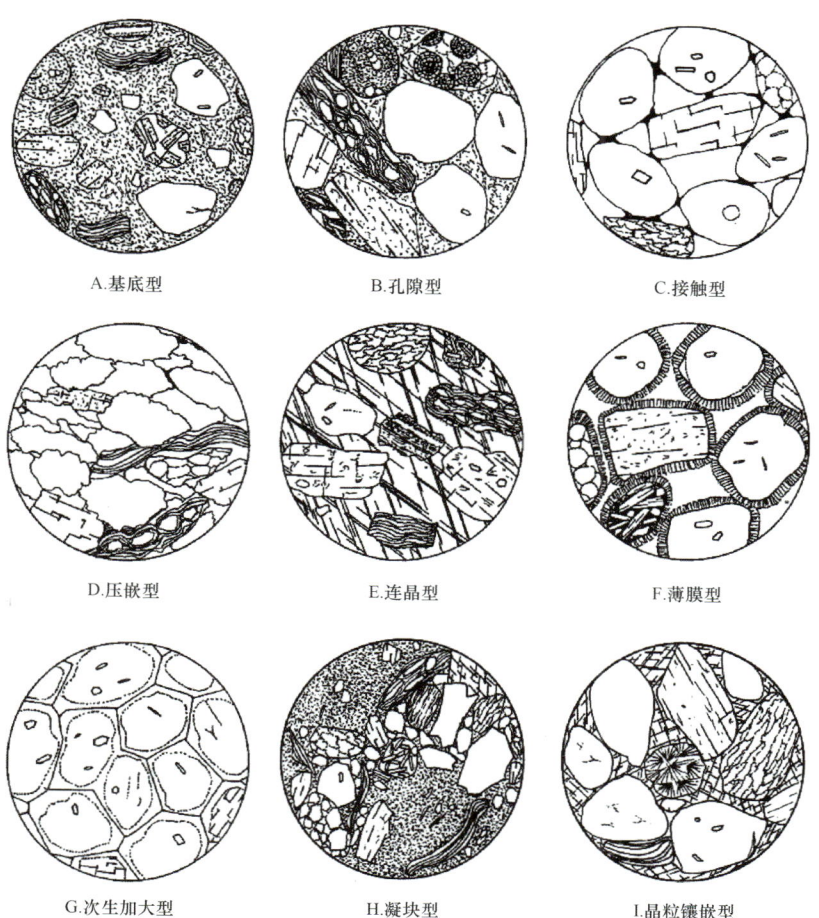

A.基底型　　B.孔隙型　　C.接触型
D.压嵌型　　E.连晶型　　F.薄膜型
G.次生加大型　　H.凝块型　　I.晶粒镶嵌型

图6-25　碎屑岩常见胶结类型

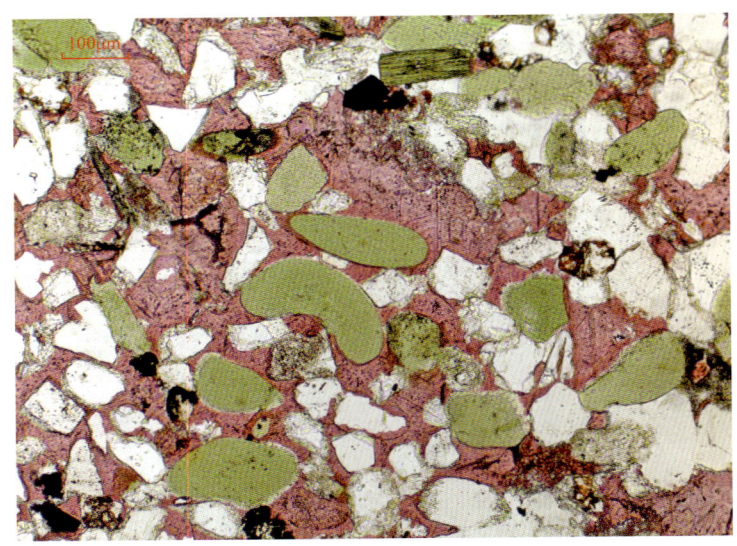

图 6-26 胶结类型：基底型，碎屑颗粒呈漂浮状而互不接触，粒间填隙物含量大于 25%（这里的填隙物指方解石胶结物，方解石经染色后呈红色），单偏光，陇县牛心山剖面，寒武系

图 6-27 砂岩具孔隙型胶结，正交偏光 + 云母试板，三叠系延长组

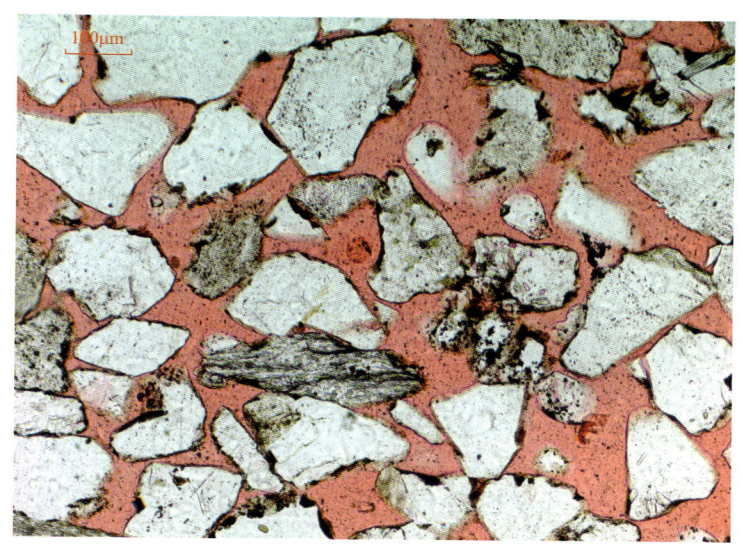

图 6-28　胶结类型：接触型，颗粒之间呈点状接触，填隙物分布在颗粒接触处，含量一般小于 5%，单偏光，白垩系罗汉洞组

图 6-29　胶结类型：压嵌型，碎屑颗粒呈凹凸状或缝合线状接触，是一种被改造的颗粒支撑结构，颗粒周边有 2/3 为凹凸状或缝合线状镶嵌，胶结物含量往往很少，且常分布于未被嵌合的部位，单偏光，三叠系延长组

图 6-30　胶结类型：连晶型，硬石膏胶结物为连晶状，即几个孔隙内的硬石膏为同一晶体，具一致的光性方位，正交偏光，侏罗系延安组

图 6-31　胶结类型：晶粒镶嵌型，胶结物的晶粒比碎屑小，白云石胶结物呈多晶镶嵌状充填孔隙，一个孔隙中可有数个晶体相互嵌合生长，正交偏光，侏罗系延安组

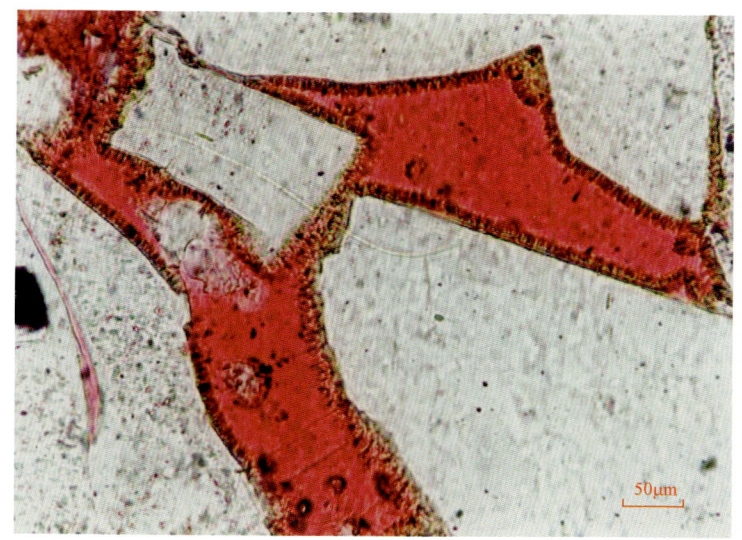

图 6-32　胶结类型：薄膜型，自生绿泥石沿碎屑表面垂直生长，形成厚度均一的薄膜，单偏光，三叠系延长组

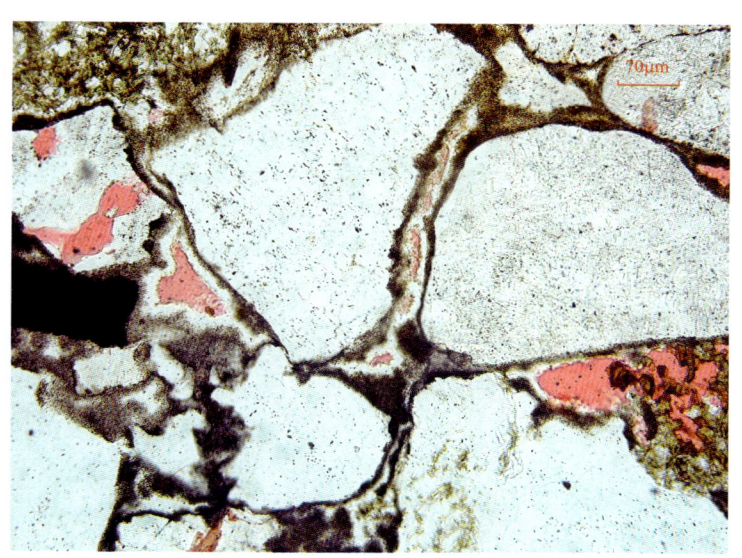

图 6-33　自生硅质呈薄膜型胶结，单偏光，薛峰川剖面，三叠系延长组

（8）次生加大型：胶结物围绕碎屑颗粒边缘再生长，两者成分相同、光性方位一致（或不一致）的一种胶结类型，以石英和长石居多。当50%以上长英质颗粒发育次生加大时则可定为次生加大型（图6-34）。

（9）凝块型：胶结物分布极不均一的一种胶结类型，如斑块状、团块状、凝块状等（图6-35）。

当一块碎屑岩中几种胶结类型相伴生时，需建立过渡胶结型，如孔隙—薄膜型，且以后者为主。

有些特殊的胶结物结构，在9种胶结类型中没有，但偶尔会出现，如由沿碎屑颗粒边缘垂直生长的自生碳酸盐等胶结的碎屑岩，可称为"栉壳型"或"丛生型"胶结；当碎屑岩为孔隙十分发育，填隙物含量小于2%的疏松弱固结岩石时，可称为"弱胶结型"。

图6-34　石英次生加大型胶结，加大边与核部相比较干净，加大后颗粒间呈嵌合状，正交偏光，100×，侏罗系延安组

图 6-35　黄铁矿呈凝块型胶结，黄铁矿分布极不均一，呈斑块状，单偏光，侏罗系延安组

思 考 题

1. 碎屑岩的粒径区间是如何确定的？
2. 碎屑岩常见的胶结类型有哪几种？

第七章
碎屑岩岩石薄片镜下描述的主要内容

薄片鉴定过程中,鉴定人员应对肉眼无法看到的显微结构、构造以及在含量表中无法反映的组分特征进行描述,为资料使用者提供尽可能详细的薄片鉴定报告。

镜下描述内容大致如下。

(1)各粒级碎屑的大致含量及分布特征,砂岩中砾石的含量及成分,砾岩中砾石及砂的相对含量。

(2)盆内碎屑的含量一般不参加岩石的组分统计,但可参加辅助定名,在薄片鉴定过程中应对其岩石类型、含量及分布特征进行描述。

(3)碎屑岩中若含有生物碎屑,应对生物的类型、含量及分布特征进行描述。

(4)在薄片鉴定过程中,对重矿物不需要进行含量统计,但可在描述栏对大致组合及分布特征进行描述。

(5)对填隙物的结构及分布特征进行补充描述。

胶结物的常见结构有以下几种(图7-1):

① 非晶质胶结(物):常是蛋白石、磷酸盐、铁质等(通常把"物"字省略,直接叫××胶结)。

② 隐晶质胶结(物):玉髓、隐晶磷酸盐矿物。

③ 微晶质胶结(物):微晶碳酸盐矿物等。

④ 结晶粒状胶结(物):碳酸盐、硅酸盐矿物。

⑤ 栉壳状或丛生状胶结(物):碳酸盐矿物、黏土矿物等。

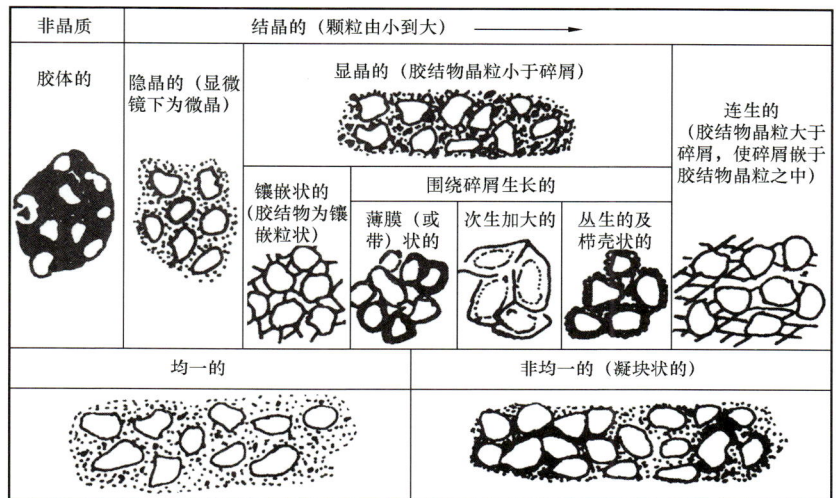

图 7-1 砂岩胶结物结构示意图

⑥ 连生胶结(物):碳酸盐、硫酸盐、沸石类矿物等。

(6)特征的成岩现象描述。如压实作用所导致的碎屑变形现象、压溶现象、破裂现象、碎屑蚀变现象以及成岩序次等。

碎屑岩成岩作用主要有压实作用和压溶作用、胶结作用、交代作用、重结晶作用、溶解作用、矿物多型转变作用等。它们之间都是互相联系和互相影响的,其综合效应影响和控制着碎屑岩的发育历史,并对碎屑岩储集性能有着重要的影响。

① 压实作用:是沉积物沉积后在其上覆水体或沉积层的重荷下,或在构造形变应力的作用下,发生水分排出、孔隙度降低、体积缩小的变化过程。

识别标志:沉积物内部发生颗粒的滑动、转动、位移、破裂,进而导致颗粒的重新排列和某些结构构造的改变(图 7-2 的 A—D)。

② 压溶作用:是一种物理—化学成岩变化过程。随着埋藏深度的增加,碎屑颗粒接触点上所承受来自上覆层的压力或来自构造作用的侧向应力超过正常孔隙流体压力时,颗粒接触处的溶解度增高,而使接触点处的晶格变形和溶解,使颗粒接触部位的形态依次由点接触变为线接触、凹凸接触和缝合线状接触

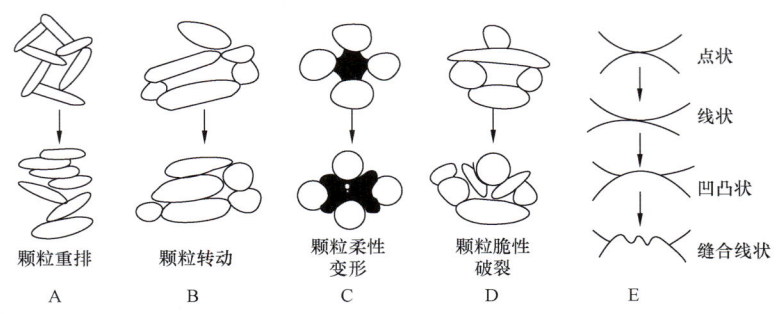

图 7-2 压实作用（A—D）和压溶作用的镜下标志示意图

（图 7-2E）。

识别标志：相邻颗粒间呈凹凸—缝合线状接触。

③ 胶结作用：是从孔隙溶液中沉淀出矿物（胶结物），将松散的沉积物固结起来的作用。胶结作用是沉积物转变为沉积岩的重要作用，也是使沉积层中孔隙度、渗透率降低的主要原因之一。

识别标志：碎屑颗粒之间有自生矿物（胶结物）形成。

④ 交代作用：指一种矿物代替另一种矿物的现象。交代作用可以发生在成岩作用的各个阶段。

识别标志：（a）矿物假象，即被交代矿物的原始成分虽已被交代，但其晶体外形仍较完整；（b）幻影构造，即矿物受到强烈的交代作用，原矿物颗粒的成分和内部结构甚至其边缘均已消失，但其内部的包裹体或其他难以被交代的组分尚残存而显示原矿物的模糊轮廓，如硅化鲕粒、强白云石化的生物骨壳等；（c）交叉切割现象，即矿物或颗粒被自形晶体或镶嵌结构的晶体切割或溶（侵）蚀（类似于交代网格结构）；（d）残留的矿物包裹体，即零星分布在新生成的交代矿物之中的被交代矿物的细小残余，残留矿物包裹体表示外面的包裹体矿物是交代矿物，被包裹的矿物是被交代矿物（同变质岩中的交代残余结构）。

⑤ 重结晶作用和矿物的多形转变：主要发生在碎屑岩的填隙物中，如碳酸盐胶结物的重结晶作用，可使砂岩的胶结物形成特征的连晶或嵌晶结构，正杂基的形成也是重结晶的结果。

矿物的多形转变是一种较复杂的广义重结晶作用。在一般情况下，当一种矿物转变为另一种更稳定的矿物时，只发生晶格结构及晶体大小的变化，化学成分基本不改变。如文石胶结物向方解石的转变；非晶质蛋白石向玉髓及石英的转变；隐晶质的胶磷矿转变为显晶质的磷灰石；隐晶质的高岭石转变为鳞片状或蠕虫状的结晶高岭石等。

⑥ 溶解作用：在一定成岩环境中，先期的组分（碎屑或填隙物）被不同程度地溶解。溶解作用在碎屑岩中形成次生孔隙。

次生孔隙的识别标志：胶结物部分溶解、印模、颗粒的不均一排列、特大（超大）孔隙、漂浮状颗粒、伸长状（贴粒）孔隙、颗粒的部分溶解、晶内孔隙、粒内溶孔以及颗粒及岩石中的破裂溶蚀缝。

碎屑岩岩石薄片镜下描述示例见图7-3至图7-32。

图7-3 对微观结构、构造进行描述：如具粒序递变，单偏光，灵山岛白垩系

图 7-4 当砂岩中含有砾石时，要在描述栏里对砾石含量、成分进行描述，正交偏光，三叠系延长组

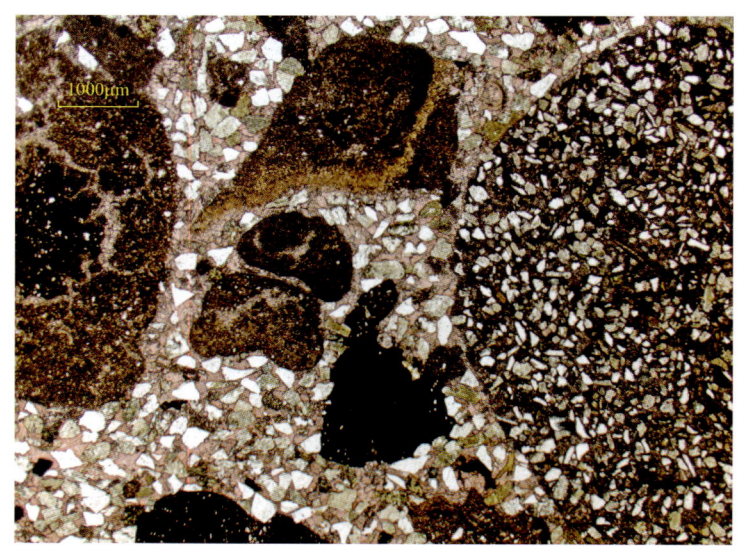

图 7-5 当砂岩中含有盆内碎屑时，首先对盆内碎屑含量进行统计，并在描述栏对盆内碎屑类型及特征进行描述，单偏光，三叠系纸坊组

图 7-6 对砂岩中所含化石进行描述：如含鱼骨化石，化石顺层分布，单偏光，三叠系延长组

图 7-7 砂岩具重砂纹层，重矿物有磁铁矿、赤褐铁矿、石榴子石、榍石等，单偏光，三叠系延长组

图 7-8　对砂岩中的重矿物组合及特征进行描述：如含石榴子石，石榴子石局部被溶蚀，溶孔内生长自生石英，单偏光，三叠系延长组

图 7-9　自生伊利石沿粒间孔及长石粒内孔壁生长，形成近等厚的孔隙衬里，正交偏光，侏罗系延长组

图 7-10 自生绿泥石呈薄膜式胶结,正交偏光 + 云母试板,三叠系延长组

图 7-11 对砂岩胶结物的结构进行描述:如菱铁矿呈自形—半自形粉—细晶粒状杂乱分布,具晶间孔;硬石膏呈连生状,正交偏光 + 云母试板,侏罗系延安组

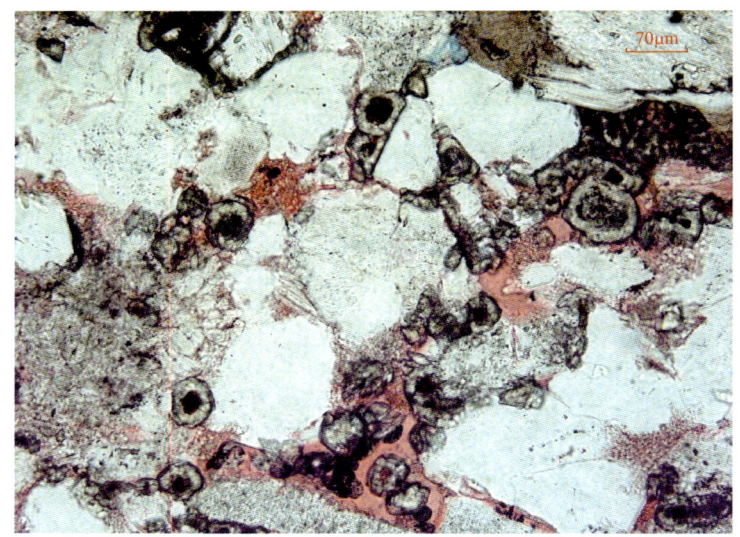

图 7-12　自生菱铁矿呈大小不等的球粒状分布于粒间孔中，
单偏光，三叠系延长组

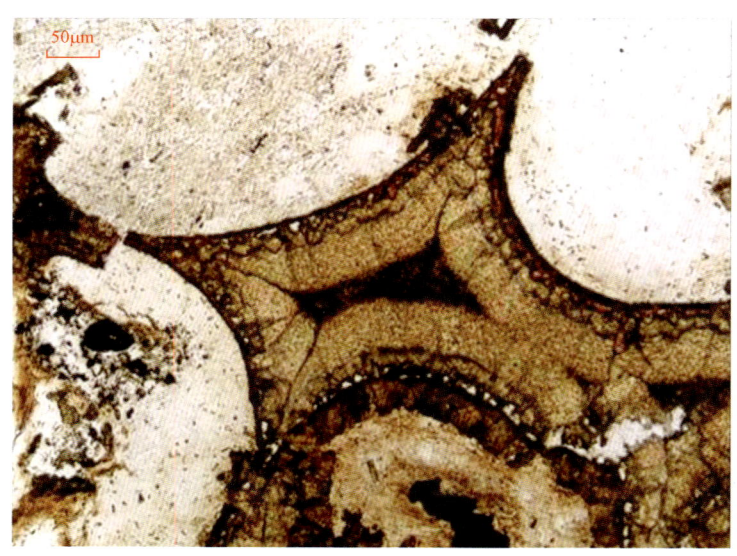

图 7-13　自生菱铁矿沿粒间孔壁呈栉状胶结，邻孔隙一侧晶粒明显粗大，
单偏光，侏罗系延安组

图7-14 成岩现象描述：砂岩中含顺层分布的泥质条带，经压实作用，碎屑颗粒间呈线状接触，黑云母普遍发生变形，单偏光，三叠系延长组

图7-15 成岩现象描述：云母强烈变形，沿两侧发生压溶现象，部分碎屑经压溶作用外形呈不规则状，单偏光，三叠系延长组

图7-16 成岩现象描述：长石受压实作用影响出现破裂现象，正交偏光+云母试板，三叠系延长组

图7-17 成岩现象描述：碎屑长石发生溶蚀，长石溶孔内生长自生晶粒状浊沸石，正交偏光+云母试板，三叠系延长组

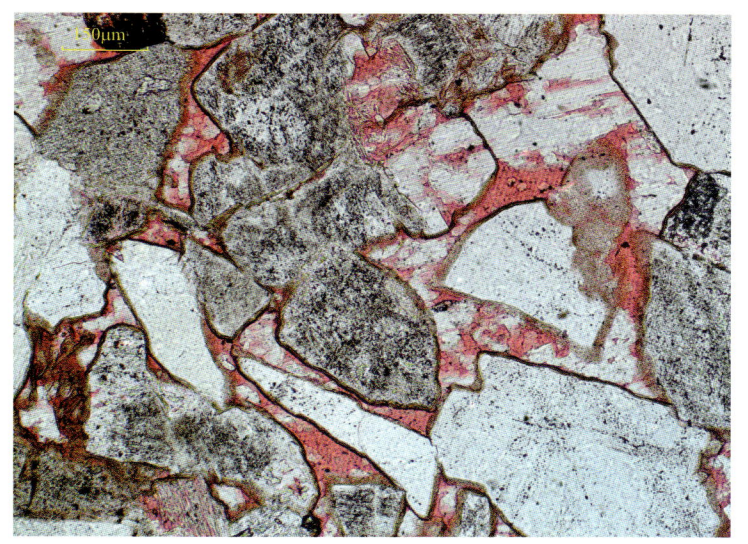

图 7-18 成岩现象描述：自生浊沸石充填孔隙并交代个别长石，溶蚀普遍，单偏光，三叠系延长组

图 7-19 成岩现象描述：方解石充填孔隙并交代碎屑石英，正交偏光，蓟县系

图 7-20　成岩现象描述：浊沸石呈连生状充填孔隙，并交代长石碎屑，正交偏光，三叠系延长组

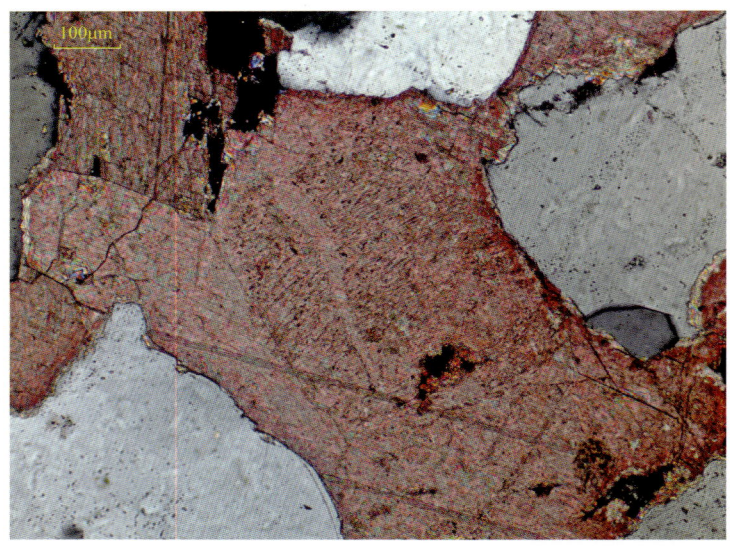

图 7-21　交代作用形成的矿物假象，被含铁方解石完全交代的碎屑，正交偏光，二叠系下石盒子组

图 7-22 溶蚀—充填现象：矿物碎屑（可能为长石）被完全溶蚀，仅剩颗粒轮廓及少量残余物，随后被相邻石英的次生加大部分所充填，正交偏光，三叠系延长组

图 7-23 重结晶现象，方解石重结晶后形成粗大晶体，具发育的聚片双晶，正交偏光，二叠系上石盒子组

图 7-24 硅质重结晶形成晶粒镶嵌状粉晶石英，正交偏光，口镇剖面 二叠系

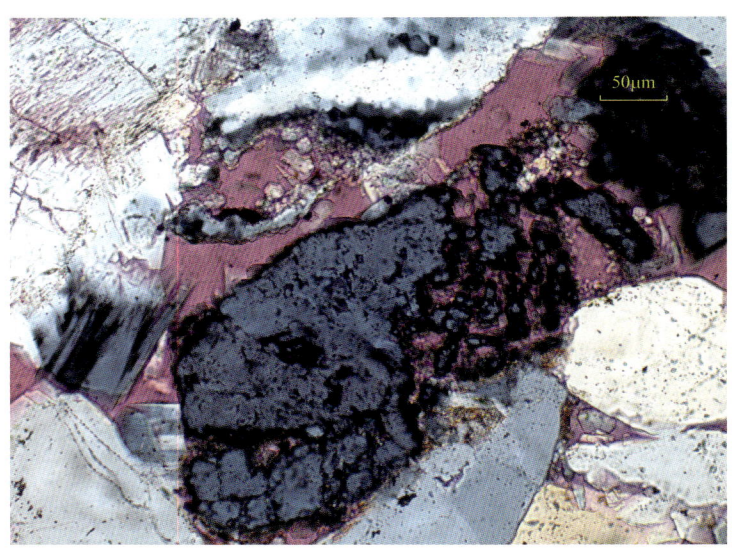

图 7-25 蜂窝状颗粒——溶解作用所形成，正交偏光＋云母试板，侏罗系延安组

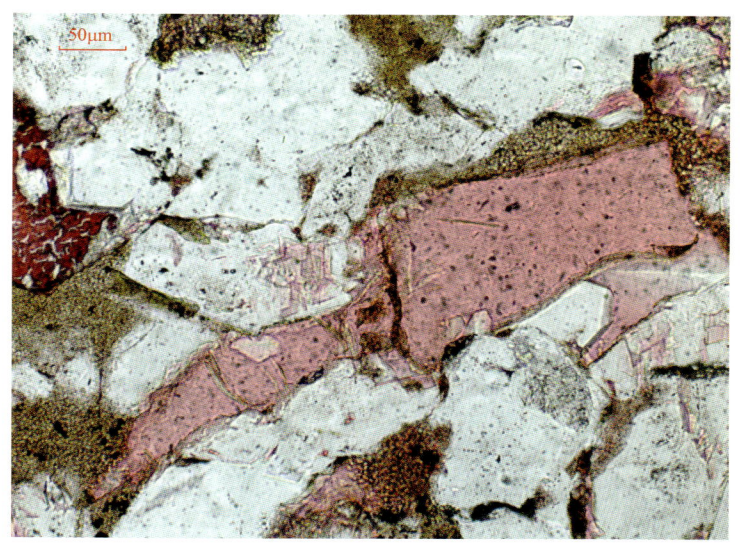

图 7-26 碎屑颗粒被溶蚀，仅剩颗粒轮廓，单偏光，三叠系延长组

图 7-27 长石碎屑被选择性溶蚀，仅剩沿解理缝形成的次生变化物，单偏光，三叠系延长组

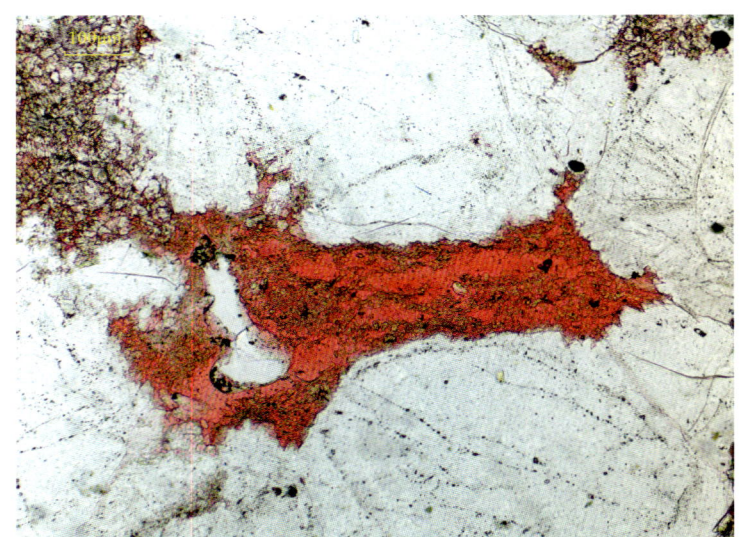

图 7-28　伸长状的孔隙,孔隙中有溶蚀残留物,
单偏光,三叠系延长组

图 7-29　照片左下方的特大孔隙,为溶蚀孔与粒间孔复合后所形成,
正交偏光 + 云母试板,三叠系延长组

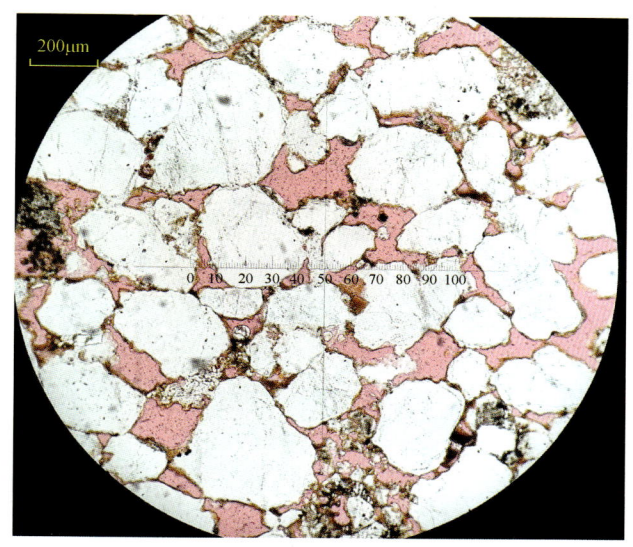

图 7-30 次生孔隙识别标志：孔隙中有大量溶蚀残留物，单偏光，洛南上张湾剖面，寒武系

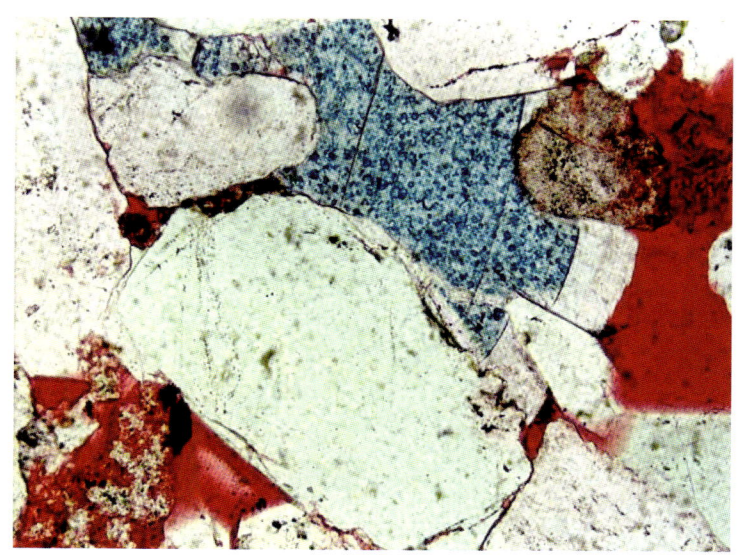

图 7-31 成岩序次大致为：石英加大—铁白云石—白云石—岩屑溶蚀，单偏光，100×，侏罗系延安组

图7-32 成岩序次大致为：方解石胶结、交代—绿泥石膜—长石溶蚀—自生石英、浊沸石—自生帘石，正交偏光+云母试板，三叠系延长组

思 考 题

1. 碎屑岩薄片鉴定的镜下描述内容大致包括哪些方面？
2. 常见的胶结物结构有哪几种？
3. 碎屑岩最常见的成岩作用类型有哪几种？

第八章
碎屑岩主要储集空间的识别

碎屑岩储集空间主要为各种类型的孔隙和少量裂缝。按孔隙的成因，可将其分为原生孔隙和次生孔隙。原生孔隙是指与沉积作用同时形成的孔隙，包括粒间孔、岩屑粒内孔、矿物解理缝、杂基内微孔以及层理层面间孔隙（如层面缝），其中以粒间孔为主。

次生孔隙是指沉积作用过程之后，岩石成岩作用中所形成的孔隙，包括粒间溶孔、粒内溶孔、填隙物内溶孔、交代物溶孔等。广义的次生孔隙还包括裂缝，如构造裂缝、收缩裂缝等。

碎屑岩储集空间类型按成因、空隙几何形态等分为孔、洞、缝三类18亚类（表8-1）。

平均孔径：指岩石薄片中最具代表性的可见孔直径，单位 μm。一般用岩样面积内的平均粒间孔的内切面直径来表示，当粒间孔不发育时，可选用主要孔隙的直径来表示。

面孔率：指岩石薄片中可见孔占岩样面积的百分比，用 % 表示。

孔隙组合类型：指岩石中主要储集空间的组合特征（包括微孔隙在内）。

第一节 孔　　隙

一、原生孔隙

原生孔隙指与沉积作用同时形成的孔隙。

（1）粒间孔：指在沉积时期形成的颗粒之间的孔隙。一般包括正常粒间孔（由压实作用而缩小但无任何充填物的孔隙）和剩余粒间孔（受到胶结但未完全堵塞的原始粒间孔隙）（图8-1和图8-2）。

表 8–1 碎屑岩储集空间类型表（据 SY/T 5368—2016）

类	亚类			大小（mm）
孔	原生	粒间孔		<2
		粒内孔		
		微孔		
	次生	粒间溶孔		
		粒内溶孔		
		颗粒溶孔		
		超大孔		
		铸模孔	粒模孔	
			晶模孔	
			生模孔	
	晶间孔			
洞	次生	溶洞		≥2
缝	原生	层间缝		
	次生	收缩缝		
		贴粒缝		
		成岩缝		
		构造缝		
		溶蚀缝		

（2）粒内孔：指岩石碎屑颗粒内的原生孔隙，如喷出岩岩屑内的气孔等（图 8-3 和图 8-4）。

（3）微孔隙：一般是指孔径在 0.05～0.5μm 之间，只能在扫描电镜下方可辨认的孔隙。微孔隙由泥状杂基成岩收缩形成或由黏土矿物重结晶形成，其含量一般用孔隙度与面孔率之差来表示（图 8-5 和图 8-6）。

二、次生孔隙

次生孔隙指由成岩期间的溶解和破裂等作用形成的孔隙（图 8-7 至图 8-19）。按次生孔隙的结构可将其分为：

（1）粒间溶孔，指颗粒之间的填隙物溶蚀孔，被溶物不是单一矿物，或成分无法识别。与原生粒间孔不易区分，识别特征是孔隙内有溶蚀残余物或溶蚀迹象。

（2）粒内溶孔，为碎屑颗粒内溶蚀孔隙，可根据被溶碎屑成分进一步细分，如长石溶孔、岩屑溶孔、生屑溶孔等。

（3）颗粒溶孔，为颗粒内溶蚀孔，溶蚀面积占颗粒面积的 1/2～2/3。

（4）超大孔隙，指孔径超过相邻颗粒直径的空孔。超大溶孔可能是在原生粒间孔的基础上形成的颗粒溶孔与粒间溶孔的复合孔隙。

（5）铸模孔，指碎屑颗粒、晶体或生屑等被完全溶解，仅保留外形的溶蚀孔隙。

三、晶间孔

晶间孔是指胶结作用过程中充填于粒间孔中的自生矿物晶体之间的孔隙（图 8-20 至图 8-22）。如碳酸盐、石膏、浊沸石以及高岭石、绿泥石等之间的孔隙。有些晶间孔是原生孔隙，是成岩自生矿物晶粒间孔隙，而有些晶间孔则为成岩期间矿物重结晶后所形成。如火山灰高岭石化后所形成的黏土晶间孔；或成因尚不清楚的黏土矿物晶间孔（如网状黏土）。

图 8-1　粒间孔，碎屑颗粒之间的原生粒间孔隙（红色铸体），单偏光（铸体薄片），白垩系

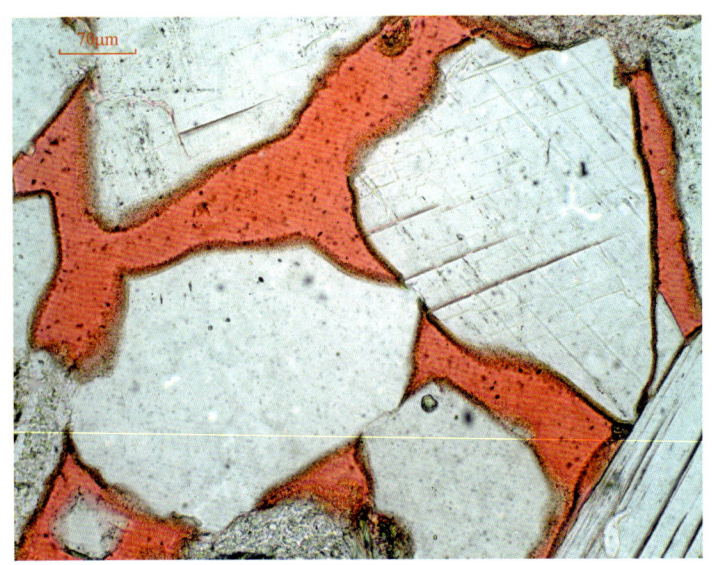

图 8-2 粒间孔,沿孔隙壁生长极薄的绿泥石膜,单偏光,三叠系延长组

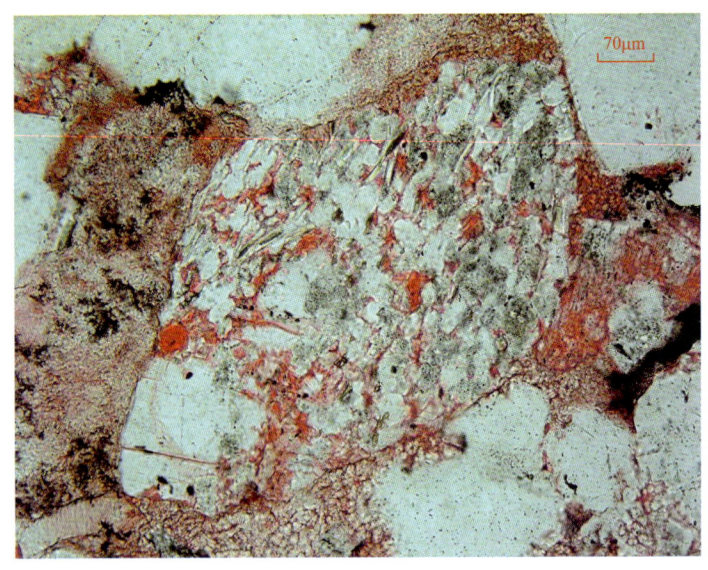

图 8-3 粒内孔,砂岩岩屑内的粒间孔及部分溶孔,单偏光,三叠系延长组

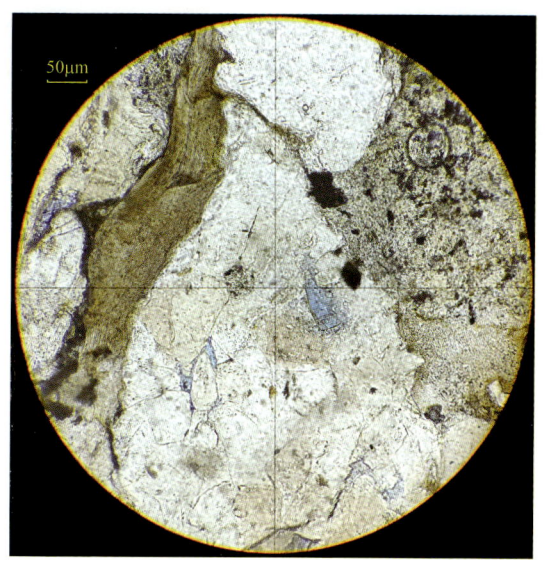

图 8-4 砂岩岩屑粒内孔,单偏光(铸体薄片,蓝色为孔隙部分),二叠系下石盒子组

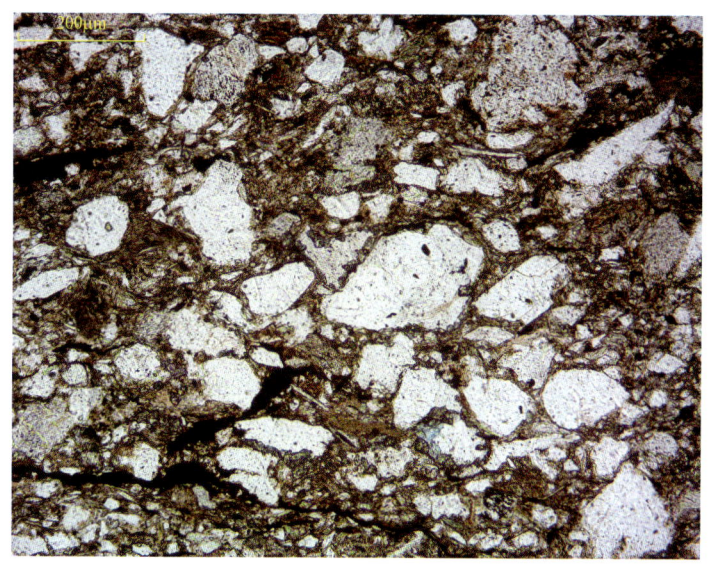

图 8-5 泥质粉—细粒长石岩屑砂岩,填隙物由黏土杂基组成,储集空间以微孔隙为主,单偏光,三叠系延长组

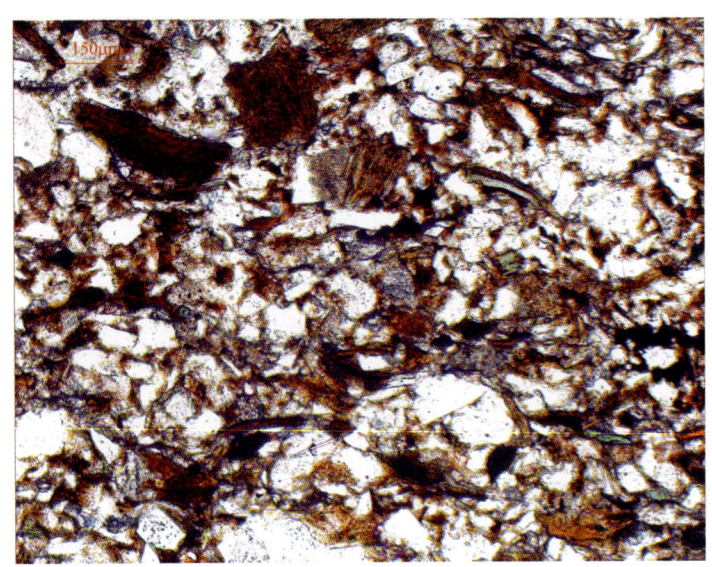

图 8-6 微孔隙，分布于黏土杂基之间，在偏光显微镜下难以识别，单偏光，三叠系延长组

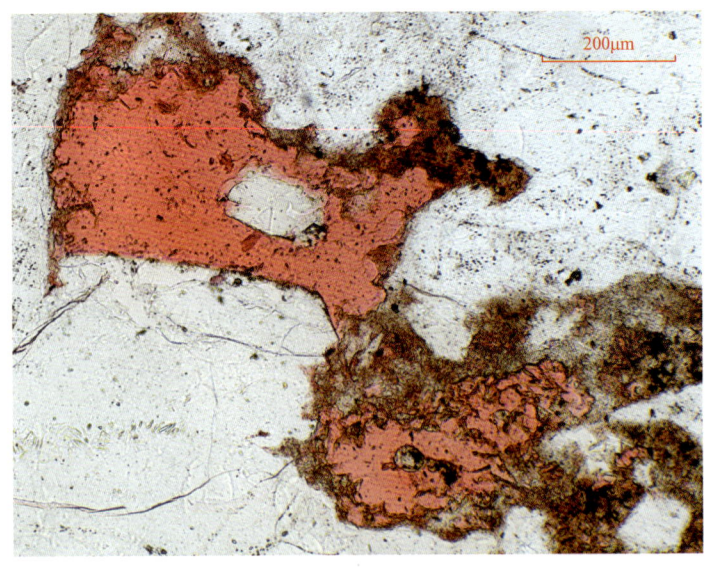

图 8-7 粒间溶孔，砂岩填隙物被选择性溶蚀形成粒间溶孔，粒间可见不规则状溶蚀残余，孔隙形态呈不规则状，照片上部可能为复合型孔隙，单偏光，二叠系下石盒子组

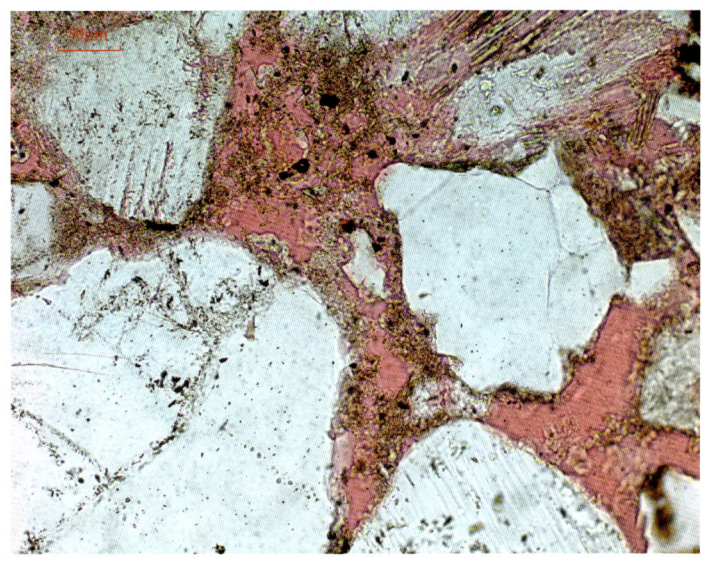

图 8-8　粒间溶孔，由充填粒间的杂基溶蚀所形成，
　　　　单偏光，白垩系华池组

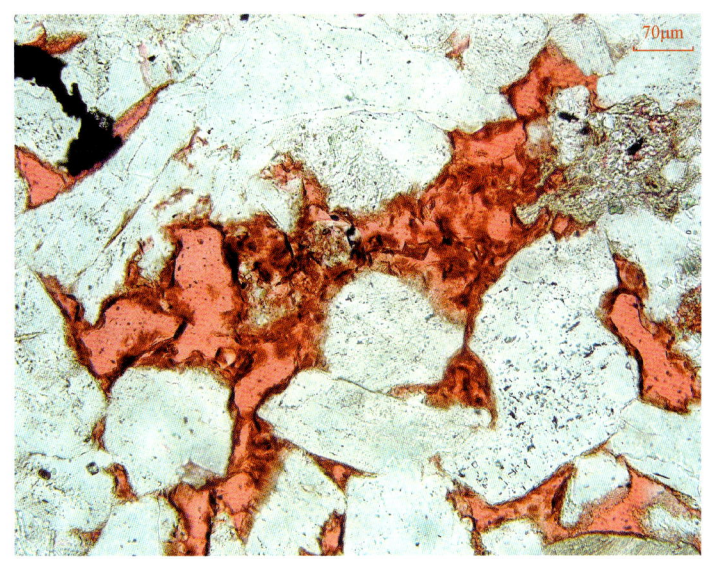

图 8-9　粒间溶孔，被溶物为网状黏土，
　　　　单偏光，三叠系延长组

图 8-10 岩屑溶孔，含长石的岩石碎屑中长石被选择性溶蚀，正交偏光+云母试板，三叠系延长组

图 8-11 储集空间类型包括长石溶孔（包括颗粒溶孔）、粒间孔等，单偏光，薛峰川剖面，三叠系延长组

图 8-12 储集空间类型包括粒内溶孔（包括角闪石溶孔、颗粒溶孔）、粒间孔及晶间孔等，单偏光，白垩系华池组

图 8-13 储集空间类型包括粒间孔、铸模孔、长石溶孔、晶间孔等，单偏光，160×，三叠系延长组

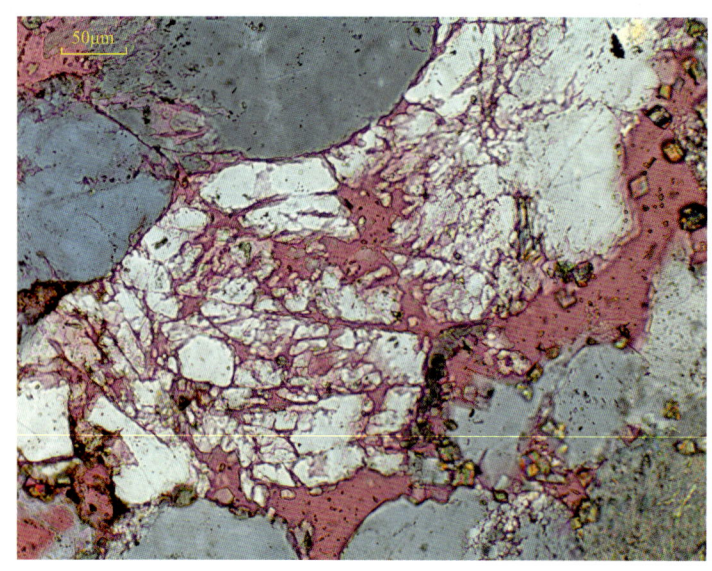

图 8-14 储集空间类型为石英溶孔，因碱性成岩作用所形成，正交偏光 + 云母试板，侏罗系延安组

图 8-15 储集空间类型以方解石溶孔为主，单偏光，侏罗系延安组

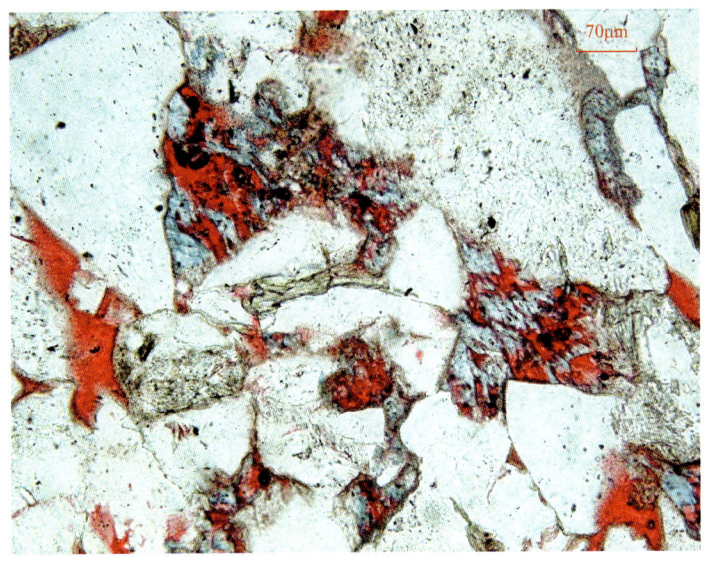

图 8-16　储集空间类型以铁白云石溶孔为主，少量粒间孔，单偏光，三叠系延长组

图 8-17　储集空间类型为浊沸石溶孔，正交偏光+云母试板，三叠系延长组

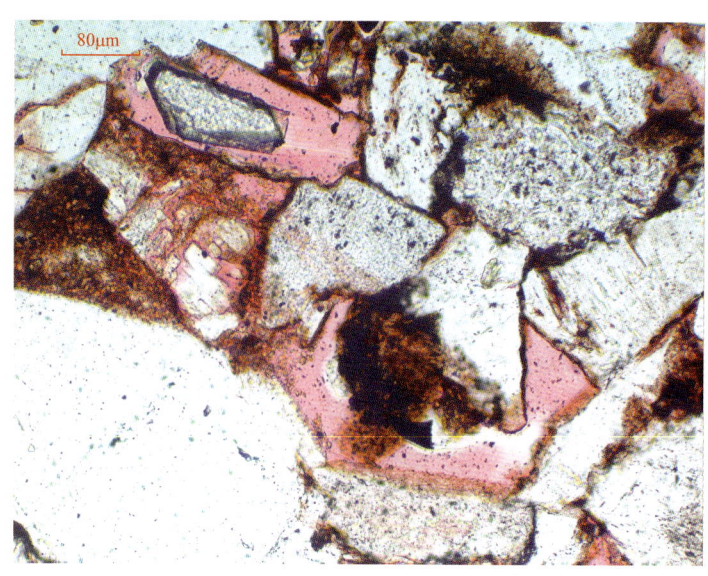

图 8-18 储集空间类型为粒间孔、石榴子石颗粒溶孔及长石溶孔，单偏光，三叠系延长组

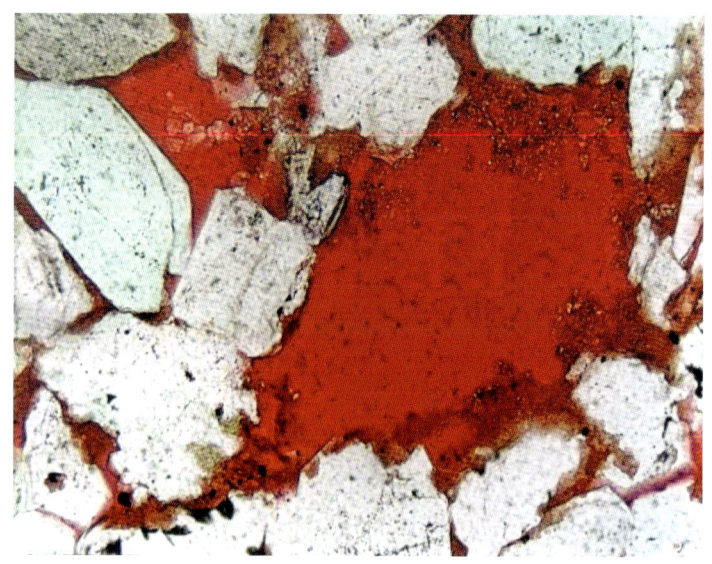

图 8-19 超大孔隙，为复合成因，由粒间孔、粒间溶孔复合形成，孔径常大于相邻碎屑粒径，单偏光，40×，侏罗系延安组

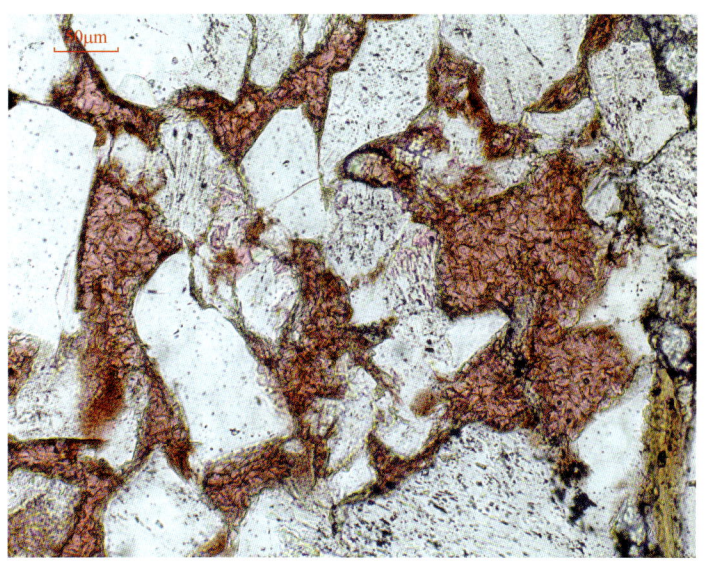

图 8-20 储集空间类型为网状黏土晶间孔，
单偏光，三叠系延长组

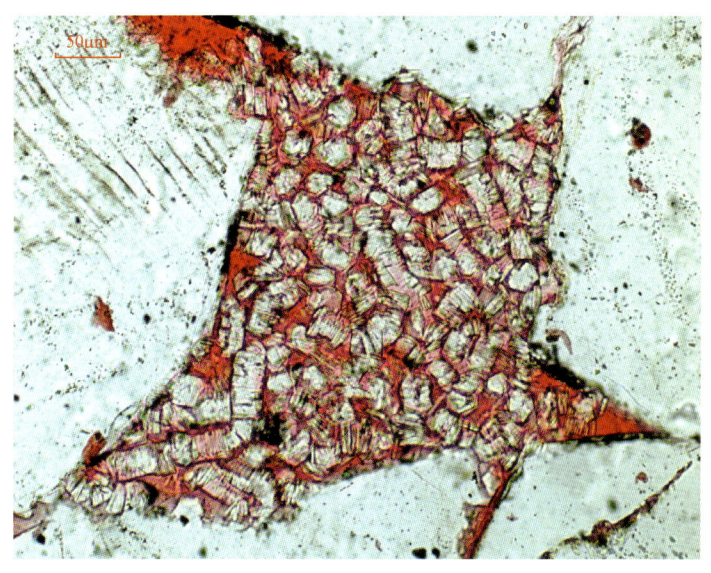

图 8-21 储集空间类型为高岭石黏土晶间孔，
单偏光，侏罗系延安组

图 8-22 复合型孔隙，由粒间溶孔、收缩缝及晶间孔、铸模孔等多种类型的孔隙复合形成，相互连通构成复杂的孔隙网络系统，单偏光，三叠系延长组

第二节 洞

洞是指岩石中直径不小于 2mm 的次生溶蚀孔洞（图 8-23）。

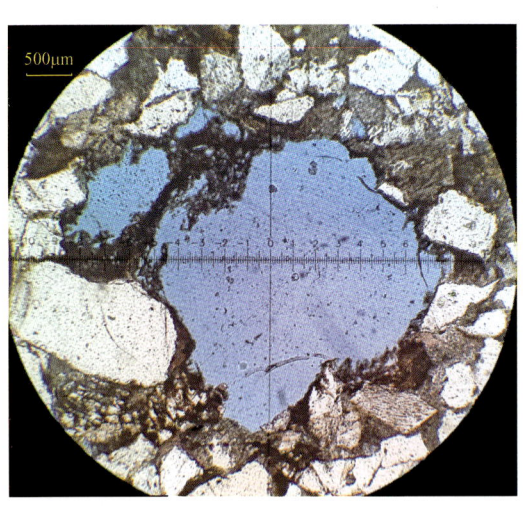

图 8-23 溶蚀洞，孔径约 2.5mm，被溶物无法判断，单偏光（蓝色为孔隙部分），二叠系下石盒子组

第三节 裂　　缝

裂缝是指岩石发生破裂作用而形成的不连续面（图8-24至图8-37），是岩石受力发生破裂作用的结果。在岩石薄片中，可将裂缝进一步细分为：

（1）层间缝，是受沉积作用控制的，分布于岩石层理界面之间的裂缝。

（2）收缩缝，是成岩期间，因岩石中黏土矿物、火山灰或胶体矿物等含水物质失水、体积收缩而形成的张裂缝。

（3）贴粒缝，分布于碎屑颗粒之间的微裂缝。

（4）成岩缝，裂缝仅发育于颗粒内部，无定向性，是在成岩作用过程中所形成的。其中包括矿物解理缝。

（5）构造缝，由构造作用所形成，常具一定的方向性，呈贯穿状垂直或斜交层理方向。

（6）溶蚀缝，由溶蚀作用所形成，常沿构造裂缝两侧发育。

图8-24　储集空间类型为沿层理面分布的层间缝，层间缝受压实作用影响发生变形，单偏光，三叠系延长组

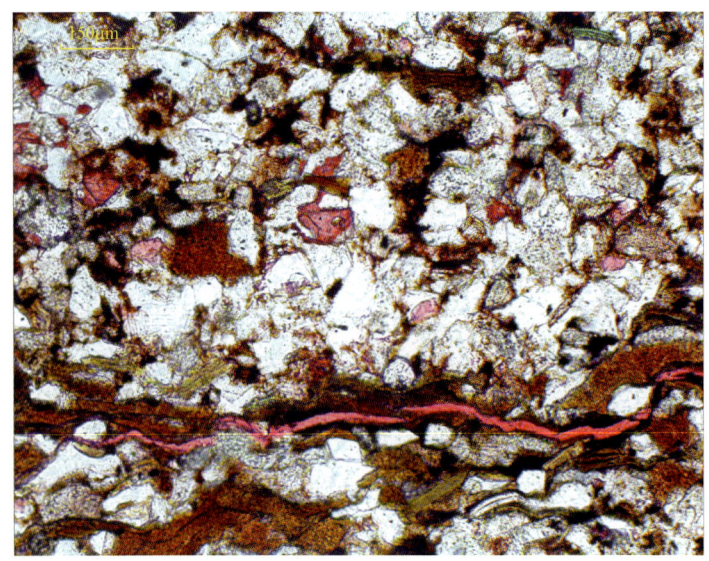

图 8-25 储集空间类型为沿层理面分布的层间缝，层间缝近水平状，单偏光，三叠系延长组

图 8-26 收缩缝，为成岩期间火山灰失水收缩所形成，单偏光，侏罗系直罗组

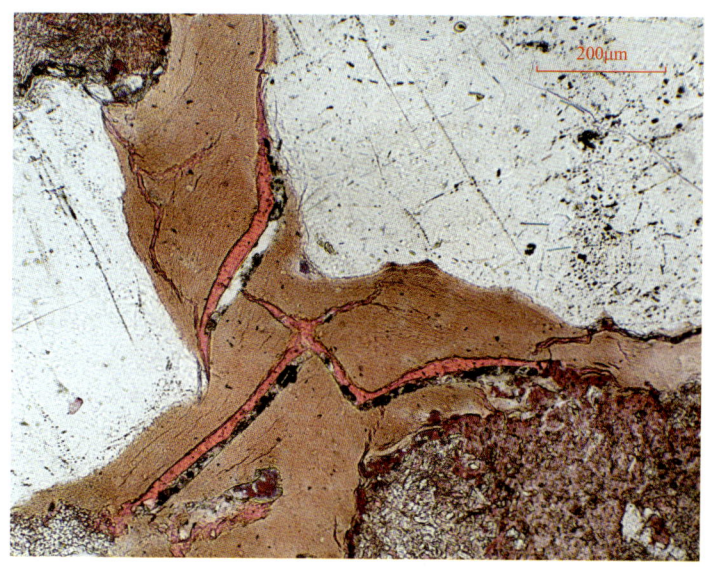

图 8-27 收缩缝，由同沉积期形成的凝灰质蚀变体积收缩所形成，缝宽不等，分布不规则，单偏光，二叠系下石盒子组

图 8-28 储集空间类型为粒间孔及贴粒缝，单偏光，三叠系延长组

图 8-29　储集空间类型为贴粒缝、粒间孔、晶间孔等，单偏光，二叠系下石盒子组

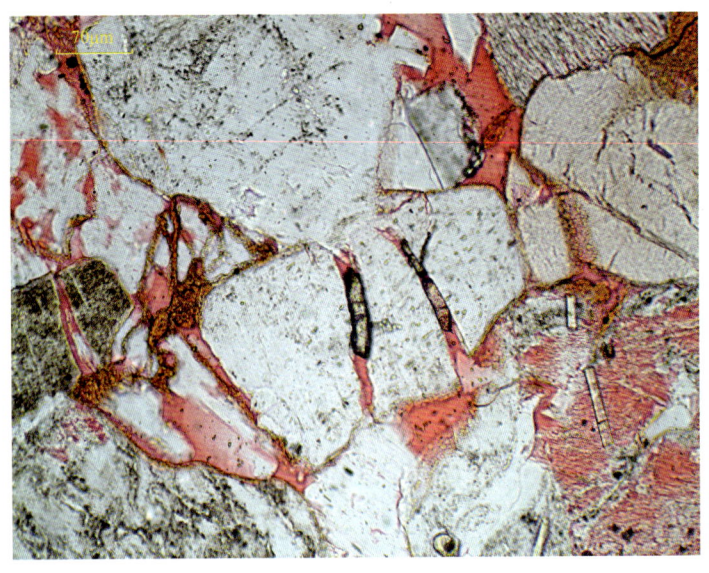

图 8-30　储集空间类型为长石粒内缝、长石溶孔、粒间孔，单偏光，三叠系延长组

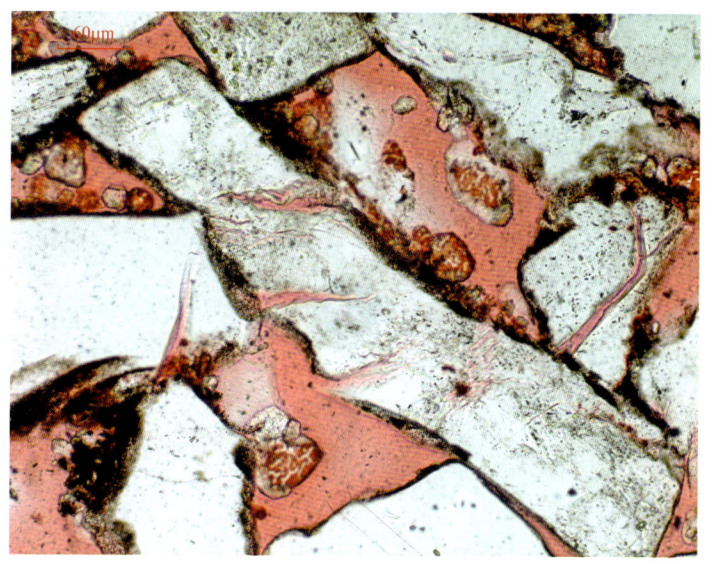

图 8-31　储集空间类型有粒间孔、成岩缝、粒间溶孔等，
单偏光，白垩系罗汉洞组

图 8-32　构造缝，低角度斜交层理方向的贯穿缝，
单偏光，三叠系延长组

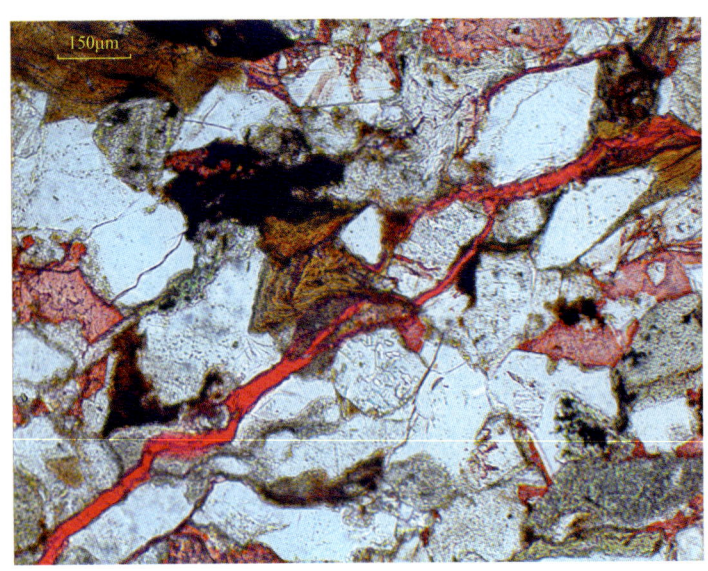

图 8-33 构造缝,切穿碎屑颗粒的贯穿缝,单偏光,三叠系延长组

图 8-34 储集空间类型有溶蚀缝及粒间溶孔等,溶蚀缝为沿粒间溶孔发育而成,单偏光,桌子山剖面,二叠系下石盒子组

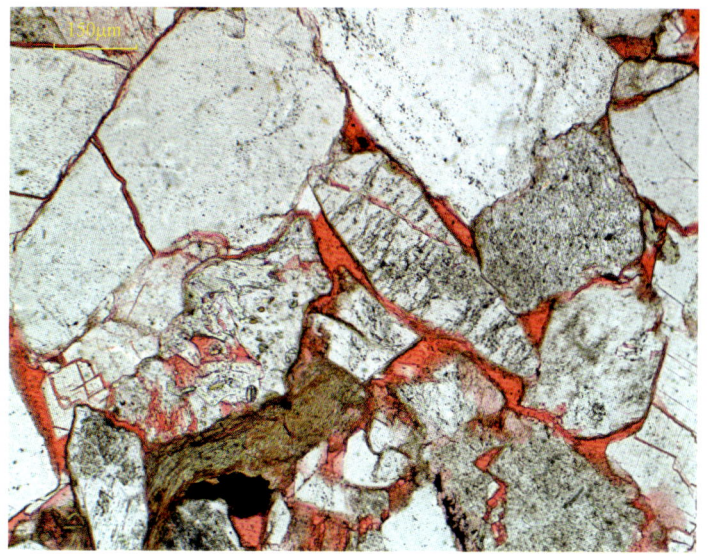

图 8-35　储集空间类型由粒间孔、长石溶孔、粒内缝及粒缘缝组成，
单偏光，三叠系延长组

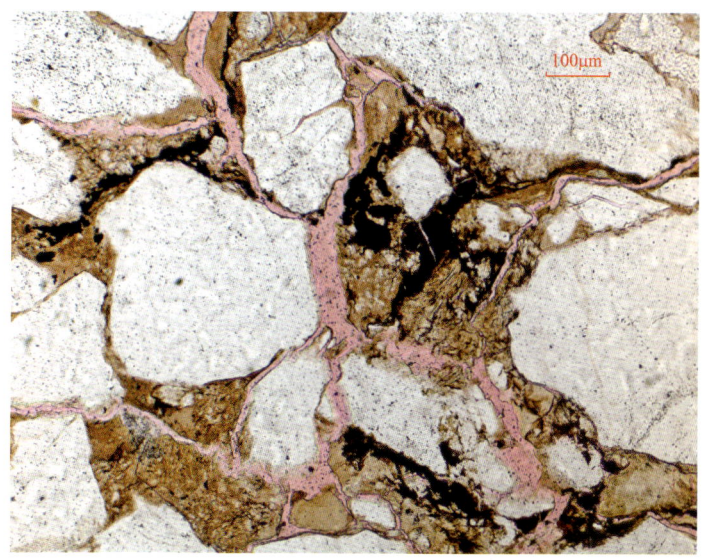

图 8-36　储集空间类型为粒间微裂缝，
单偏光，二叠系下石盒子组

图 8-37　储集类型由剩余粒间孔、粒间溶孔、成岩缝、粒缘缝、构造微裂缝及颗粒内溶孔等组成，单偏光，三叠系延长组

思 考 题

1. 碎屑岩的面孔率是指的什么？
2. 在薄片中如何区分原生孔隙与次生孔隙？

第九章
碎屑岩的分类与命名方法

石油行业碎屑岩的分类及命名一般应以中华人民共和国石油天然气行业标准 SY/T 5368—2016 为依据进行。

第一节　砂岩的分类命名原则

一、陆源碎屑组合的成分分类与命名

根据砂岩中陆源碎屑成分的相对含量，分为 7 种类型，命名原则见表 9-1 和图 9-1。

表 9-1　砂岩陆源碎屑成分分类表

分类图位置	岩类	石英+燧石（%）	长石/岩屑
Ⅰ	石英砂岩	≥90	—
Ⅱ	长石石英砂岩	75~90	≥1
Ⅲ	岩屑石英砂岩		<1
Ⅳ	长石砂岩	<75	≥3
Ⅴ	岩屑长石砂岩		1~3
Ⅵ	长石岩屑砂岩		1/3~1
Ⅶ	岩屑砂岩		<1/3

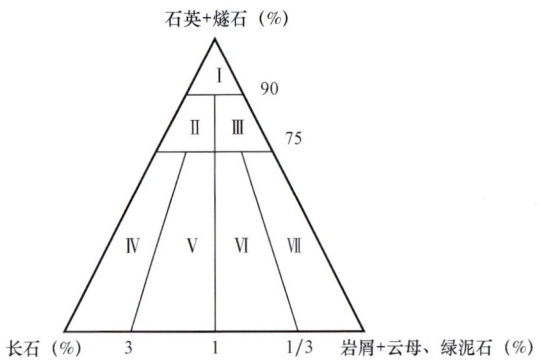

图 9-1 砂岩陆源碎屑成分分类三角图

Ⅰ—石英砂岩；Ⅱ—长石石英砂岩；Ⅲ—岩屑石英砂岩；Ⅳ—长石砂岩；
Ⅴ—岩屑长石砂岩；Ⅵ—长石岩屑砂岩；Ⅶ—岩屑砂岩

二、非陆源碎屑组分的命名

不同类型的非陆源碎屑组分命名原则如下。

（1）含碳酸盐类、磷酸盐类、絮凝粒、泥质团块等内源屑：某内源屑含量不小于10%且小于25%时，命名为"含××砂岩"；含量不小于25%且小于50%时，命名为"××砂岩"。当碳酸盐类、磷酸盐类内源屑含量不小于50%时，以相应的碳酸盐岩或磷酸盐岩命名。

（2）含火山碎屑：砂岩中粒径小于2 mm的同沉积期火山碎屑物质含量不小于10%且小于50%时，命名为"凝灰质××砂岩"；含量不小于50%时，按火山碎屑岩分类标准命名。

（3）含炭屑：炭屑含量不小于10%且小于25%时，命名为"含炭屑××砂岩"；含量不小于25%且小于50%时，命名为"炭屑××砂岩"。

三、填隙物命名

不同含量、不同成分的填隙物命名原则如下。

（1）某一种填隙物含量小于10%时，一般情况下不参与命名。

（2）某一种填隙物含量不小于10%且小于25%时，命名为"含××"。

（3）某一种填隙物含量不小于25%且小于50%时，命名为

"××质"。

（4）当两种或两种以上填隙物含量达到上述命名界限时，按照含量少的放在前，含量多的放在后，即"少前多后"的顺序参与命名，如泥质含量为12%，白云石含量为15%时，则命名为"含泥含云××砂岩"。

（5）同类填隙物的不同矿物也可合并参与命名，如方解石含量为7%，白云石含量为9%，则命名为"含碳酸盐××砂岩"。

（6）对于特殊成分的填隙物，如海绿石、沸石类胶结物等，当含量不小于10%时，按（2）的规定参与命名。当含量不小于5%且小于10%时，命名为"少含××"；当含量不小于3%且小于5%时，命名为"微含××"。

四、粒度命名

粒度命名原则如下。

（1）砂岩中单粒级含量不小于50%时定主名，含量不小于25%且小于50%时定副名，按照副名在前，主名在后的顺序命名，如中细粒砂岩，含量小于25%的粒级一般不参与命名（指分粒级相对百分比）。

（2）砂岩中两种相邻粒级的含量均不小于25%且小于50%时，按照少前多后的顺序参与命名，其间用"—"隔开，如"中—细粒砂岩"。

（3）砂岩中三种或三种以上粒级含量均不小于25%时，或不相邻的两种粒级含量均不小于25%且小于50%时，命名为"不等粒砂岩"。

（4）砂岩中砾石含量不小于10%且小于25%时命名为含砾砂岩，含量不小于25%且小于50%时命名为"砾质砂岩"。

（5）砂岩中粉砂含量不小于10%且小于25%时，不参与命名，含量不小于25%且小于50%时命名为"粉砂质×粒××砂岩"。

五、综合命名

综合命名顺序为：非陆源碎屑、填隙物、粒级、陆源碎屑成分，如含砂屑灰质细粒长石砂岩。

砂岩综合命名时，各种含量计算方法：

（1）陆源碎屑成分分类命名时，表9-1和图9-1的三个端元组分之和为100%。其中岩屑包括岩浆岩、火山碎屑岩、变质岩和沉积岩岩屑，以及陆源云母、绿泥石碎屑和含量不小于1%时的重矿物。

（2）建议使用"陆源组分+生物碎屑+填隙物=100%"的岩石组分含量统计方法，而不建议将内源屑、泥（砂）质条带或团块及孔隙空间等与陆源碎屑、填隙物合并统计。

（3）陆源碎屑粒级含量是指各分粒级占陆源碎屑总量的百分比。

（4）砂岩中的砾石和内源屑只作定性描述，不作定量入名。砂岩中的砾石和内源屑仅在粒度分类命名中作为碎屑中的一员，而在三角图分类命名中，不入定名行列，只作文字描述。因为砾石和内源屑的粒径仅其下限就比一般颗粒大数倍。在一张通常为2.5cm见方的岩石薄片标本中，即使半个砾石也要占去岩石薄片面积的一半以上。如果用其定量，就会完全失去岩石的本来面貌。

第二节　粉砂岩的分类命名原则

粉砂岩的薄片鉴定参照砂岩鉴定程序执行。其中，碎屑成分的含量统计视工作需要而定。

粉砂岩是粉砂含量大于50%的一类碎屑岩。按碎屑粒径大小可进一步细分为：

（1）粗粉砂岩，粒级范围为0.0625~0.0313mm；

（2）细粉砂岩，粒级范围为0.0313~0.0156mm。

第三节　砾岩的分类命名原则

砾岩是砾石级碎屑含量大于50%的一类碎屑岩。常按以下标准进行细分命名。

（1）按粗碎屑的圆度分两类：圆状和次圆状砾石大于50%者，称为砾岩，相反称为角砾岩。

（2）按基质数量划分：当基质小于50%时称为砾岩（角砾岩）；当基质为30%~50%时称为砂质（角）砾岩（或泥质砾岩、泥质角砾岩，或砂—泥质砾岩、泥—砂质角砾岩）。

（3）按主要粒径划分：

① 细砾岩，主要粒径为 2～10mm；

② 中砾岩，主要粒径为 10～100mm；

③ 粗砾岩，主要粒径为 100～1000mm；

④ 巨砾岩，主要粒径大于 1000mm。

（4）按砾石成分划分：单成分砾岩，如燧石岩砾岩、花岗岩砾岩；复成分砾岩。

（5）按胶结物划分：如硅质胶结砾岩、钙质胶结砾岩。

（6）此外还常按砾石在剖面中的位置划分为：底砾岩、层间砾岩、层内砾岩。

（7）按成因划分为：滨岸砾岩、洪积砾岩、冰川砾岩等。

思 考 题

1. 碎屑岩分类命名时不同含量、不同成分的填隙物命名原则如何？

2. 碎屑岩分类命名时，非陆源碎屑组分是否参加命名？命名原则如何？

参 考 文 献

赵敬松，唐洪明，雷卞军，2003. 矿物岩石薄片研究基础. 北京：石油工业出版社.

王德滋，1974. 光性矿物学. 上海：上海人民出版社.

李德惠，1991. 晶体光学. 北京：地质出版社.

常丽华，陈曼云，等，2006. 透明矿物鉴定手册. 北京：地质出版社.

常丽华，曹林，高福红，2009. 火成岩鉴定手册. 北京：地质出版社.

陈曼云，金巍，郑常青，2006. 变质岩鉴定手册. 北京：地质出版社.

W.W.Moorhouse. 岩石薄片研究入门. 马志先，吴国忠，马绍周，译，1986. 北京：地质出版社.

裴蒂庄. 沉积岩. 李汉瑜，徐怀大，等，译，1981. 北京：石油工业出版社.

南京地质学校，1979. 晶体光学. 北京：地质出版社.

何自新，贺静，2003. 鄂尔多斯盆地中生界储层图册. 北京：石油工业出版社.

中华人民共和国石油天然气行业标准 SY/T 5368—2016. 岩石薄片鉴定. 北京：石油工业出版社.

冯增昭，等，2013. 中国沉积学（第二版）. 北京：石油工业出版社.

成都地质学院岩石教研室，1978. 岩石学简明教程. 北京：地质出版社.

郑俊茂，庞明，1989. 碎屑储集岩的成岩作用研究. 北京：地质大学出版社.

西北大学地质系，1986. 碎屑岩的成岩作用. 西安：西北大学出版社.

陈丽华，郭舜玲，王衍琪，等，1994. 中国油气储层研究图集（卷五）自生矿物荧光阴极发光. 北京：石油工业出版社.

储书武，李双应，2007. 两种砂岩碎屑组分统计方法的比较. 合肥工业大学学报（自然科学版），30（6）：668-671.

吴胜和，熊琦华，等，1998. 油气储层地质学. 北京：石油工业出版社.

张荫本，1997. 对《岩石薄片鉴定砂岩》标准中几项条文的理解. 石油工业技术监督（4）：21.

附录　干涉色色谱图

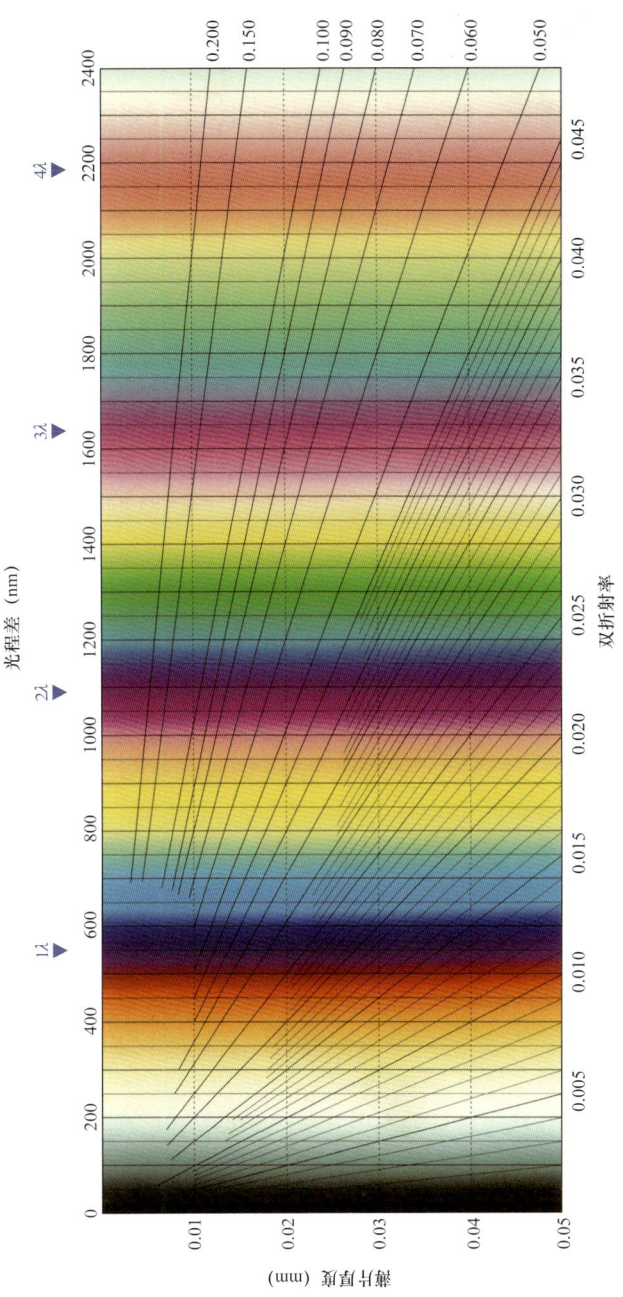